生态安全学导论

李政　姚树洁　宋有涛◎主编

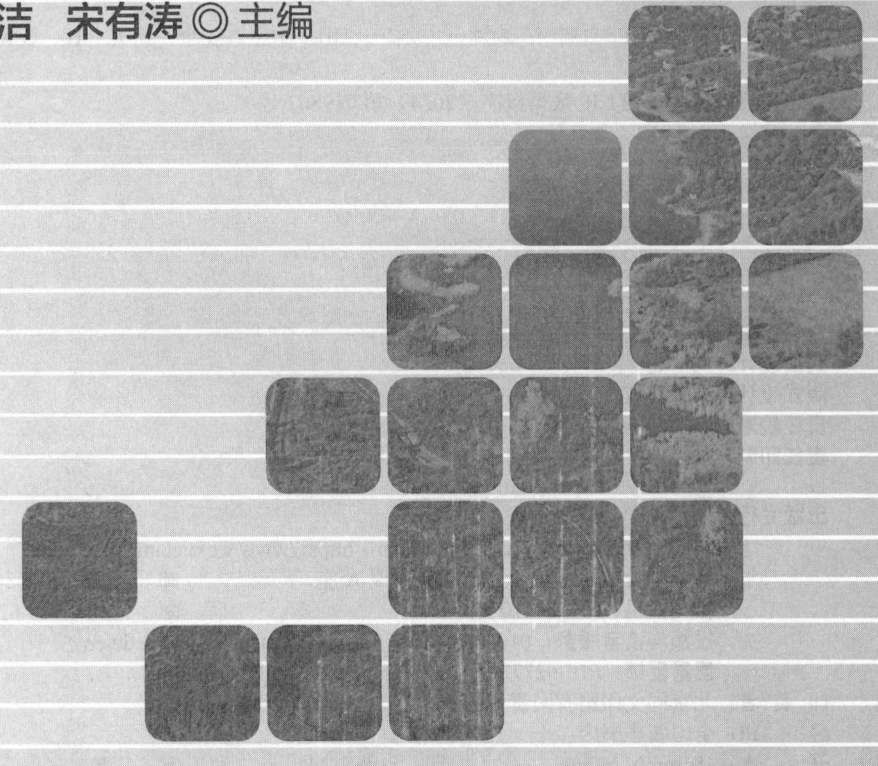

清華大學出版社
北京

内容简介

生态安全是国家安全的重要组成部分。作为生态安全领域的探索性教材，本书在吸收已有研究成果的基础上，以习近平生态文明思想为指导，将理论与实践相结合，将生态文明、生态安全与生态经济相融合，尝试构建一个生态安全学的理论体系框架。全书共九章：第一章为生态安全的基本概念，第二章为生态安全与生态文明，第三章为生态安全与生态经济，第四章为全球气候变化背景下的生态安全，第五章为国土空间背景下的生态安全，第六章为突发状况背景下的生态安全，第七章为“双碳”背景下的生态安全与评估，第八章为“双碳”背景下的生态产品价值核算，第九章为生态安全的实现路径与管理机制。

本书的主要特色是学科交叉融合，体现新文科的特点，可以作为普通高等院校国家安全及其他相关专业本科生、研究生的教材使用，也可作为相关领域研究工作者及工作人员的参考用书。

图书在版编目（CIP）数据

生态安全学导论 / 李政，（英）姚树洁，宋有涛主编. —北京：清华大学出版社，2024.1

ISBN 978-7-302-65164-2

Ⅰ. ①生… Ⅱ. ①李… ②姚… ③宋… Ⅲ. ①生态安全—研究 Ⅳ. ①X171

中国国家版本馆 CIP 数据核字（2024）第 019867 号

责任编辑： 杜春杰
封面设计： 刘 超
版式设计： 文森时代
责任校对： 马军令
责任印制： 丛怀宇

出版发行： 清华大学出版社
网 址： https://www.tup.com.cn，https://www.wqxuetang.com
地 址： 北京清华大学学研大厦 A 座 **邮 编：** 100084
社 总 机： 010-83470000 **邮 购：** 010-62786544
投稿与读者服务： 010-62776969，c-service@tup.tsinghua.edu.cn
质量反馈： 010-62772015，zhiliang@tup.tsinghua.edu.cn
印 装 者： 北京同文印刷有限责任公司
经 销： 全国新华书店
开 本： 185mm×260mm **印 张：** 14 **字 数：** 338 千字
版 次： 2024 年 2 月第 1 版 **印 次：** 2024 年 2 月第 1 次印刷
定 价： 59.80 元

产品编号：098018-01

前　言

生态文明是人类社会进步的重大成果，是工业文明发展到一定阶段的产物，是实现人与自然和谐发展的新要求。习近平总书记在党的二十大报告中指出："大自然是人类赖以生存发展的基本条件。尊重自然、顺应自然、保护自然，是全面建设社会主义现代化国家的内在要求。必须牢固树立和践行绿水青山就是金山银山的理念，站在人与自然和谐共生的高度谋划发展。"纵观世界发展史，保护生态环境就是保护生产力，改善生态环境就是发展生产力。

国家安全是民族复兴的根基，社会稳定是国家强盛的前提。必须坚定不移贯彻总体国家安全观，把维护国家安全贯穿党和国家工作的各方面、全过程，确保国家安全和社会稳定。生态安全是国家安全的重要组成部分，维护生态安全是加强生态文明建设的应有之义，是生态文明建设必须达到的基本目标，是我们必须守住的基本底线，是新时代践行创新、协调、绿色、开放、共享的新发展理念的必然要求。随着我国生态文明建设的深入，生态安全学逐渐受到重视并得以迅速发展，其在维护生态安全方面将发挥出日益重要的作用。

作为生态安全领域的探索性教材，本书在吸收已有研究成果的基础上，以习近平生态文明思想为指导，将理论与实践相结合，将生态文明、生态安全与生态经济相融合，尝试构建一个生态安全学的理论体系框架。全书共九章：第一章为生态安全的基本概念，第二章为生态安全与生态文明，第三章为生态安全与生态经济，第四章为全球气候变化背景下的生态安全，第五章为国土空间背景下的生态安全，第六章为突发状况背景下的生态安全，第七章为"双碳"背景下的生态安全与评估，第八章为"双碳"背景下的生态产品价值核算，第九章为生态安全的实现路径与管理机制。

本书由辽宁大学经济学院院长李政教授、李安民经济研究院院长姚树洁教授和环境经济研究所所长宋有涛共同主编。编写分工为：李政负责全书提纲的拟定和组织分工，并编写第一章内容；吉林大学新能源与环境学院段海燕编写第二章内容；吉林大学公共外交学院迟也迪编写第三章内容；辽宁大学环境学院付保荣编写第四章内容；吉林大学国家发展与安全研究院高维龙编写第五章内容；吉林大学公共外交学院、国家发展与安全研究院邹晓龙编写第六章内容；辽宁大学李安民经济研究院院长姚树洁编写第七章内容；辽宁大学环境经济研究所所长宋有涛与朱天姝博士编写第八章内容；辽宁大学经济学院孙玉阳编写第九章内容并协助主编统稿。辽宁大学经济学院赵哲参与了书稿的校对等工作。

本书在编写和修改完善的过程中，得到了诸多专家学者的关心和指导，借鉴了国内外生态安全学的相关研究成果，在此一并表示感谢。生态安全学是一门发展中的新兴学科，属于交叉领域，许多问题尚在研究探讨之中，由于编者水平有限，本书尚存在诸多不足，敬请同行专家和读者批评指正。

编者

2023年7月7日

前言

目　录

生态安全的基本概念

学习目标

- ✧ 掌握生态安全的内涵与特点；
- ✧ 掌握生态安全的研究内容；
- ✧ 掌握生态安全的相关理论与原理。

导言

越来越多的事实表明，生态危机将使人类丧失大量适于生存的空间，并由此产生大量的生态难民，从而引发国家动荡和社会不稳定。维护生态安全是人类生存和发展的首要任务。森林植被锐减、极端气候变化、水资源污染、食品安全、粮食危机等现象出现并迅速扩大为关系到人类自身安全和生存的问题，一次次向人类敲响警钟。纵观历史，如果某一区域生态安全阈值较低，生态资源储备相对匮乏，经常遭遇生态危机，则必然会影响该地区的持续发展，甚至动摇其原本稳定的基础。因此，生态安全是人类生存与国家发展的基础，必须从国家战略高度来关注生态安全。

第一节　生态安全的背景与意义

一、生态安全的背景

（一）人类文明演变

（1）原始文明。原始文明是完全接受自然控制的发展系统。人类生活完全依靠大自然赐予，狩猎采集是发展系统的主要活动，也是最重要的生产劳动。石器、弓箭、火是原始文明的重要发明。原始社会的物质生产活动是直接利用自然物作为人的生活资料，对自然的开发和支配能力极其有限。

（2）农业文明。农业文明是人类对自然进行探索的发展系统。人对自然进行初步开发（距今大约 1 万年前），由原始文明进入农业文明，开始出现科技成果：青铜器、铁器、陶器、文字、造纸、印刷术等。主要的生产活动是农耕和畜牧，人类通过创造适当的条件，使自己所需要的物种得到生长和繁衍，不再依赖自然界提供的现成食物。人类对自然力的利用已经扩大到若干可再生能源（畜力、水力等）。铁器农具使人类劳动产品由“赐予接受”变成“主动索取”，经济活动开始主动转向生产力发展的领域。人类开始探索获取最大劳动成果的途径和方法。

（3）工业文明。工业文明是人类对自然进行征服的发展系统。随着科技和社会生产力的空前发展，人类社会从农业文明转向工业文明。人类开始以自然的“征服者”自居，但对自然的超限度开发造成了深刻的环境危机。特别是科学探索活动中的分析和实验方法兴起后，人类开始对自然进行“审讯”与“拷问”，此时的科技和教育突出对经济的促进和发展，资本主义国家大力推行教育和科技，形成空前的经济生产力。工业文明是人类运用科学技术的武器控制和改造自然并取得空前胜利的时代。蒸汽机、电动机、计算机和原子核反应堆，每一次科技革命都建立了“人化自然”的新丰碑，并以工业武装农业。工业文明的可持续发展活动主要表现于征服大自然的物质活动，此时，生态、资源、人口等问题也出现了前所未有的危机，成为可持续发展系统的重要功能因子。

（4）生态文明。生态文明是人类与自然实现协调发展的社会系统。生态文明是“社会记忆”中第四阶段的文明，是建筑在知识、教育和科技高度发达基础上的文明，强调自然界是人类生存与发展的基石，明确人类社会必须在生态基础上与自然界发生相互作用、共同发展，人类的经济社会才能持续发展。因而，人类与生存环境的共同进化就是生态文明，生态文明不再是纯粹的发展系统，而是一个和谐发展的社会系统。由于可持续发展系统是一个普遍的复杂复合系统，而且是进化的开放系统，其进化的基础是继承先前文明的一切积极因素，所以生态文明也就涵括了人类以前的文明成果，其理论与实践基础直接建立在工业文明之上，是对工业文明以牺牲环境为代价获取经济效益进行反思的结果，是传统工业文明发展观向现代生态文明发展观的深刻变革。建设生态文明，要求人类通过积极的科学实践活动，充分发挥自己的以理性为主的调节控制能力，预见自身活动所必然带来的自然影响和社会影响，随时对自身行为做出控制和调节。

（二）政策演变

随着经济社会的快速发展以及人们生活水平的不断提升，人类对资源的需求规模空前扩大，给生态系统造成前所未有的压力。而生态安全的状况又直接影响着经济发展的水平。因此，人们开始更加关注生态安全状况。联合国教科文组织在 1948 年提出了生态安全的最初概念——环境安全；联合国世界环境与发展委员会在 1987 年发表的《我们共同的未来》报告中对环境安全问题进行了全面系统的介绍，其要求必然是保护环境并提升其质量，以创造适当条件保障人类生活。国际应用系统分析研究所在 1989 年首次使用“生态安全”一词，提出广义生态安全是指在人的生活、健康、安乐、基本权利、生活保障来源、必要资源、社会秩序和人类适应环境变化的能力等方面不受威胁的状态；而狭义的生态安全则专指人类赖以生存的生态环境的安全。1992 年，联合国环境与发展大会强调了生态环境与安全的密切关系，提出了“环境安全”的概念，促成各国开始意识到环境问题的不利政治后果，并且发起了一系列倡议，明确将保护环境行动与国家安全目标联系起来。2002 年，在南非约翰内斯堡举办的全球环境与发展峰会上，与会各方讨论了生态（环境）安全和资源安全；2009 年 12 月，联合国气候变化大会在丹麦哥本哈根开幕，这次会议被喻为“拯救人类的最后一次机会”，各国首脑主要磋商如何解决全球日益严重的气候变化和生态安全问题。

我国于 20 世纪 90 年代后期提出生态安全的概念，在 2000 年国务院发布的《全国生态环境保护纲要》中，首次明确提出将生态安全作为环境保护的目标，纳入国家安全的范畴，并强调生态保护必须“以实施可持续发展战略和促进经济增长方式转变为中心，以改善生态环境质量和维护国家生态环境安全为目标”。2002 年党的十六大报告明确提出，同国防安全、经济安全一样，生态安全是国家安全的重要组成部分，也是维护生态平衡和保证生态安全、建设和谐社会系统的基石；2004 年 12 月，第十届全国人民代表大会常务委员会第十三次会议修订通过《中华人民共和国固体废物污染环境防治法》。2020 年 4 月 29 日，第十三届全国人民代表大会常务委员会第十七次会议第二次修订，在第一条中明确：“为了保护和改善生态环境，防治固体废物污染环境，保障公众健康，维护生态安全，推进生态文明建设，促进经济社会可持续发展，制定本法。”将维护生态安全作为立法宗旨写进了国家法律，使其作为一个法律概念得以确立。2014 年 4 月，中央国家安全委员会第一次会议提出，贯彻落实总体国家安全观，构建集政治安全、国土安全、军事安全、经济安全、文化安全、社会安全、科技安全、信息安全、生态安全、资源安全、核安全等于一体的国家安全体系，明确将生态安全纳入国家安全体系。2015 年 10 月，党的十八届五中全会进一步明确提出，坚持绿色发展，有度有序利用自然，构建科学合理的生态安全格局。党的十九大报告从维护生态安全的角度提出了推进绿色发展、着力解决突出环境问题、加大生态系统保护力度和改革生态环境监测体制等举措，把“坚持人与自然和谐共生”作为新时代坚持和发展中国特色社会主义的基本方略之一，将建设生态文明作为关系人民福祉和关乎中华民族永续发展的千年大计，强调推动形成人与自然和谐发展现代化建设新格局，从而为我国生态安全建设指明了方向。2018 年，全国生态环境保护大会提出了生态文明建设中的五大体系建设，其中一个就是“以生态系统良性循环和环境风险有效防控为重点的生态安全体系”建设。2020 年，“十四五”规划强调：坚持总体国家安全观，实施国家安全战略。2022 年，党的二十大报告强调：加强包括生物安全在内的安全保障体系建设。由此可见，生态安全的重要性日益得到广泛认可和重视。将生态安全纳入国家安全体系，是推进国家治理体系和治理能力现代化、实现国家长治久安的迫切要求，对于促进经济社会可持续发展、加快生态文明建设具有重要意义和深远影响。

二、生态安全的意义

在人与自然之间的联系越来越紧密，人、自然和社会的互动越来越频繁的情况下，生态安全已成为国家政治稳定、社会和谐安详、经济持续健康发展、民生幸福安康最为坚实和最为基本的构成要素。生态安全对经济安全、社会安全、资源能源安全等都产生重大影响，是国家安全体系的重要基石。[①]

第一，生态安全提供了人类生存发展的基本条件。自然生态系统是人类社会的母体，提供了水、空气、土壤和食物等人类生存的必要条件，维护生态安全就是维护人类生命支撑系统的安全。无论是在古代还是在现代，生态安全对国土安全的影响都是十分明显的。没有肥田沃土、绿水青山的国土不是安全的国土。

第二，生态安全是经济发展的基本保障。人类历史上因生态退化、环境恶化和自然资源减少导致经济衰退、文明消亡的现象屡见不鲜，要实现经济可持续发展，必须守护好生态环境底线，转变以无节制消耗资源、破坏环境为代价的发展方式。

第三，生态安全是社会稳定的坚固基石。随着我国经济社会快速发展，生态环境问题已成为最重要的公众话题之一，因相关问题导致社会关系紧张的情况屡有发生。高度重视和妥善处理人民群众身边的生态环境问题，已成为当前保障社会安定的重要工作之一。我国雾霾天气、一些地区饮水安全和土壤重金属含量过高等严重污染问题集中暴露，社会反映强烈。经过三十多年快速发展，积累下来的环境问题进入了高强度频发阶段，生态环境破坏和污染对人民群众健康的影响已经成为一个突出的民生问题。

第四，生态安全是资源安全的重要组成部分。自然生态系统既是人类的生存空间，又直接或间接提供了各类基本生产资料。对国家来说，要获得充分的发展资源，就必须保障国内的生态安全，甚至周边区域和全球的生态安全。生态系统作为人类生存和发展的客体系统，构成人类生存和发展的空间，是人类获取生产资料和生活资料的来源。维护好生态安全，就能以健康稳定的生态系统为经济社会发展提供充足、稳定、可持续供给的资源能源。

第五，生态安全还是全球治理的重要内容。随着全球生态环境问题的日趋严峻，气候变化、环境污染防治、生物多样性保护等跨国界和全球性生态环境问题日益成为政治、经济、科技、外交角力的焦点。积极参与区域和全球环境治理，影响和设置相关议程，有助于维护我国发展权益和国家利益，树立我国负责任的大国形象。

第二节　生态安全概述

一、国家安全的定义

根据《中华人民共和国国家安全法》的定义，国家安全是指国家政权、主权、统一和领土完整、人民福祉、经济社会可持续发展和国家其他重大利益相对处于没有危险和不受内外威胁的状态，以及保障持续安全状态的能力。首先，国家安全是国家没有外部的威胁与侵害的客观状态。所谓外部的威胁与侵害，大致可分为外部自然界的威胁和侵害与外部社会的威胁和侵害两大类，但由于国家安全是一种社会现象，因此国家的外部威胁和侵害主要是指处于一国之外的其他社会存在对本国造成的威胁和侵害。从威胁和侵害者的角度看，这种外部威胁和侵害包括：① 其他国家的威胁；② 非国家的其他外部社会组织和个

① 蒋明君．生态安全学导论[M]．北京：世界知识出版社，2012：2-3．

人的威胁，如某些国际组织或地区组织对某国的威胁和侵害；③ 国内力量在外部所形成的威胁和侵害，如国内反叛组织在国外从事的威胁和侵害本国的活动。其次，国家安全是国家没有内部的混乱与疾患的客观状态。危及国家生存的力量不仅来源于一个国家的外部，还时常来源于一个国家的内部。国内的混乱、动乱、骚乱、暴乱，以及其他各种形式的疾患，都会直接危害到国家生存，造成国家的不安全。因此国家安全必然包括没有内部混乱和疾患的要求。仅仅是没有外部的威胁和侵害，国家并不一定就会安全。最后，只有在同时没有内外两方面的危害的条件下，国家才安全。因此，这两个方面的统一才是国家安全的特有属性。无论是“没有外部威胁”，还是“没有内部混乱”，都不是国家安全的特有属性，由此并不能把国家安全与国家不安全完全区别开来，单独从这两方面的任何一方面来定义国家安全，都是片面的、无效的。但是，如果把这两个方面结合起来，表述为“既没有外部威胁和侵害，又没有内部混乱与疾患”，则可以把国家安全与国家不安全区别开来，因而就抓住了国家安全的特有属性，从而形成一个真实有效的定义：“国家安全是国家既没有外部威胁和侵害也没有内部混乱与疾患的客观状态。”

国家安全共包括 16 个方面的基本内容：政治安全、国土安全、军事安全、经济安全、文化安全、社会安全、科技安全、网络安全、生态安全、资源安全、核安全、海外利益安全、生物安全、太空安全、极地安全、深海安全。

二、生态安全的定义

我国古代一直流传的“风调雨顺，国泰民安”的说法，这就是一种朴素的生态安全观。马克思、恩格斯在《德意志意识形态》中反对费尔巴哈的观点时提出“感性世界的一切部分的和谐，特别是人与自然的和谐”，鲜明地表达了人类对生态安全的价值诉求。各学者对生态安全的定义问题直到现在还没有形成共识，不同学者从不同角度进行分析。从宏观层面研究的学者认为，生态安全就是维护生态环境不受外界要素的胁迫或攻击，为社会经济可持续发展提供依据。从生态系统角度研究的学者认为，生态安全就是指外界打击对生态环境造成的负效应是否导致生态系统组成部分的损伤，该损伤是否给生态系统整体结构带来破坏性的后果。还有部分学者认为，生态安全是指人类赖以生存的生态环境空间，包括聚区、区域、地区等大的方面不受外界的胁迫、危及乃至损害，保持自身长期安全的态势。换句话说，就是人类生存环境的健康、人类活动在生态系统承受阈值之内的状态。国家发改委对国家生态安全的基本内涵做出过明确解释，即主要指一国具有支撑国家生存发展的较为完整、不受威胁的生态系统，以及应对内外重大生态问题的能力。

生态安全有狭义和广义之分。广义的生态安全指人类在生存与生活、经济社会可持续健康发展以及人类适应环境变化的能力等方面不受威胁的状态，包括自然生态安全、经济生态安全和社会生态安全三个范畴。广义的生态安全不仅考虑自然生态系统功能与人类活动的关系，还要考虑自然生态系统对人类的服务能力以及人类活动对自然环境的影响[①]。这里重点强调两个方面：一是必须维护生态系统的完整性、稳定性和功能性，确保国家或区域具备保障人类生存发展和经济社会可持续发展的自然基础，这是维护生态安全的基本目标，

---

① 蒋明君．生态安全学导论[M]．北京：世界知识出版社，2012：5．

是根本性、基础性的问题。二是必须处理好涉及生态环境的重大问题，包括妥善处理好国内发展所面临的资源环境瓶颈、生态承载力不足的问题，以及突发环境事件问题，这是维护生态安全的重要着力点，是最具有现实性和紧迫性的问题。狭义的生态安全是指生态系统的自然、半自然安全状态，反映生态系统健康与完整性的总体水平。一般认为，健康的生态系统是稳定的和可持续的，在时间上维持它的组织结构和自治，以及保持对胁迫的恢复力，生态系统的这种状态即为生态安全；反之，则为生态不安全。

三、生态安全的特点

与传统安全相比，生态安全的内涵更为丰富，具有以下特点。

（1）整体性。生态系统是相连相通的，任何一个局部生态环境出现损害、退化、胁迫都可能引发全局生态问题，危及整个国家的生存条件，进而影响周边国家的生态安全，甚至波及整个世界。当一个国家或地区所处的自然生态环境状况能够维系其经济社会的可持续发展时，它的生态就是安全的；反之，生态环境一旦遭到严重破坏，生态不再安全，必然影响社会稳定，危及国家安全。

（2）综合性。生态安全涉及自然、社会、经济等众多方面，生态安全是其他安全的载体和基础，同时又受到其他安全的影响和制约。这些因素相互作用、相互影响，使生态安全的维护显得尤为复杂。生态安全不仅涉及植被破坏、物种灭绝等与人类活动密切相关的生态系统和整体环境空间变化的问题，而且直接影响人类的正常活动、社会安全和经济发展。

（3）动态性。生态安全会随着影响因素的发展变化而在不同时期表现出不同的状态。构成生态安全的众多生态因子不断变化，会导致生态安全状况可能朝着有利或恶化的方向发展，具有多变、不稳定的特性。即生态因子变化导致人类生存环境的变化，从而导致区域和国家所处的安全状态实现安全与不安全互相转变。

（4）长期性。生态系统各组成部分之间的关系是在长期过程中形成的，但是对生态安全的损害是在很短的时期内出现的，生态破坏累加到一定程度，达到生态安全的阈值或超越阈值，便会产生生态环境问题。许多生态环境问题一旦形成，要想解决它，就需要付出很高的代价、很大的投入、很长的时间，有的甚至是不可逆的。

（5）战略性。生态安全关系国计民生，关系经济社会的可持续发展。生态安全与政治安全、军事安全和经济安全一样，都是事关大局、对国家安全具有重大影响的安全领域。生态安全关系到国计民生，是一个国家的宏观战略，是实现经济社会可持续发展的保障，若生态安全得不到保障，则其他领域的安全都将无从谈起[①]。

四、生态安全的分类

生态安全是地球生命系统赖以生存的环境不被破坏或少被破坏与威胁的动态过程。生态安全可以分为以下几类：一是非传统安全，主要包括自然灾害、粮食安全、食品安全、

① 欧阳志云，郑华. 生态安全战略[M]. 海口：海南出版社，2014：20-22.

地质灾害、水资源安全、劳动安全、恐怖威胁等；二是环境安全，主要包括极端气候变化、土地沙漠化、空气污染、有毒有害物质污染、赤潮、臭氧层破坏等；三是物种安全，主要包括物质安全（动物、植物、微生物）、外来物种入侵等；四是生命安全，主要包括人口安全、贫困、地方病、流行性传染病、艾滋病、吸食毒品等；五是自然遗产安全，主要包括国家森林公园安全、自然保护区安全等；六是核安全与辐射，主要包括军事核安全和民用核安全两部分，民用核安全包括核泄漏、核污染等，辐射包括化学辐射、光辐射、电子辐射、电磁辐射等；七是城市安全，主要包括城市突发事件、公共安全、交通安全等；八是资源安全与可持续发展，主要包括生态文明建设、经济可持续发展、社会可持续发展、生态可持续发展、城市可持续发展、资源可持续发展等。其中，由自然原因引发的自然生态安全具有不可抗力性，人类只能在其既定的前提下生存与发展；气候变化与人类经济活动所引起的生态系统安全与人类安全是可以改变的，其根源在于人类社会运行机制的逻辑起点和价值取向是否符合自然界的运行规律，人类是否选择了一条“道法自然”的生态文明与生态安全之路。

五、生态安全的影响因素

影响生态安全的因素有自然因素和人为因素。

（1）自然因素包括水灾、旱灾、地震、台风、山崩、海啸等。由自然因素引起的生态平衡破坏，称为第一环境问题。

（2）人为因素是生态平衡失调的主要原因。由人为因素引起的生态平衡破坏，称为第二环境问题。第二环境问题具体表现在以下三个方面：① 使环境因素发生改变。人类的生产活动和生活活动产生大量的废气、废水、废物，不断排放到环境中，使环境质量恶化，产生近期或远期效应，使生态平衡失调或破坏。此外，是人类对自然资源不合理的利用，例如盲目开荒、滥砍森林、草原超载等。② 使生物种类发生改变。在生态系统中，盲目增加一个物种，有可能使生态平衡遭受破坏。例如，美国于 1929 年开凿的韦兰运河，把内陆水系与海洋沟通，导致八目鳗进入内陆水系，使鳟鱼年产量由 2000 万 kg 减至 5000kg，严重地破坏了水产资源。在一个生态系统中减少一个物种，也有可能使生态平衡遭受破坏。我国于 20 世纪 50 年代曾大量捕杀麻雀，致使一些地区虫害严重。究其原因，就是由于害虫的天敌麻雀被捕杀，害虫失去了自然抑制因素。③ 信息系统的破坏。生物与生物之间彼此靠信息联系，才能保持其集群性和正常的繁衍。人为向环境中施放某种物质，干扰或破坏了生物间的信息联系，就有可能使生态平衡失调或遭受破坏。例如，自然界中许多雌性昆虫靠分泌释放性外激素引诱同种雄性成虫前来交尾，如果人们向大气中排放的污染物能与之发生化学反应，则性外激素就失去了引诱雄虫的生理活性，结果势必影响昆虫交尾和繁殖，最终导致种群数量下降甚至消失。

六、生态安全的研究内容

生态安全是在系统工程学科基础上提出的一门新兴研究领域，也是可持续发展研究的前沿领域，但生态安全研究起步较晚，尚处于逐渐完善阶段。生态安全主要研究内容包括生态安全评价、生态安全分析、生态系统健康诊断与服务功能的可持续性、生态安全监测、生态安全预警与调控、生态安全维护和管理等。

（1）生态安全评价。生态安全评价是指根据生态安全影响因子与社会可持续发展之间的相互作用关系，在分析生态系统对社会可持续发展的影响与制约的基础上分析研究生态安全与不安全的界线，并用一系列安全评价指标体系对生态安全的程度予以区分的一种方法。该方法主要评价人类活动对生物与环境的影响，可以把握评价生态安全演变规律。进行生态安全评价研究时，需要对社会可持续发展与生态环境之间的匹配关系进行全面分析，并对生态环境变化、社会发展的趋势进行分析预测。生态安全阈值的确定是生态安全研究的核心，即生态安全与不安全的界线的划分。生态安全评价内容包括生态系统安全现状及发展情况，分析评价标准与指标体系的确定，影响生态安全的关键因子及时序、规模分析，主要影响因子影响的规模及程度，生态安全阈值的确定。

（2）生态安全分析。生态安全分析主要关注的内容是生物物种的安全程度和丧失状况，如濒危物种数量、减少速度、胁迫因子的变化趋势，特别重视生态系统破碎化对生物多样性的影响。其研究重点是生态系统的完整性和稳定性，包括自然生态系统、人工生态系统和半自然生态系统的组成要素的完整性以及生态系统所具有的保持或恢复自身结构和功能的能力等。

（3）生态系统健康诊断与服务功能的可持续性。研究热点内容主要包括初级生产力、水质净化、库储量、生物多样性和生境完整性等，生态价值与生态成熟度的提出将生态安全研究提升到一个新的层次。生态价值是指生态系统的服务价值的大小程度。生态成熟即生态系统距离成熟状态的程度，是指某生态系统处于潜在生态价位最高生态价值时的状态。

（4）生态安全监测。生态安全监测建立在监测网点的建设和技术之上，利用数字技术进行生态安全变化动态观测分析。生态安全监测与生态安全预警相辅相成。生态安全监测是生态安全预警研究的基础，没有生态安全监测，生态安全预警工作就难以完成。但生态安全监测强调实时监控的实施和检测网络的建立，不完全隶属生态安全预警研究。生态安全监测研究对政府部门把握生态安全的变化并及时控制和治理生态系统，进行生态系统重新建设，确保生态安全，具有十分重要的意义。

（5）生态安全预警与调控。生态安全预警与调控强调人的积极主导作用，从系统分析研究区域的要素和功能过程出发，探求维护系统生态安全的关键性要素和过程；通过对安全诊断指标的对比分析，划分生态安全等级，制定安全预警的不同等级标准。生态安全预警与调控对研究区域内的社会、经济、环境的协调、科学、持续发展具有重要意义。

（6）生态安全维护和管理。生态安全维护和管理的研究内容包括生态安全资产管理、生态安全信息管理、生态安全组织管理、生态服务功能管理、生态代谢过程管理、生态健康状态管理以及复合生态关系的综合管理。生态安全维护和管理充分利用生态学和管理学知识，从自然、经济、社会等各个层次对现有安全保障体系进行系统整合。

第三节　生态安全的基本原理与相关理论

一、生态安全的基本原理

生态系统并非全部是健康的，总会有外部事物影响它的正常运行。如果想要一个健康的生态系统稳定并且持续地进行下去，就必须要有可以维持它本身的结构以及应对威胁的恢复力。生态安全学原理包括以下内容[①]。

（1）物质循环再生原理。即物质在生态系统中循环往复分层分级利用。原理含义是指在生态系统中，生物借助能量的不停流动，一方面不断地从自然界摄取物质并合成新的物质，另一方面又随时分解为原来的简单物质，即所谓“再生”，重新被系统中的生产者——植物所吸收利用，进行着不停顿的物质循环。其意义在于，可避免环境污染及其对系统稳定性和发展的影响。

专栏1　无废弃物农业

积极种植能够固碳固氮的豆科作物，收集一切可能的有机物质，包括人类粪便、枯枝落叶、残羹剩饭、河泥、炕土、老墙土以及农产品加工过程中的废弃物等，采用堆肥和沤肥等多种方式，将其转变为有机肥料，施用到农田中，从而改善土壤结构，培育土壤微生物，实现土壤养分（如氮、磷、钾）及微量元素的循环利用。

（2）物种多样性原理。一般而言，物质繁多而复杂的生态系统具有较高的抵抗力稳定性。其意义在于，生物多样性程度可提高系统的抵抗力、稳定性，提高系统的生产力。

专栏2　纯樟子松林与珊瑚礁区

纯樟子松林的生物多样性低，食物链短而单调，缺少松毛虫、天牛的天敌，而成片单一的林木又为松毛虫和天牛提供了丰富的食物来源，因而会导致树林毁坏。而珊瑚礁区的生物多样性高，食物链区复杂，不同的生物占据了不同的时间位、空间位和资源位，因而可以充分利用珊瑚礁生态系统的环境。例如，氮、磷等养分就很少流出系统外，能够在该区物体间被充分地循环利用。

① 戴利 H E，法利 J. 生态经济学：原理和应用[M]. 2版. 金志农，陈美球，蔡海生，等译. 北京：中国人民大学出版社，2018：40.

（3）协调与平衡原理。协调主要是指生物与环境的协调（强调生物要和环境相适应），平衡是指种群数量与环境的负载能力要平衡协调。其意义在于，生物数量不超过环境承载力，可避免系统的失衡和破坏。

专栏3　太湖富营养化

太湖是我国第三大淡水湖。20世纪60年代，太湖略呈贫营养状态，1981年时仍属于中营养湖泊，但从20世纪80年代后期，由于周边工农业的迅速发展，生活污水的排放和氮肥的过度使用导致农田径流输入到太湖的营养盐浓度升高，大量的有机质、氮、磷等物质在湖泊沉积物中沉降富集。太湖北部的梅梁湾开始频繁暴发蓝藻水华。而后，太湖污染日趋严重，造成了湖泊富营养化，水质恶化，蓝藻水华频繁暴发。

（4）整体性原理。人类所处的自然系统、经济系统和社会系统构成巨大的复合系统，在这个复合系统中三者相互影响，从而形成统一的整体。其意义在于，统一协调各种关系，保障系统的平衡与稳定。

专栏4　纽约中央公园

19世纪50年代，纽约等美国大城市经历了前所未有的城市化变革，大量人口涌入城市，经济优先的发展理念、不断被压缩的公园绿化等公共开敞空间使19世纪初确定的城市格局的弊端暴露无遗，包括传染病流行在内的城市问题凸现，满足市民对新鲜空气、阳光以及公共活动空间的要求成为地方政府的当务之急。纽约中央公园南起59街，北抵110街，东西两侧被著名的第五大道和中央公园西大道所围合，位于曼哈顿岛的地理中央。公园共种植了1400多种树木和花卉，创造了湖泊、林地、山岩、草原等多种自然景观，而且与周边各个绿地斑块相呼应、与住宅社区相连接，共同形成了城市自然景观。在摩天大楼林立的曼哈顿岛上，中央公园是一块难得的绿地，它犹如纽约的肺，把这座拥挤、嘈杂的城市里的浑浊空气吸收殆尽，滤去渗透在闹市生活中的各种有害物质，然后向城市各处输送新鲜的氧气，使周围的楼房、街道充满无限生机，保护和改善城市生态环境。中央公园每年接待游客超过4200万人次，是全世界最知名的城市大公园之一。

（5）系统学与工程学原理。指系统的结构决定功能、整体大于部分。其意义在于，改善和优化系统的结构以改善功能，保持系统很高的生产力。

专栏5　桑 基 鱼 塘

桑基鱼塘是将种桑养蚕同池塘养鱼相结合的一种生产模式。在池埂上或池塘附近种植桑树，以桑叶养蚕，以蚕沙、蚕蛹等作鱼饵料，以塘泥作为桑树肥料，形成池埂种桑→桑叶养蚕→蚕蛹喂鱼→塘泥肥桑的生产结构或生产链条。二者互相利用，互相促进，达到鱼蚕兼取的效果。

二、生态安全的相关理论

（1）生态承载力理论。① 生态承载力是指在某一特定环境条件下（主要指生存空间、营养物质、阳光等生态因子的组合），某种个体存在数量的最高极限。生态承载力具体可分为资源承载力、环境承载力、生态系统弹性力（也叫生态系统抗干扰能力）三部分，其中资源承载力是生态承载力的基础，环境承载力是生态承载力的约束条件，生态系统弹性力是生态承载力的支撑。此外，资源承载力与环境承载力二者合称为生态承载容量，而生态弹性力主要是从生态格局安全的角度去考虑的。生态承载力的提出对于承载力理论的研究是一个很大的进步，和单因素承载力相比，生态承载力更多地关注生态系统的整合性、持续性和协调性，生态承载力的提出为实现由单纯支撑人类的社会进步变成促进整个生态系统和谐发展的进步奠定了基础。生态承载力有生态支持力和生态压力两重含义。生态支持力具体指生态系统的自我维持与自我调节能力、资源和环境的供给容纳能力的大小、生态环境可调节的弹性度等。生态支持力具体可以用三个指标来衡量：资源承载力、环境承载力（环境容量）和生态系统弹力（抗干扰能力）。生态压力则指社会经济的发展给生态系统带来的压力，一般是指生态系统可以维持的社会经济规模和人口数量。滨海湿地生态系统具有一定的生态供给，如提供动植物生存环境、提供动植物资源、提供净化污染能力等。但这种供给能力是有一定限度的，其生态系统的稳定性除了与生态系统内部的结构和规模有关，与该地区容纳人口的数量也密切相关，另外，还与当地资源的开发程度有关。② 特点。一是客观性。生态承载力的客观承载性是生态系统最重要的固有功能之一，这种固有功能一方面为生态系统抵抗外力的干扰、破坏提供了基础，另一方面为生态系统向更高层次的发育奠定了基础。二是生态承载力可变性。生态系统的稳定性是相对意义的稳定，是可以改变的，而不是固定不变的。所以说，生态承载力虽然客观存在，但不是固定不变的，应按照对自己有利的方式去积极提高系统的生态承载力。三是生态承载力层次性。生态环境的稳定性不仅表现在小单元的生态系统水平上，而且表现在景观、区域、地区以及生物圈各个层次的生态系统水平上。同样，生态系统的承载力也表现在上述各个层次水平上，在不同层次水平上，生态承载力也不同。

（2）循环经济理论。① 循环经济的理论以生态学原理为基础，以经济学原理为主导，以人类经济活动为中心，运用系统工程方法，从最广泛的范围研究生态和经济的结合，从整体上研究生态系统和生产力系统的相互影响、相互制约和相互作用，揭示自然和社会之间的本质联系和规律，改变生产和消费方式，高效合理利用一切可用资源。循环经济与传统经济的区别在于：传统经济是一种“资源—产品—污染排放”单向流动的线性经济，其特征是高开采、低利用、高排放。在这种经济中，人们高强度地把地球上的物质和能源提取出来，然后又把污染和废物大量地排放到水系、空气和土壤中，对资源的利用是粗放的和一次性的，通过把资源持续不断地变成废物来实现经济的数量型增长。与此不同，循环经济倡导的是一种与环境和谐的经济发展模式。它要求把经济活动组织成一个“资源—产品—再生资源”的反馈式流程，其特征是低开采、高利用、低排放。所有的物质和能源要能在这个不断进行的经济循环中得到合理和持久的利用，从而把经济活动对自然环境的影响降低到尽可能小的程度。② 基本原则。循环经济遵循减量化（reduce）、再利用（reuse）、再循环（recycle）的“3R”原则。一是减量化原则。减少进入生产和消费流程的物质，又称减物质化。换言之，必须预防废弃物的产生而不是产生后治理。二是再利用原则。尽可能多次以及尽可能多种方式地使用物品。通过再利用，防止物品过早成为垃圾。三是再循环（资源化）原则。尽可能多地再生利用或资源化。资源化能够减少对垃圾填埋场和焚烧场的压力。资源化方式有原级资源化和次级资源化两种。原级资源化是将消费者遗弃的废弃物资源化后形成与原来相同的新产品；次级资源化是将废弃物变成不同类型的新产品[①]。

（3）外部性理论。① 外部性理论是指某一经济主体的经济行为对社会上其他人的福利造成了影响，却没有为此而承担后果。即某个经济行为主体的经济活动给其他经济行为主体带来好处，却不能由此而得到补偿；某个经济行为主体的经济活动给其他经济行为主体带来损害，却并不为此支付足够抵偿这种危害的成本。换句话说，某一经济主体的经济行为对社会上其他人的福利造成了影响，但这些影响未被计入市场交易的成本和价格中。② 分类。一是根据影响的正负效果，外部性理论分为正外部性和负外部性。正外部性，是指某一经济主体的经济活动给社会其他人带来好处，而又未获得补偿。此时，这个经济主体从其活动中得到的利益（所谓的“私人利益”）小于该活动所带来的全部利益（所谓的“社会利益”，包括这个人和其他所有人所得的利益）。负外部性，是指某一经济主体的经济活动给社会其他人带来损失，但并未支付抵偿损失的成本。此时，这个经济主体为其活动所付出的成本（所谓的“私人成本”）就小于该活动所产生的全部成本（即所谓的“社会成本”，包括这个人和其他所有人所付出的成本）。二是根据经济活动主体的不同，外部性理论可分为生产的外部性和消费的外部性。生产的正外部性，是指经济行为主体的生产活动增加了其他人的收益，而自己却不能从中获得补偿，例如蜂农和果农。生产的负外部性，是指经济行为主体的生产活动使其他人付出了代价，而自己却没有承担相应的补偿。例如，工业废弃物对养鱼的影响。消费的正外部性，是指某一经济活动主体的消费活动增加了其他人的收益，而自己却不能从中得到补偿。例如，喜欢养花的人不但自己从观赏鲜花中获得了精神的愉悦，邻居也从观赏其鲜花中得到快乐。消费的负外部性，是指某一经济活动主体的消费活动使其他人付出了代价，而自己未给其他人补偿。例如，在河流或池塘冲洗马桶对水资源造成的污染等。

（4）环境价值理论。① 环境资源价值是指环境资源本身的存在价值，能直接满足或间接支持生产或消费活动的获益的价值。② 环境资源的价值称为总经济价值，包括使用价值和非使用价值。使用价值是指使用该种环境物品产生的价值。例如，我们在清洁的河里游泳、划船、饮水，或者在不支付费用的情况下洗涤衣服。如果你用你的感官之一享用了资源——看、听、摸、尝或闻——那么你已经使用了资源。例如，当大气污染使人类更容易受到疾病侵害，石油泄漏给渔业带来不利影响的时候，污染就会引起使用价值的损失。非使用价值是指一个人实际上不应用某个产品而获得的效用，这里的“使用”是一个宽泛的概念。我们可以认为，远在天涯海角的生态系统是有价值的，原因并不是我们打算去参观

① 伯克．环境经济学[M]．北京：中国人民大学出版社，2013：67-68．

这个生态系统，也不是因为我们想从这个系统中潜在得到什么。三种典型的非使用价值是存在价值、利他价值和遗产价值。存在价值是消费者乐于知道某些东西的存在价值。例如，如果一个人认为所有生物都有“权利”在这个星球上生存，那么他应该可以从保护濒危生物中获得满足，即使这些物种没有使用价值，但仍具有存在价值。利他价值不是产生于我自身的消费，而是来自当别人获取效用时我获益这个事实。例如，当邻居从我打扫自己的前院中获得好处时，如果我是一个利他主义者，我就从邻居获益的事实中获取效用。遗产价值也类似，但它是与继承者的效用改善相联系的。如果一个人计划将一片原始地区传给下一代，即使他从来没有使用或者没打算使用这片地区，这片原始地区对他来说也是有遗产价值的。

（5）生态补偿理论。① 生态补偿是以保护和可持续利用生态系统服务为目的，以经济手段为主，调节相关者利益关系的制度安排。② 生态补偿应包括以下几方面主要内容：一是对生态系统本身保护（恢复）或破坏的成本进行补偿；二是通过经济手段将经济效益的外部性内部化；三是对个人或区域保护生态系统和环境的投入，或放弃发展机会的损失所做出的经济补偿；四是对具有重大生态价值的区域或对象进行保护性投入。生态补偿机制的建立是以内化外部成本为原则，对保护行为的外部经济性的补偿依据是保护者为改善生态服务功能所付出的额外的保护与相关建设成本和为此而牺牲的发展机会成本；对破坏行为的外部经济性的补偿依据是恢复生态服务功能的成本和因破坏行为造成的被补偿者发展机会成本的损失。

（6）公共物品理论。① 公共物品是指那些能够被得到的物品或服务。② 公共物品的特征：非竞争性，是指某人对公共物品的消费并不会影响别人同时消费该产品及其从中获得的效用，即在给定的生产水平下，为另一个消费者提供这一物品所带来的边际成本为零；非排他性，是指某人在消费一种公共物品时，不能排除其他人消费这一物品（不论他们是否付费），或者排除的成本很高。③ 公共物品基本上可以分为三类：第一类是纯公共物品，即同时具有非排他性和非竞争性；第二类公共物品的特点是消费上具有非竞争性，却可以较轻易地做到排他，有学者将这类物品形象地称为俱乐部物品（club goods）；第三类公共物品与俱乐部物品刚好相反，即在消费上具有竞争性，却无法有效地排他，有学者将这类物品称为共同资源或公共池塘资源物品。俱乐部物品和共同资源物品通称为“准公共物品”，即不同时具备非排他性和非竞争性。准公共物品一般具有“拥挤性”的特点，即当消费者的数目增加到某一个值后，就会出现边际成本为正的情况，而不是像纯公共物品，增加一个人的消费，边际成本为零。准公共物品到达“拥挤点”后，每增加一个人，将减少原有消费者的效用。公共物品的分类以及准公共物品“拥挤性”的特点为我们探讨公共服务产品的多重性提供了理论依据①。

专栏6 公 地 悲 剧

设想一个中世纪小镇的生活。该镇的人从事许多经济活动，其中最重要的一种活动是

① 高鸿业. 西方经济学：微观部分[M]. 7版. 北京：中国人民大学出版社，2018：201-205.

养羊。镇上的许多家庭都有自己的羊群，并以出售用来做衣服的羊毛来养家。当我们的故事开始时，大部分时间里，羊在镇周围的草地上吃草，这块地被称为镇公地。这块草地不归任何一个家庭所有，而是归镇上的居民集体所有，而且允许所有的居民在上面放羊。集体所有权很好地发挥了作用，因为土地很广阔。只要每个人都可以得到他们想要的优质草地，镇公地就不是一种竞争性物品，而且，允许居民在草地上免费放羊也没有引起任何问题。镇上每一个人都是幸福的。随着时光的流逝，镇上的人口在增加，镇公地上的羊也在增加。由于羊的数量日益增加，而土地的数量是固定的，土地开始失去自我养护的能力。最后，土地上放牧的羊是如此之多，以至于土地变得寸草不生。由于土地上没有草，养羊不可能了，该镇上曾经繁荣的羊毛业也随之消失。许多家庭失去了生活的来源。公地由于长期超载放牧而日益衰落，这种现象就是所谓的公地悲剧。

本章小结

广义生态安全是指在人类生存与生活、经济社会可持续健康发展以及人类适应环境变化的能力等方面不受威胁的状态，包括自然生态安全、经济生态安全和社会生态安全三个范畴。狭义的生态安全是指生态系统的自然、半自然安全状态，反映生态系统健康与完整性的总体水平。生态安全的特点包括：整体性、综合性、动态性、长期性、战略性。生态安全的研究内容包括：生态安全评价、生态安全分析、生态系统健康诊断与服务功能的可持续性、生态安全监测、生态安全预警与调控、生态安全维护和管理。

生态安全的基本原理包括：物质循环再生原理、物种多样性原理、协调与平衡原理、整体性原理、系统学与工程学原理。生态安全学的相关理论包括：生态承载力理论、循环经济理论、外部性理论、环境价值理论、生态补偿理论、公共物品理论。

思考题

1．论述人类文明阶段。
2．论述生态安全的内涵及特点。
3．论述生态安全的分类。
4．论述生态安全的影响因素。
5．论述生态安全的研究内容。
6．论述生态安全的基本原理。
7．论述生态安全的相关理论。

生态安全与生态文明

学习目标

- ✧ 掌握生态安全及生态文明的定义、内涵；
- ✧ 掌握生态文明的基本内容与主要特征；
- ✧ 掌握生态安全与生态文明两者之间的关系；
- ✧ 了解如何保障我国的生态安全。

导言

当今世界，伴随着人口增多、经济社会飞速发展、工业化以及城市化进程的不断推进，全球生态危机日益加剧，我国也面临许多生态安全的挑战。人们不得不惊醒：生态安全问题威胁着国家安全，危害了城乡人民群众的生存环境与身体健康，必须坚持科学发展观，走可持续发展道路，开创新的文明形态来正确处理人与人、人与自然、人与社会的关系，这就是生态文明。因此，生态安全是人类生存与发展最基本的安全需求，它是一个时代性命题，在新时代，我们要不断提高保护环境的意识，为全球的生态文明做出贡献。为了深入学习该主题，本章在介绍生态文明与生态安全的概念后，从建设生态文明的角度，分析我国存在的生态安全所面临的挑战及其对人类健康构成的威胁，并提出若干对策建议，践行了可持续性发展的要求，有利于维护我国的生态安全及人民健康。

第一节　生态文明的概述与演进历程

一、生态文明的概述

（一）生态文明的概念

生态文明，是指人类遵循人、自然、社会和谐发展这一客观规律而取得的物质与精神成果的总和，是指以人与自然、人与人、人与社会和谐共生、良性循环、全面发展、持续繁荣为基本宗旨的文化伦理形态。生态文明的核心要素是公正、高效、和谐和人文发展。公正，就是要尊重自然权益实现生态公正，保障人的权益实现社会公正；高效，就是要寻求自然生态系统具有平衡生产力的生态效率，经济生产系统具有低投入、无污染、高产出的经济效率，以及人类社会体系制度规范完善运行、平稳的社会效率；和谐，就是要谋求人与自然、人与人、人与社会的公平和谐，以及生产与消费、经济与社会、城乡与地区之间的协调发展；人文发展，就是要追求具有品质、品位、健康、尊严的崇高人格。公正是生态文明的基础，效率是生态文明的手段，和谐是生态文明的保障，人文发展是生态文明的终极目的。

生态文明是人们在对传统工业文明进行反思的基础上，探索建立一种可持续发展的理论及其实践成果，是继原始文明、农业文明和工业文明之后的人类文明的一种新形态。20世纪60年代以后，关于生态文明的理论研究开始加速发展，国外生态文明研究步入正轨。我国生态文明研究兴起于80年代后期，是我国改革开放过程中逐渐凸显出来的新课题。刘思华教授也认为，真正意义上的现代文明包括物质文明、精神文明、生态文明，三者是内在统一的关系。20世纪90年代初期，美国著名作家、评论家罗伊·莫里森根据自身的经历，洞察到生态问题日益突出并持续恶化，全球环境问题已经成为众多政治问题的一个重要方面，提出生态文明是继“工业文明”之后的一种新的文明形式，认为生态文明是人类发展的另一个更高的文明形态，这是现代意义上的生态文明的概念，之后成为人们广泛使用的概念和理念。中共十八届三中全会召开后，新华网对罗伊·莫里森进行了专访，他肯定了中国共产党提出的一系列生态文明体制改革，期待中国把这些政策、目标付诸实践。他在一本书里提到，“2070—2090年，中国将在可持续发展方面引领世界”，这道出了我国改善生态环境、实现经济增长对世界的影响，从另一方面也说明了我国对世界生态环境所承担的责任和义务。[①]

关于生态文明的概念，学者们从不同角度提出了各自的看法。总体来说，大致有以下四种理解视角。

（1）从广义的角度来说，生态文明是人类的一个发展阶段。如陈瑞清[②]在《建设社会主义生态文明 实现可持续发展》中给出的定义，这种观点认为：人类已经经历了原始文明、农业文明、工业文明三个阶段，在对自身发展与自然关系深刻反思的基础上，人类即将迈入生态文明阶段。广义的生态文明包括多层含义。第一，在文化价值上，树立符合自然规律的价值需求、规范和目标，使生态意识、生态道德、生态文化成为具有广泛基础的文化意识。第二，在生活方式上，以满足自身需要又不损害他人需求为目标，践行可持续消费。第三，在社会结构上，生态化渗入到社会组织和社会结构的各个方面，追求人与自然的良性循环。

（2）从狭义的角度来说，生态文明是社会文明的一个方面。如余谋昌[③]在《生态文明是人类的第四文明》中的观点，这种观点认为：生态文明是继物质文明、精神文明、政治文明之后的第四种文明。物质文明、精神文明、政治文明与生态文明这“四个文明”一起，

① 杨朝霞．中国环境立法50年：从环境法1.0到3.0的代际进化[J]．北京理工大学学报（社会科学版），2022，24（3）：88-107.
② 陈瑞清．建设社会主义生态文明 实现可持续发展[J]．内蒙古统战理论研究，2007，34（2）：9+13.
③ 余谋昌．生态文明是人类的第四文明[J]．绿叶，2006（11）：20-21.

共同支撑和谐社会大厦。其中，物质文明为和谐社会奠定雄厚的物质保障，政治文明为和谐社会提供良好的社会环境，精神文明为和谐社会提供智力支持，生态文明是现代社会文明体系的基础。狭义的生态文明要求改善人与自然的关系，用文明和理智的态度对待自然，反对粗放利用资源，建设和保护生态环境。

（3）从发展的角度来说，生态文明是一种理念。这种观点认为：生态文明与“野蛮”相对，指的是在工业文明已经取得成果的基础上，用更文明的态度对待自然，拒绝对大自然进行野蛮与粗暴的掠夺，积极建设和认真保护良好的生态环境，改善与优化人与自然的关系，从而实现经济社会可持续发展的长远目标。

（4）从制度属性的角度来说，生态文明是社会主义文明体系的基础。潘岳[①]在《论社会主义生态文明》中提出，资本主义制度是造成全球性生态危机的根本原因。生态问题的实质是社会公平问题，受环境灾害影响的群体是更大的社会问题。资本主义的本质使它不可能停止剥削而实现公平，只有社会主义才能真正解决社会公平问题，从而在根本上解决环境公平问题。因此，生态文明只能是社会主义的，生态文明是社会主义文明体系的基础，是社会主义基本原则的体现，只有社会主义才会自觉承担改善与保护全球生态环境的责任。

有学者认为，生态文明注重的是“生”，指人类生存的状态是处于野蛮状态还是文明的进程中。人类生存状态处于野蛮状态中，是指人类发展过程中开采自然资源、向环境排放污染物均超过自然界的承载力，自然界反过来报复人类；人类生存状态处于文明进程中，是指人类发展过程中人与自然和谐相处，实现了百姓富裕、生态良好。在普通老百姓的心中，生态文明是身边的一些小事：空气是否清新，水质是否达标，食物是否健康等。

从哲学的角度看，“生态文明”指出了人与自然的关系。第一，先有地球，后有人类，地球为人类的诞生、生存和发展提供了坚实的基础，最终让人类成为万物之灵。第二，人类根据自我需求，在接受、掌握自然规律的情况下，向自然索取，或是开采资源，或是借助其容量，排放废物，但这种索取并不是无休止的，它应以自然的承载力为基础。第三，从价值观的角度来讲，自然界是人类的朋友。《诗经》中记载了100余种植物及动物，把人的情感寄托在自然中，表明人与自然之间是相通的，也是平等的，探寻自然与人类的共通点，从自然界中得到教化，完善人生。自然界为人类提供发展的物质基础，人类也要尊重自然应有的价值和权利。美国生态伦理学家罗尔斯顿认为自然界存在着相互交叉的14种价值，正是因为这些价值的存在，人类的发展才呈现出多元化和整体性。人类也只有承认和尊重自然界存在的这些价值，才能够合理利用自然，为保护自然尽自己的一份责任。

生态文明同物质文明与精神文明既有联系又有区别。说它们有联系，是因为生态文明既包含物质文明的内容，又包含精神文明的内容。生态文明并不是要求人们消极地对待自然，在自然面前无所作为，而是要求人们在把握自然规律的基础上积极地能动地利用自然、改造自然，使之更好地为人类服务，在这一点上，它与物质文明是一致的。

生态文明要求人类要尊重和爱护自然，将人类的生活建设得更加美好；人类要自觉、自律，树立生态观念，约束自己的行动。在这一点上，生态文明与精神文明又是相一致的，毋宁说它本身就是精神文明的重要组成部分。说生态文明同物质文明与精神文明有区别，是指生态文明的内容无论是物质文明还是精神文明都不能完全包容。也就是说，生态文明

① 潘岳．论社会主义生态文明[J]．绿叶，2006（10）：10-18．

具有相对的独立性。

因为在生产力水平很低或比较低的情况下，人类对物质生活的追求总是占第一位的，所谓“物质中心”的观念也是很自然的。然而，随着生产力的巨大发展，人类物质生活水平的提高，特别是工业文明造成的环境污染、资源破坏、沙漠化、“城市病”等全球性问题的产生和发展，人类越来越深刻地认识到，物质生活的提高是必要的，但不能忽视精神生活；发展生产力是必要的，但不能破坏生态；人类不能一味地向自然索取，而必须保护生态平衡。

20 世纪七八十年代，随着各种全球性问题的加剧以及“能源危机”的冲击，在世界范围内开始了关于“增长的极限”的讨论，各种环保运动逐渐兴起。正是在这种情况下，1972 年 6 月，联合国在斯德哥尔摩召开了有史以来第一次“人类环境会议”，讨论并通过了著名的《联合国人类环境会议宣言》，从而揭开了全人类共同保护环境的序幕，也意味着环保运动由群众性活动上升到了政府行为。伴随着人们对公平（代际公平与代内公平）作为社会发展目标认识的加深，以及对一系列全球性环境问题达成共识，可持续发展的思想随之形成。

1983 年 11 月，联合国成立了世界环境与发展委员会，1987 年该委员会在其长篇报告《我们共同的未来》中，正式提出了可持续发展的模式。1992 年，联合国环境与发展大会通过的《21 世纪议程》更是高度凝结了当代人对可持续发展理论的认识。由此可知，生态文明的提出，是人们对可持续发展问题认识深化的必然结果。

严酷的现实告诉我们，人与自然都是生态系统中不可或缺的重要组成部分。人与自然不是统治与被统治、征服与被征服的关系，而是相互依存、和谐共处、共同促进的关系。人类的发展应该是人与社会、人与环境、当代人与后代人的协调发展。人类的发展不仅要讲究代内公平，而且要讲究代际之间的公平，即不能以当代人的利益为中心，甚至为了当代人的利益而不惜牺牲后代人的利益。人类必须讲究生态文明，牢固树立可持续发展的生态文明观。

（二）生态文明的内涵

生态文明是正确处理人与人、人与自然、人与社会关系的一种文明形态。一方面，生态文明并不拒绝发展，更不是回到“从前”，而是提高人类充分认识和把握自然规律的能力，让人类更好地发展。生态文明应是可持续发展的文明，包括人的可持续发展，是指人类要不断延续，统筹好当前的发展和后代的利益。另一方面，生态文明还包括自然的可持续发展，任何超出自然界的承载能力和修复能力的人类行为都将造成自然界的不可持续。

对于上述提到的生态文明的概念，可以从以下两种思路来理解。

第一种思路，生态文明是一种价值理性。它是沿着“原始文明—农业文明—工业文明—生态文明”展开的，从生态文明所具有的实质、特定的价值理念、目的的合理性来看，生态文明具有科学性、必要性：生态文明是人类发展过程中能够达到和应该达到的最高级别的发展形态。在这一发展形态下，人类社会摆脱了贫困、污染等的困扰，逐步迈向自由王国。从这个意义上讲，生态文明显得比较概括、抽象和长远，它寄托着人类对更好的社会形态的追求，以及对未来社会发展方向的理性思考。

第二种思路，生态文明是一种工具理性。它是沿着“物质文明—精神文明—政治文明—生态文明”展开的，认为生态文明是一种工具，具有实用性、有效性。这种思路认为：在国家治理体系中，物质文明侧重满足人类物质需要，精神文明主要引导人们建立健康的内心世界；政治文明主要促进建立人与人、人与社会之间的正确的关系；生态文明侧重于指向人与自然间建立和谐共生的关系。这样，就以物质、精神、政治、生态等维度构成了一个比较完整的治国理念体系。从这一意义来讲，生态文明是一种可实际操作的治国手段。

生态文明是人类遵循人与自然和谐发展规律，推进社会、经济和文化发展所取得的物质与精神成果的总和；是指以人与自然、人与人和谐共生、全面发展、持续繁荣为基本宗旨的文化伦理形态。它是对人类长期以来主导人类社会的物质文明的反思，是对人与自然关系史的总结和升华。

生态文明的内涵具体包括以下几个方面。

一是人与自然和谐的文化价值观。树立符合自然生态法则的文化价值需求，体悟自然是人类生命的依托，自然的消亡必然导致人类生命系统的消亡，尊重生命、爱护生命并不是人类对其他生命存在物的施舍，而是人类自身进步的需要，把对自然的爱护提升为一种不同于人类中心主义的宇宙情怀和内在精神信念。

二是生态系统可持续前提下的生产观。遵循生态系统是有限的、有弹性的和不可完全预测的原则，人类的生产劳动要节约和综合利用自然资源，形成生态化的产业体系，使生态产业成为经济增长的主要源泉。物质产品的生产，在原料开采、制造、使用至废弃的整个生命周期中，对资源和能源的消耗最少，对环境影响最小，再生循环利用率最高。

三是满足自身需要又不损害自然的消费观。提倡“有限福祉”的生活方式。人们的追求不再是对物质财富的过度享受，而是一种既满足自身需要又不损害自然，既满足当代人的需要又不损害后代人需要的生活。这种公平和共享的道德，成为人与自然、人与人之间和谐发展的规范。

（三）生态文明的基本内容

在我国，生态文明已经成为在经济、社会、文化、环境等领域内具有共同指导作用的一个重要的治国理念。

1. 生态理念文明

生态文明建设中一项很重要的内容，就是在全社会牢固树立生态文明理念。生态理念，是人们正确对待生态问题的一种进步的观念形态，包括进步的生态意识、进步的生态心理、进步的生态道德以及体现人与自然平等、和谐的价值取向、环境保护和生态平衡的思想观念和精神追求等。讲究生态文明，意味着确立一个新的价值尺度或价值核心。建设生态文明，在全社会树立生态文明理念是首要工作。要逐步形成尊重自然、认知自然价值，建立人自身全面发展的文化与氛围，从而转移人们对物欲的过分强调与关注。

建设生态文明必须以科学发展观为指导，从思想意识上实现从传统的“向自然宣战”“征服自然”等理念，向树立“人与自然和谐相处”的理念转变；从把增长简单地等同于发展、重物轻人的发展理念，向以人的全面发展为核心的发展理念转变。建设生态文明，就要人人树立资源有限、环境有限的理念，树立人与天地一体的理念，像爱惜保护自己的身体那样去爱惜保护自然。

应大力弘扬人与自然和谐相处的核心价值观，在全社会牢固树立生态文明的价值观，使生态文明理念深入人心，使生态保护成为公众的价值取向，使生态建设成为公众的自觉行动。建设生态文明，需要将生态文明理念扩展到社会管理的各个方面，渗透到社会生活的各个领域、各个环节，成为广泛的社会共识。

2. 生态经济文明

建设生态文明，要求社会经济与自然生态平衡发展与可持续发展。在生态文明理念的指导下，经济发展将致力于消除经济活动对大自然自身稳定与和谐构成的威胁，逐步形成与生态相协调的生产生活与消费方式。目前，我国已经把保护自然环境、维护生态安全、实现可持续发展这些要求视为发展的基本要素，提出了通过发展去实现人与自然的和谐以及社会环境与生态环境平衡的目标。

建设生态文明，前提是发展。只有发展，才能不断满足人民群众日益增长的物质文化生活需要。传统的工业文明固然使一些地方因经济的快速增长而带来了物质上的富裕，但毫无节制地消耗自然资源的生产方式，已经使经济社会的发展受到了极大制约，如果不能按生态文明的要求及时予以矫正，经济社会发展就不能持久。这就需要在发展的同时，保护好人类赖以生存的环境；需要转变经济发展方式，走生态文明的现代化道路；需要把经济发展的动力真正转变到主要依靠科技进步、提高劳动者素质、提高自主创新能力上来。

要防止重经济发展、轻生态保护的现象。必须彻底摒弃靠牺牲生态环境来实现发展，先发展后治理等传统的发展观念和发展模式。我们也不能从一个极端走向另一个极端，以停滞经济发展来实现生态环境保护。从根本上说，生态环境保护是为了促进经济社会又好又快的发展。我们强调保护生态环境，是要求经济社会发展必须充分考虑到环境承载力，充分考虑到给后人发展留有一定的余地，充分考虑到老百姓接受的程度。我们的目标是把经济发展和生态保护统一在可持续发展上，实现经济发展和生态环境保护的双赢。

3. 生态政治文明

政治文明的功能是通过制度的安排和国家公共权力的运用来维系社会秩序，通过公平分配社会资源来保障个人权益，保障生态文明建设。生态政治文明要求尊重利益和需求的多元化，注重平衡各种关系，避免由于资源分配不公、人或人群的斗争以及权力的滥用而造成对生态的破坏，由公共权力限制损害生态环境行为的发生，维护人的生命健康安全。

党和政府要重视生态问题，把解决生态问题、建设生态文明作为贯彻落实科学发展观、构建和谐社会的重要内容。把生态文明建设作为实现好、维护好、发展好人民群众根本利益的一项重要任务，把维护人民群众的生态环境权益作为工作价值判断的重要标准，为推进生态文明建设提供制度基础、社会基础以及相应的设施和政治保障。

建设生态文明，必然会对国家的民主和人权、社会经济制度等方面产生影响。环境保护的实质是维护人的环境权益。就民主建设而言，必须切实维护好人民群众参与生态环境保护的权利。政府要进一步公开各类信息，畅通人民群众监督、投诉、管理生态事务的渠道，保证人民群众对生态文明建设的知情权、参与权和监督权，让人民群众从生态文明建设中深切体会和明确认识自己的利益所在，从而激发其参与生态文明建设的热情。

4. 生态科技文明

生态科技文明是对近现代科学技术进行反思之后的科技生态化转向。它以协调人与自然之间的关系为最高准则，以不断解决人类发展与自然界和谐演化之间的矛盾为宗旨，以生态保护和生态建设为目标。应该认识到，科技是协调人与自然和谐发展的直接手段和重要工具。科学研究和技术应用要能促使整个生态系统保持良性循环，能为优化生态系统提供智力支撑。科学技术活动最基本的要求就是要服从自然本身的属性，接受自然科学所认识规律的限制。

对于生态文明来说，科学技术是一柄“双刃剑”。一方面，20 世纪以来传统工业化对自然资源高强度、掠夺性的开发使用，所造成的生态破坏和环境污染，与现代科学技术的推动有关；另一方面，科学技术在节约资源、保护生态、改善环境等方面，也不断发挥着越来越显著的作用。我们应该积极预防科技应用可能引发的负面效应，着力突破制约生态文明建设和可持续发展的重大科学问题和关键技术，大力开发和推广节约、替代、循环利用资源和治理污染的先进适用技术，不断为生态文明建设提供科学依据和技术支撑。

要系统、深刻地认识自然规律，认识人与自然相互作用的规律，认识我国自然资源与生态环境的现状及其变化的趋势，认识社会复杂系统的演化和调控规律，以便及时自觉地调整人与自然的关系，积极推动向资源节约型、环境友好型社会转变。要树立综合的科技评价体系，避免用单一的经济指标来评价科技的优劣，应该从生态、人文、美学等各方面建立合理的科技价值体系，引导科学技术健康、持续发展。

5. 生态制度文明

人类自身作为建设生态文明的主体，必须将生态文明的内容和要求内在地体现在人类的法律制度中，并以此作为衡量人类文明程度的标尺。建设生态文明，内在地包含着保护生态、实现人与自然和谐相处的制度安排和政策法规。正确对待生态问题的制度形态，包括生态制度、法律和规范，强调健全和完善与生态文明建设标准相关的法制体系。为了积极推进生态文明建设，必须加强生态法制建设，通过国家立法的方式，提高人们对环境所承担的责任。

随着我国社会主义市场经济的发展和建设社会主义法治国家进程的加快，关于生态保护的法律法规在生态文明建设中发挥着越来越重要的作用。系统的法律和制度体系，是落实生态文明建设的有效保障。当务之急是强化政策导向，形成激励和约束机制，改革绩效考评体系。根据不同地区经济发展的实际水平和人口、资源、生态环境的总容量，确定不同的发展目标，相应制定不同的考核评价体系，赋予不同的经济政策，明确生态环境保护的职责、权利和义务。调动人民群众进行生态环境保护的积极性，使社会公众学会运用生态环境保护法律法规来维护自身的生态环境权益，并敢于对污染和破坏生态环境的行为进行检举和控告。

6. 生态行为文明

建设生态文明，人们应该将生态文明的内容和要求由内而外地体现在自己的生产、生活和行为方式中，体现在各种活动实践中。生态文明建设是一项系统、深刻的社会变革工程，既需要自上而下的发动与贯彻，也需要自下而上的参与和推动。就当前我国生态文明建设的实践而言，自下而上的公众参与稍显滞后和不足，往往导致一些法律难以有效执行，制度难以有效贯彻，政策难以有效落实。在人民群众日常生活的许多方面，由于生态意识淡薄，广泛存在着与生态文明不相适应的不良行为习惯。

目前，生态文明的观念和机制正在形成，并日益深刻地影响到所有社会组织和个人的行为方式。建设生态文明，关键在于人的行动，在于形成符合生态文明要求的生活方式和行为习惯。人的生活方式应自觉以实用节俭为原则，以适度消费为特征，应该追求基本生活需要的满足，崇尚精神和文化的享受。作为物质产品的生产者和消费者，人们应该在生产和生活中养成节约资源、善待环境、循环利用、物尽其用、降耗减排的良好习惯，主动抑制直至消除浮华铺张、奢侈浪费等不良习惯。

生态文明人人有责，文明生态人人共享。要广泛动员广大公众积极参与生态文明建设，逐步形成以生态文化意识为主导的社会潮流，形成文明、节俭、科学、和谐的社会风气，形成有利于人类可持续发展的绿色消费生活方式，真正形成中国特色社会主义的生态文明。

（四）生态文明的主要特征

1. 生态文明的自然性与自律性

生态文明具有自然性。与以往的农业文明、工业文明一样，生态文明也主张在改造自然的过程中发展物质生产力，不断提高人们的物质生活水平。区别在于，生态文明突出自然生态的重要，强调尊重和保护自然环境，强调人类在改造自然的同时必须尊重和爱护自然，而不能随心所欲，盲目蛮干，为所欲为。

生态文明又强调人的自律性。在人与自然的关系中，具有主观能动性的人是矛盾的主要方面，建设生态文明的关键在于人类真正做到用文明的方式对待生态。追求生态文明的过程是人类不断认识自然、适应自然的过程，也是人类不断修正自己的错误、改善与自然的关系和完善自然的过程。人类应该认真定位自己在自然界中的位置，强调人与自然环境的相互依存、相互促进、共处共融。生态问题的根源在于人类自身，在于人类的活动与发展。解决生态安全问题归根到底须检讨人类自身的行为方式、节制人类自身的欲望。要认识到，人类既不是自然界的主宰，也不是自然界的奴隶，而是不能脱离自然界而独立存在的自然界的一部分，只有尊重自然、爱护生态环境、遵循自然发展规律，才能实现人与自然界的协调发展。

2. 生态文明的和谐性与公平性

生态文明是社会和谐与自然和谐相统一的文明，是人与自然、人与人、人与社会和谐共生的文化伦理形态，是人类遵循人、自然、社会和谐发展这一客观规律而取得的物质与精神成果，生态的稳定与和谐是自然环境的福祉，更是人类自己的福祉。

生态文明是充分体现公平与效率统一、代内公平与代际公平统一、社会公平与生态公平统一的文明。与工业文明相比，生态文明体现的是一种更广泛、更具有深远意义的公平，它包括人与自然之间的公平、当代人之间的公平、当代人与后代人之间的公平。当代人不能肆意挥霍资源、践踏环境，必须留给子孙后代一个生态良好、可持续发展的地球环境。把生态文明纳入全面建成小康社会的总体目标中，显示出中国共产党人对历史负责的态度，以及为中华民族子孙后代着想的意愿。

3. 生态文明的基础性与可持续性

生态文明关系到人类的繁衍生息，是人类赖以生存发展的基础。它同社会主义物质文明、政治文明、精神文明一起，关系到人民的根本利益，关系到巩固党执政的社会基础和实现党执政的历史任务，关系到全面建成小康社会的全局，关系到事业的兴旺发达和国家的长治久安。作为对工业文明的超越，生态文明代表了一种更高级的人类文明形态，代表了一种更美好的社会和谐理想。生态文明应该成为社会主义文明体系的基础、人民享受幸福的基本条件。

作为人类社会进步的必然要求，建设生态文明功在当代、利在千秋。只有追求生态文明，才能使人口环境与社会生产力发展相适应，使经济建设与资源、环境相协调，实现良性循环，保证一代一代永续发展。生态文明是保障发展可持续性的关键，没有可持续的生态环境就没有可持续发展，保护生态就是保护可持续发展能力，改善生态就是提高可持续发展能力。只有坚持搞好生态文明建设，才能有效应对全球化带来的新挑战，实现经济社会的可持续发展。

4. 生态文明的整体性与多样性

生态文明具有系统性、整体性，要从整体上把握生态文明，把自然界看成是一个有机联系的整体，把人类看作是自然界的有机组成部分。自然界孕育万物，万物有各自的运演规律，万物之间相互影响、相互作用。地球生态是一个有机系统，其中的有机物、无机物、气候、生产者、消费者之间时时刻刻都存在着物质、能量、信息的交换。每种成分、过程的变化都会影响到其他成分和过程的变化。一般来说，生态问题是全球性的，生态文明要求我们具有全球眼光，从整体的角度来考虑问题。例如，保护大气层、保护海洋、保护生物多样性、稳定气候、防止毁灭性战争和环境污染等，必须依靠全球协作。另外，生态文明对现有其他文明具有整合与重塑作用，社会的物质文明、政治文明和精神文明等都与生态文明密不可分，是一个统一的整体。

生态文明的价值观强调尊重和保护地球上的生物多样性，强调人、自然、社会的多样性存在，强调人与自然的公平、物种间的公平，承认地球上每个物种都有其存在的价值。多样性是自然生态系统内在丰富性的外在表现，在人与自然的关系中，一定要承认并尊重、保护生态的多样性。建设生态文明，要始终以一种宽阔的胸怀和长远的眼光关怀自然界中的万事万物，切忌为了眼前的、局部的利益而牺牲自然界本身的丰富性和多样性。

5. 生态文明的开放性与循环性

自然界既是一个开放的系统，又是一个充满活力的循环系统。开放性意味着此事物与众多彼事物的联系性，具有一损俱损、一荣俱荣的关系。开放性、循环性是自然生态系统客观的存在方式，这就要求人们在思考人与自然的关系时，把自然界作为一个开放的生态系统，努力认识和把握能量的进出、交换和循环规律。人在从自然界中摄取能量时，一定要考虑其承受力，保证自然生态循环系统的顺利进行。

建设生态文明，需要大规模开发和使用清洁的可再生能源，实现对自然资源的高效、循环利用；需要逐步形成以自然资源的合理利用和再利用为特点的循环经济发展模式。要按照自然生态系统物质循环和能量流动规律重构经济系统，将经济系统和谐地纳入到自然生态系统的物质循环过程中，建立一种符合生态文明要求的经济发展方式，使所有的物质和能源能够在一个不断进行的经济循环中得到合理和持久的利用，把经济活动对自然环境的影响降低到尽可能小的程度。

6. 生态文明的伦理性与文化性

生态文明是生态危机催生的人类文明发展史上更进步、更高级的文化伦理形态。化解人与自然关系的危机，协调人与自然的关系，首先应该实现伦理价值观的转变，以生态文明的伦理观代替工业文明的伦理观。传统哲学认为，只有人是主体，自然界是人的对象，因而只有人有价值，其他生命和自然界没有价值，只能对人讲道德，无须对其他生命和自然界讲道德。这是工业文明人统治自然的基础。生态文明认为，人不是万物的尺度，人类和地球上的其他生物种类一样，都是组成自然生态系统的一个要素。不仅人是主体，自然也是主体；不仅人有价值，自然也有价值；不仅人有主动性，自然也有主动性；不仅人依靠自然，所有生命都依靠自然。因而人类要尊重生命和自然界，承认自然界的权利，对生命和自然界给予道德关注，承认对自然负有道德义务。人类只有把道德义务扩展到整个自然共同体中，人类的道德才是完整的。

生态文明的文化性是指一切文化活动，包括指导我们进行生态环境创造的一切思想、方法、组织、规划等意识和行为都必须符合生态文明建设的要求。培育和发展生态文化是生态文明建设的重要内容。应该围绕发展先进文化，加强生态文化理论研究，大力推进生态文化建设，大力弘扬人与自然和谐相处的价值观，形成尊重自然、热爱自然、善待自然的良好文化氛围，建立有利于环境保护、生态发展的文化体系，充分发挥文化对人们潜移默化的影响作用。

二、生态文明的演进历程

生态文明建设涉及不同的层面。在国际层面上，需要建构国际合作新的平台，例如在应对全球气候变化的问题上，倡导国际合作与全球伙伴关系，加强与各国政府和国际组织的沟通和协调。在政府层面上，要进行生态环境区域管理，制定相应的制度规则，实现区域管理无缝对接和管理全覆盖。在企业层面，要严格贯彻执行国家的相关法律和标准，履行社会责任。在公众层面上，要践行低碳生活，实现环境保护的全民参与，建设一个处处渗透着生态文明理念的新社会。

在我国，提出建设生态文明，也是基于生态环境问题日益突出、资源环境保护压力不断加大的新形势。改革开放以来，我国经济社会发展成就巨大，但也积累了不少矛盾和问题。突出表现为我国经济发展主要依赖投资和增加物质投入，这种粗放型增长方式使能源和其他资源的消耗增长过快，导致生态环境恶化问题日益突出。这种以牺牲环境来换取经济增长的发展模式已经难以为继。提出建设生态文明，无论对于实现以人为本、全面协调可持续发展，还是对于改善生态环境、提高生活质量、全面建成小康社会，都是至关重要的。建设生态文明，既继承了中华民族的优良传统，又反映了人类文明的发展方向，具有极其重要和深远的意义。

2003 年，中共中央、国务院明确“建设山川秀美的生态文明社会”。这是中国共产党第一次把生态建设提升到生态文明社会的高度；2007 年，生态文明被写入十七大报告，中国共产党把建设生态文明确定为全面建设小康社会的重要任务。党的十八大召开，标志着我国的生态文明建设迈向了新时代。十八大报告中单篇论述生态文明，把生态文明建设提到新的历史高度，为我们解决环境与发展的问题指明了方向。新中国成立以来，特别是改革开放以后，我国的经济飞速增长。一方面，环境为发展提供了物质基础；另一方面，在发展的过程中，由于发展模式的粗放性、不可持续性，环境问题不断突显，甚至威胁到群众的生命财产安全。十八大中关于生态文明的表述，表明中国共产党对中国特色社会主义理论的认识进一步深化。生态兴，则民族兴；生态衰，则民族衰。十八届五中全会把生态文明写入“十三五”规划，提出了绿色发展理念，奠定了我国的经济发展模式和发展理念：将以绿色、低碳、循环为主线。总的来讲，生态文明将引领我国的经济发展。

在中国共产党第十九次全国人民代表大会上，习近平总书记在十九大报告中强调“构建人类命运共同体，建设持久和平、普遍安全、共同繁荣、开放包容、清洁美丽的世界”，指出建设生态文明是人类命运共同体的重要内容。习近平总书记从全局出发考虑生态文明建设，同时也将生态文明放在人类命运共同体的框架下，从全人类的长远利益出发，坚持在人类命运共同体的理念下进行生态文明建设。

习近平总书记在党的二十大报告中强调，“坚持绿水青山就是金山银山的理念，坚持山水林田湖草沙一体化保护和系统治理，全方位、全地域、全过程加强生态环境保护，生态文明制度体系更加健全，污染防治攻坚向纵深推进，绿色、循环、低碳发展迈出坚实步伐，生态环境保护发生历史性、转折性、全局性变化，我们的祖国天更蓝、山更绿、水更清”。

生态文明建设的思想主要是强调人与自然和谐共处，把可持续发展提升到绿色发展高度，为后人“乘凉”而“种树”，就是不给后人留下遗憾而是留下更多的生态资产。生态文明建设是中国特色社会主义事业的重要内容，关系人民福祉，关乎民族未来，事关“两个一百年”奋斗目标和中华民族伟大复兴中国梦的实现。生态文明建设的思想，在马克思主义思想中，在我国历代领导人的思想中都有所体现。

1. 马克思主义的生态观念

生态文明的思想很早就在马克思主义生态观中得到了体现。1841 年，马克思给耶鲁大学的德谟克里特和伊壁鸠鲁的自然哲学的博士论文中就提到了生态学的观点，并开始注重生态文明建设。在《1844 年经济学哲学手稿》中，马克思第一次表达了绝对共产主义应该把人和自然的关系联系起来，第一次提出绝对共产主义要在尊重生态环境的前提下来发展共产主义。[①]随后马克思在《政治经济学批判大纲》中又表明了他对资本主义的蔑视，因为资本主义轻视和贬低自然的作用。马克思在《资本论》中也谈到了人与自然的关系，明确了生态环境的发展在人类文明进程的演变中发挥了重要的作用。[②]在马克思主义生态观中，注重强调人与自然关系的和谐是社会稳定进步的重要因素，它根据人类社会，尤其是资本主义发展以来人与自然关系的分析，揭示了人与自然关系的本质。这就从概念上向我们阐述了生态文明思想已经萌芽于马克思主义生态观的理念当中。马克思主义的生态观要求做到正确处理人与自然的关系。人是大自然的重要组成部分，也是大自然的守护者。我们要尊重自然，顺应自然，才能在实践的基础上改造和利用自然。

2. 我国的生态文明建设思想

在中国古代文化中，人们很早就提出了有关生态、自然的一系列观点。我国古代以孔、孟为代表的儒家学派提出的“天人合一、仁民爱物、取之有度、参赞化育”等生态道德思想，形成了古代儒家博大精深的思想体系，其中蕴含着丰富的生态伦理思想，富有极其深厚的生态伦理底蕴。道家的“万物平等自化”“法天贵真，道法自然”“节制物欲”等思想也体现了生态文明思想很早就被人们所重视。

---

① 王卓.《1844 年经济学哲学手稿》中生态文明思想研究[D]. 长春：东北师范大学，2022.

② 杨梦园. 马克思恩格斯人与自然和解思想研究[D]. 徐州：中国矿业大学，2022.

1958年8月，毛泽东同志强调，“要使我们祖国的河山全部绿化起来，要达到园林化，到处都很美丽，自然面貌要改变过来”。中国共产党第一代领导集体在经历挫折困难后及时总结环境保护经验，为探索中国特色环境保护道路奠定了良好的发展基础。1980年7月，邓小平在游览四川峨眉山时，目睹了有人在坡地上砍树种玉米的情景，十分痛心。为了解决由此造成的水土流失问题，他当即建议：“不要种粮食，种树吧，种黄连也可以。”这是邓小平首次明确建议用退耕还林来解决生态环境问题。1998年，我国长江发生了全流域性大洪水。洪灾过后，在制定灾后重建方针时，中共中央、国务院强调了“封山植树，退耕还林”的内容。从1999年开始，退耕还林工程先后在全国25个省、区、市以及新疆生产建设兵团展开，其面积占全国国土面积的82%。这一工程成为迄今为止世界上最大的生态建设工程，在绿化国土方面取得了显著成绩。2002年，党的十六大召开为生态文明建设思想的提出做好了充足的准备；2005年，人口资源环境工作座谈会正式提出“生态文明”的概念；2007年党的十七大对生态文明建设提出了全面系统的要求。

党的十八大以来，以习近平同志为核心的党中央深刻回答了为什么建设生态文明、建设什么样的生态文明、怎样建设生态文明的重大理论和实践问题，提出了一系列新理念、新思想、新战略，形成了习近平生态文明思想，成为习近平新时代中国特色社会主义思想的重要组成部分。习近平总书记在党的十九大报告中，首次将“树立和践行绿水青山就是金山银山的理念”写入了中国共产党的党代会报告，且在表述中与“坚持节约资源和保护环境的基本国策”一并成为新时代中国特色社会主义生态文明建设的思想和基本方略，对生态文明建设做出了根本性、全局性和历史性的战略部署。生态文明建设要为实现富强民主文明和谐美丽的社会主义现代化强国做出自己的独特贡献。习近平总书记在党的二十大报告中指出：“我们要推进美丽中国建设，坚持山水林田湖草沙一体化保护和系统治理，统筹产业结构调整、污染治理、生态保护、应对气候变化，协同推进降碳、减污、扩绿、增长，推进生态优先、节约集约、绿色低碳发展。”我们应响应习近平总书记的号召，全面加强生态文明建设意识，提高绿色发展理念的自觉性和主动性。

可见，生态文明建设的思想在马克思主义思想中，在我国历代领导人的思想中，很早就有了萌芽和发展，它是当代社会发展中不可或缺的重要思想。只有保护好自然，保护好生态，才能实现社会的可持续发展和人民的幸福生活。

第二节　生态安全与生态文明的关系

一、生态安全与生态文明的联系

生态文明和生态安全是什么关系？首先，从时间进程上看，两者并不一致。生态文明是人类文明演进中的一种文明阶段，是继原始文明、农业文明、传统工业文明、新工业文明之后的一种更高层次的文明形态；而每一种文明阶段或形态都有各自的生态安全问题。其次，从系统构成来看，两者分别属于一个复合系统的两个不同子系统。生态文明进程反映了人类系统达到生态文明阶段的差距或实现生态文明的程度，而生态安全等级则反映了生态系统的健康状态。可见，生态文明对生态安全提出了更高要求。在生态文明阶段，人们更加重视生态安全问题，两者的关系更加密切。生态安全状况已成为体现社会文明程度和生态文明建设水平的重要标志之一。

生态文明是意识形态领域的一种指导思想，也是一种政治导向，而生态安全则是实现生态文明的具体措施，也是最终的目标，两者结合才是完美的。国家生态安全内涵是指一国具有较为稳定的、完整的、不受或少受威胁的、能够支撑国家生存发展的生态系统；外延是指维护这一系统的能力，以及应对周边区域性和全球性生态问题的能力。维护生态安全与加强生态文明建设是一脉相承的。维护生态安全是加强生态文明建设的应有之义，是生态文明建设必须达到的基本目标，是我们必须守住的基本底线，是践行创新、协调、绿色、开放、共享的新发展理念的必然要求。

生态安全与生态文明建设之间的关系贯穿社会发展始终。主要表现在只有生态安全得到保障，生态文明建设才有可能取得进展。而随着生态文明建设的逐步深入，生态安全也必将引起更多人的关注与思考，进而通过行动得到更大程度的落实。所以说，生态安全是实现生态文明的前提，建设生态文明是维护和保障生态安全的最终目的。生态安全与生态文明之间是相互促进、相辅相成的有机统一的整体。

由于在实践中生态安全和生态文明的制度和措施方面存有重合，故学者对二者关系多有误解、混淆。本质上，二者是有区别的。首先，从概念的来源看，生态安全是西方最早提出的、带有普适意义的话语，而生态文明则是“特定中国语境下政治变革与学术研讨之间互动的结果”[①]，是具有中国特色的话语和理论创造。其次，从产生的背景和针对的问题看，“‘生态安全’理念的提出是对‘生态危机’被动应对的结果”，而“‘生态文明建设’则是对生态危机的积极回应”。[②]再次，从追求的目标看，守护生态安全的目标是维护生态系统完整性和可持续发展，并以此保障人类不受自然资源匮乏、生态物种变异等引起的生存发展威胁，而生态文明建设的目标是走人与自然和谐共生的现代化之路，实现完成了的人道主义和自然主义的统一。[③]最后，从范畴层次看，生态安全属于国家安全、全球安全的范畴，而生态文明属于文明形态的范畴，二者分属不同层次。生态安全和生态文明又是有内在联系的。“生态安全是生态环境保护的基本目标，生态文明则是生态环境保护的最高目标。”[④]前者是后者的基础，是“体现一个社会的文明程度和生态文明建设水平的重要标志之一”；后者是前者的升华，是建立在生态安全基础上对生态秩序和社会文明更高层次的追求，它对生态安全“提出了更高要求”。[⑤]人们随着对生态文明认识的深化而深化对生态安全的认识，人们对生态安全认识的深化也反映了生态文明理论和实践发展的成就。

二、生态文明促进生态安全

（1）弃劣俗，弘良俗。习惯习俗是在特定社会文化区域内，历代所共同遵守的行为模式或规范。习惯习俗一经形成，会对社会成员产生一种非常强烈的行为制约作用。2020年

---

① 郇庆治．绿色发展与生态文明建设[M]．长沙：湖南人民出版社，2018：14-20.

② 贾英健．伦理与文明（第2辑）[M]．北京：社会科学文献出版社，2014：204.

③ 马克思．1844年经济学哲学手稿[M]．北京：人民出版社，2018：79-80.

④ 李娟．习近平关于生态安全的重要论述研究[J]．鄱阳湖学刊，2021（1）：5-13.

⑤ 张智光．生态文明和生态安全：人与自然共生演化理论[M]．西安：中国环境出版社，2019：前言.

3月2日，习近平总书记在清华大学医学院主持座谈会时强调，“要坚持开展爱国卫生运动，从人居环境改善、饮食习惯、社会心理健康、公共卫生设施等多个方面开展工作，特别是要坚决杜绝食用野生动物的陋习，提倡文明健康、绿色环保的生活方式”。因此，保护生态安全和维护生态多样性，应大力提倡弘扬优良的传统习惯习俗，摈弃劣习劣俗。

（2）树立大生态观。绿水青山就是金山银山，以“两山”理论为指引，树立大生态观，要求经济社会发展不能以牺牲自然环境和生态安全为代价，不能急功近利，不能片面强调经济的快速发展而忽略整体发展。以习近平生态文明思想为引领，牢固树立和践行“绿水青山就是金山银山”的理念，站在人与自然和谐共生的高度谋划发展。树立大生态观符合社会经济发展的整体要求，是保护生态安全和实现总体国家安全观的深刻体现，有益于山水林田湖草沙一体化保护和系统治理。

（3）培养绿色消费观。生态文明建设不仅要求人们改变工业经济时代的消费观念，而且要转变消费观念，倡导绿色消费，推动形成绿色低碳的生产方式和生活方式，重塑生态文明建设的绿色消费观。推动生态文明建设，实现生态安全的绿色消费观应牢记尊重自然、可持续、可循环、低污染等理念。观念决定认知，认知又决定人类行为。因此，引导消费者树立保护“生态多样性”的理念，尊重自然，摒弃与生态文明建设相冲突的消费观。

（4）形塑生态道德。道德存于内心，指导行为。实现生态安全，就要将社会中人与人之间的关系扩展到人与自然，将人与人之间的道德要求延伸为对大自然的热爱，这样大自然中的宁静与定力又作为一种心灵的慰藉反馈于人间。生态道德的高低是衡量一个国家、一个民族文明程度的重要标志，也是评价个人综合素质的重要尺度。生态道德的形塑，会让一个人、一个民族甚至一个国家接受道德的拷问，更好地评价出一个人、一个民族甚至一个国家综合素质的高低。

第三节　生态安全面临的问题及对策

一、生态安全面临的问题及挑战

实施可持续发展战略，建设生态文明，建设美丽中国是实现中华民族伟大复兴中国梦的重要任务。经过国家的大力宣传倡导，保护生态就是保护我们赖以生存的家园，就是保护人类自己的观念已经深入人心，越来越多的人已经采取具体的行动，如践行低碳生活、植树造林、倡导节俭文明的生活方式等。但这些行为仅仅停留在我们的日常生活中，还不能上升到从国家安全的高度去维护生态安全。因此，我们有必要结合生态安全的有关内容，从理论和现实的高度引领人们充分认识生态安全对国家安全的重要性，从而自觉维护生态安全，维护国家安全，维护人类共有的家园。

生态安全指一个国家具有支撑国家生存发展的较为完整、不受威胁的生态系统，以及应对国内外重大生态问题的能力。生态安全通常包含两层含义：一是指生态系统自身是否安全，即其自身结构是否受到破坏，功能是否健全；二是指生态系统对于人类是否安全，即生态系统所提供的服务是否能满足人类生存发展的需要。

1. 我国生态安全面临的各种问题

（1）在土地资源方面。我们的土地面临水土流失、土地荒漠化沙化等问题。中华人民共和国生态环境部发布的《2022 中国生态环境状况公报》中指出，当前影响农用地土壤环境质量的主要污染物是重金属。此外，2021 年全国水土流失面积为 267.42 万平方千米。截至 2019 年，全国荒漠化土地面积为 257.37 万平方千米，沙化土地面积为 168.78 万平方千米。

（2）在水资源方面。江河湖海水体污染严重、水资源短缺、洪涝灾害频发、水资源使用率低，都对我国水资源安全造成严重威胁。

（3）在大气资源方面。空气污染严重，风沙、沙尘暴、雾霾频发。工业燃煤污染、农村焚烧秸秆污染、汽车尾气排放污染、室内装修和汽车车厢装修的空气污染等，都是我们能够接触到的。

（4）在饮用水安全和食品安全方面。相关污染已经成为危害人类健康的重要因素。化肥过量的使用、剧毒农药的使用、污水灌溉、固体废弃物污染、土壤污染，都通过食物链转移到我们人类自身，造成人们环境疾病群发，例如人群血铅超标问题、癌症问题等。

（5）在城市生态安全问题方面。在农业文明时代，生活垃圾是在很大面积上自然分解的。但是城市人口集中，生活垃圾、生活污水以及污染性气体的处理就成了问题。一旦城市生态链的某个环节失灵，整个城市就会混乱失控。一旦维持城市正常运行的生态支持系统出现水、电、气、油、热的供应系统失灵，或者生态恐怖事件突发，就会引起安全风险、生态风险。城市人口的集中，还会增加有害生物传播和疾病流行的生态风险。所以城市生态安全是最值得关注的问题。

（6）在人口安全方面。我国人口年龄结构、性别比例和受教育程度三方面都存在问题。2015 年，中国已经进入老龄化阶段。由于传统的多子多福、重男轻女的观念，又加上农村养老机制不健全，以及超声性别鉴定流行多年，致使我国人口性别比例失衡。在受教育程度方面，城乡青少年受教育程度的巨大反差导致地区教育发展失衡。另外，由于有害化学污染物通过食物链进入人体，减弱了男子的生殖能力，长此以往，人类的基因遗传将向少数人倾斜，增加未来人口罹患某种遗传疾病的概率。由生态问题带来的生殖安全问题是不可掉以轻心的。

（7）在因贫困造成的生态恶化问题方面。我国 80%以上的贫困县都处于风沙区域、石漠化区域等生态脆弱带。有些干旱、半干旱地区已经丧失了生态承载力，经济基本靠年轻劳动力外出打工维持，一旦国家经济形势波动，大量农民返乡，就有可能加重原本就有的生态问题。因为在这些地区生存第一，返乡农民往往从事无效耕作，破坏生态环境。最好的方法是，由国家有计划地转移这些实质上已经成为生态难民的贫困人口，让这些地区的生态环境自行恢复。

（8）在生态入侵方面。外来生态入侵主要是指外来生物和非生物因素的传入。外来非生物因素是来自国外的有害物质及含有有害物质成分的入侵。外来生态入侵影响不仅限于经济，对社会文化和人类健康都有着巨大的影响，例如疯牛病、艾滋病、SARS、MERS 和各种有害生物等，都有可能造成区域性生态危机。

2. 全球生态安全面临的诸多挑战

（1）在经济活动引发的安全问题方面。在经济现代化进程中，人们急功近利地追求经济增长，以至出现过度的“生态环境支出”，进而超过了生态系统自我修复的“阈值”。不可否认，工业化的进程给全球带来了严重的工业污染与生态破坏，例如，酸雨、温室气体、大气层破坏、生物多样性减少等。而今发展中国家的经济增长模式仍旧依靠粗放型经济增长方式，这严重威胁着生态环境。再者，发展中国家人口众多，对资源的耗费量大，加上发展中国家的社会保障制度与政治、经济管理制度不成熟，缺乏相应的生态技术以应对生态困境，这一系列原因促使发展中国家生态环境进一步恶化。一般而言，处于特殊地区的国家采取不合理的经济方式可能会造成全球性的灾难，例如南美洲的巴西等国乱砍滥伐热带雨林，会给全球气候带来极大挑战。对自然资源的过度开发，使生态环境不堪重负，从而产生了一系列生态环境问题，如酸雨、厄尔尼诺现象、核污染等，对国家生态安全造成了极大威胁。总的来说，全球生态危机主要归因于人类不合理的生产与生活方式。突出的有核泄漏事故，如大家都知道的苏联切尔诺贝利核电站和日本福岛核电站的核泄漏事故。在化工方面，经常发生各种有害化学合成物质的排放、外泄事故。交通方面，在海陆、陆路、管道运输的途经地、储存地，经常发生有害物资外泄。采矿业方面，经常发生有毒矿物外流、尾矿库溃坝、矿区土地塌陷等事故。除此以外，我们还面临全球性的生态安全问题，主要有全球气候变化、海洋污染、全球臭氧空洞、南北极及喜马拉雅山的冰雪消融、海平面上升、沿海城市塌陷、海水入侵、沙尘暴等。

（2）资源稀缺造成的冲突与不稳定。世界环境与发展委员会[①]在《我们共同的未来》报告中指出：“国家曾经常为争夺和控制原料物质、能源供应、土地、河谷、海洋通道及其他关键性环境资源而发生冲突。”粗放型经济增长方式及奢侈消费方式的加剧对生态环境构成了严重威胁，人类高耗能、高排放、高污染的生产生活方式已成普遍现象，大自然已远远不能满足人类与日俱增的“欲望”，导致过去一些能够满足人们所需的资源如淡水、大气、土地、海洋渔业、石油等资源紧缺，从而造成国家之间、地域之间发生冲突，衍生出一系列动摇社会稳定的潜在因素，如难民问题引发人口买卖交易、孤儿等，人权得不到保障，社会也就难以安定。随着人口规模的扩大，争夺自然资源自然成为引发战争的重要因素。目前，主要是对淡水、石油资源的争夺凸显。据联合国发展规划署 1994 年统计，世界人均淡水资源不足，且分布不均。到 20 世纪 80 年代后期，缺水问题会加重。淡水资源的短缺可能造成国际间关系紧张，进而可能引发战争，导致社会不稳定因素加剧。例如，中东地区就存在水资源、石油资源争夺导致社会冲突加剧、战乱频繁，泰国、老挝、柬埔寨、越南、印度、孟加拉国、突尼斯、赞比亚等多国存在潜在或明显的淡水资源冲突。可见，稀缺资源也是影响环境冲突与不稳定的至关重要的因素。

3. 生态安全对人类生存与发展至关重要

（1）生态安全是协调经济社会发展的客观要求。尽管我国生态环境保护与建设力度逐年加大，但总体而言，资源环境与生态恶化趋势尚未得到逆转，生态问题已严重制约经济社会的可持续发展。将生态安全纳入国家安全体系，有利于促进资源与能源的高效利用，加大我国生态关键地区的保护力度，改善生态系统功能和环境质量状况，缓解经济社会开发建设活动对自然生态系统造成的压力和不利影响，促进人口资源环境相协调、经济效益和生态效益相统一。

---

① 世界环境与发展委员会. 我们共同的未来[M]. 长沙：湖南教育出版社，2009：247.

（2）生态安全是实现民族永续发展的必然选择。生态安全是人类生存与发展的基本安全需求，维护生态安全是生态文明建设的重要内容。世界范围内生态环境变化引起的各种极端事件表明，生态灾难足以影响民族和国家的长治久安。将生态安全纳入国家安全体系，有利于让人们深刻认识自然生态环境对实现民族永续发展的基础支撑作用，有利于进一步突出生态安全保障的重要地位。

二、实现国家生态安全的对策思考

影响国家生态安全的因素多种多样，但这些生态环境问题归纳起来无非来自本土内部及国际外部两个方面。来源不同，其应对策略自然也不同。就国内而言，可以采取转变经济发展方式和传统消费模式、建立国家生态安全预警与防范体系等措施；就国际而言，可以通过加强国际合作，建立国际生态安全与冲突的预防机制和补偿机制作为实现国家生态安全的应对策略。

1. 转变经济发展方式和传统消费模式

推进生态环境保护，要坚持保护优先。习近平指出："保护生态环境就是保护生产力，改善生态环境就是发展生产力。"具体来讲，就是要转变经济发展方式和传统消费模式，从源头上消除或降低危害。一方面，加快转变经济发展方式，关键在于改变经济发展思路。既要化解过剩产能，又要加快发展低耗能的先进制造业，依靠创新驱动引领发展的方式，高质、高效、高科技发展，建立集约型、低碳循环的发展模式，使自然系统的物质循环与人类经济系统的物质转换相协调，这是当前我们务必要实现的发展目标。另一方面，要改变传统的消费模式，倡导推广绿色消费。习近平指出：要加强生态文明宣传教育，增强全民节约意识、环保意识、生态意识，营造爱护生态环境的良好风气。在传统的资本社会里堆积着大量的商品，资本逻辑与资本生产方式助长了人们盲目消费、攀比消费、奢侈消费的心理欲望。发达国家人口稀少却消耗着世界上的大量资源，制造出世界上的大量污染物。西方发达国家的消费方式充满着奢侈、浪费，人们争相购买高档消费品来彰显他们的社会地位。而普通发展中国家也存在模仿发达国家这种消费方式的现象，滋生了"拜物心理"。习近平强调，"天育物有时，地生财有限，而人之欲无极"。如果不改变这种消费方式，那么地球上的现有资源就会面临枯竭。因此，引导鼓励消费者形成节约适度、绿色低碳的消费模式是十分必要的。

2. 建立国家生态安全预警与防范体系

确保国家生态安全，必须建立严格的环境标准和准入制度，设立专门针对国家生态安全的预防、监测机构，及时对威胁国家生态安全的因素进行甄别、预防，建立、加固国家安全防范体系，并提出相应的解决措施，把生态破坏行为控制在自然生态阈值内，使生态系统维持持续健康的良性状态，进而实现人自身的永续发展。对生态安全隐患及时追踪、测评，精准治污、源头防控，立足长远谋划，推进一体化生态保护和修复，通过以自然修复为主、人工保护为辅的策略，维护生态系统、保护国家生态安全。制定国家生态安全衡量标准，形成"国家生态安全总指数"，将生态系统维持在能够持续安全性状态。维持国家生态安全的良性状态，就不能单一地追求经济效益，习近平指出："建设生态文明，关系人民福祉，关乎民族未来。”事实证明，西方发达国家的传统发展模式是行不通的，必须制定严格、可行的环保法律制度，才能有效避免西方发达国家那种因盲目对生态破坏而付出的惨重代价的后果。

3. 建立国际生态安全与冲突的预防机制和补偿机制

随着经济全球一体化，各国之间的密切度也在加强，生态安全也成为一个全球性问题。因此，对于地区之间、国家之间的生态安全，采取国际合作是非常有必要的。2015 年 9 月 28 日，习近平在第七十届联合国大会一般性辩论时的讲话中指出：“建设生态文明关乎人类未来。国际社会应该携手同行，共谋全球生态文明建设之路，牢固树立尊重自然、顺应自然、保护自然的意识。”国与国之间采取合作机制，有助于应对外来生态威胁。比如欧盟，除去与成员国之间合作，还与东欧、环地中海等国建立合作机制；中国也与周边国家建立了合作机制，如绿色“一带一路”“金砖国家”内部环境合作等。在预防外来物种侵袭本国当地生态系统方面，各国可以将自己国家研究发现的外来物种数据信息进行共享交流，这将极大地减轻研究人员的工作量，在应对外来物种侵略时能够更有效率。值得注意的是，西方发达国家内部的一些主张是“全球的生态问题主要是由发展中国家产生的”，这种观点表现出发达国家严重的偏见与不负责任。西方发达国家在现代化进程中制造了大量对环境有害的垃圾废弃物，至今对全球生态造成极大威胁，这是不可否认的事实。因此，世界各国应携手共同应对全球生态危机。发展中国家也应积极建构制度与创新发展模式，协调追求经济与环境保护之间的矛盾，提高国家整体安全水平。在不侵犯国家主权的情况下，国际应积极互通关于国家生态安全信息，对影响生态安全的因素进行实时监控，从而进行有效预防。同时，协调各国对生态资源合理开发，在合理的范围内制定国家利益补偿。各国应积极履行国际责任，生态安全的实现要从国际多层面的合作展开，目的是“为人民创造良好生产生活环境，为全球生态安全做出贡献”①。国际社会对生态安全的关注表明，生态安全已经上升为一种全新的意识形态，生态安全问题不仅是一个国家、一个地区、一个人的事情，而是事关全球的事情。

三、保障国家生态安全的措施

为了支撑经济社会的可持续发展，我国生态安全战略的基本思路应是以建设生态文明为目标，将生态环境保护的要求落实到经济建设与社会发展之中，通过构建国家生态安全格局、控制环境污染、保护自然生态系统、整治生态环境问题、部署区域生态建设工程、建立生态环境保护的长效机制等措施，增强生态环境支撑经济发展与社会安定的能力。

1. 构建国家生态安全格局，保障生态系统服务功能的持续供给

坚持落实主体功能区规划，从宏观布局上协调发展与生态环境保护的关系，推动产业布局的调整和生态环境保护措施的落实。将生态安全的需要与国家和地方主体功能区的限制开发区规划相结合，以水源涵养、防风固沙、洪水调蓄、生物多样性保护、水土保持等重要生态功能为重点，建立国家、省市区、市县不同等级的生态功能保护区，严格控制不

① 习近平．决胜全面建成小康社会 夺取新时代中国特色社会主义伟大胜利：在中国共产党第十九次全国代表大会上的报告[M]．北京：人民出版社，2017：24.

合理的开发活动，保护和改善生态功能。

完善国家土地利用分类体系，增加以提供生态系统服务功能为主要目的的生态用地类型，将生态用地落实到各级土地利用总体规划中，并将具有极重要生态服务功能的区域规划为生态保护红线。同时应加强生态保护网络建设，形成以自然保护区、国家公园与重要生态功能保护区为主体的国家生态保护体系，为构建国家生态安全格局奠定基础。

2. 加强环境保护，控制污染物排放，改善城乡环境

完善有利于节能减排的政策措施，加大节能减排重点工程实施力度，不断减少污染物排放量总量。加大流域水污染防治力度，加快污染水体环境修复的进程。通过优化城市土地格局、调节城市生态过程、增强城市生态功能，推进生态城市建设，改善城市人居环境。统筹城乡发展，大力推进农村环境综合整治，推广农业废弃物综合利用，保障农产品质量安全。

3. 面向生态功能恢复，坚持自然恢复为主

应明确生态恢复要将恢复生态系统的涵养水源、水土保持、防风固沙、生物多样性维持等生态功能放在首要地位。要预防和遏制营造“绿色荒漠”，生态建设陷入植被覆盖率不断提高，生态功能持续下降的“困境”。研究证明，封山育林、禁牧恢复草地等自然恢复措施是恢复生态系统涵养水源、水土保持、防风固沙、生物多样性等生态功能的最有效和最经济的途径。我国生态恢复要强调以自然恢复为主，改变不顾自然环境差异、不考虑立地条件特征和恢复目标的要求，以营造人工林为主的生态恢复途径。

4. 继续推进区域生态建设工程

以具有重要水源涵养、防风固沙、洪水调蓄、生物多样性保护、水土保持等功能的重要生态功能区为重点布局区域生态、建设重大工程，并运用综合生态系统管理理念，引导农牧民调整生产与生活方式，减少当地农牧民对森林、草地等生态系统的依赖，开展退化生态系统的恢复与重建，保护与改善生态功能。

5. 保障重大建设工程的生态安全

加强矿产资源开发、流域水电开发工程、重大基础设施建设工程的生态保护与生态恢复工作。首先，要加强矿产资源开发、流域水电开发工程、重大基础设施建设工程规划的环境影响评价工作，要明确与预防重大工程对区域和流域生态系统与生态功能的长期不利影响，从源头上预防可能产生的新的重大生态环境问题。其次，应加强重大工程运行中的生态保护工作，建立基于生态保护的大型工程运行实施方案与预案。最后，应重视生态退化对工程安全运行的影响，预防生态退化导致重大建设工程发生灾害与事故的风险。

6. 建立协调发展与生态保护的长效机制

推进教育移民，减少人口压力。应结合我国城镇化，在生态保护与生态建设的重点区域，大力发展教育，提高适龄人口的受教育水平，并配套相关政策，提高重要生态保护与建设区的大中专升学率，推动教育移民，从长远的角度谋划减少重要生态功能区和生态脆弱区的人口增长压力和人口数量。

推动居民的就地集中，实现改善民生与保护生态的结合。在山区受耕地的制约或历史的原因，当地农民住居分散，改善这些散居居民的交通、子女教育、水电、医疗、安全等

民生问题十分困难。可以通过制订较长远的规划和改善集中地的公共服务条件，引导居民集中居住，实现改善民生与保护生态的双赢。

建立面向生态安全的束缚机制。要把资源消耗、环境损害、生态效益纳入经济社会发展评价体系，开展生态系统总值核算。建立体现生态价值和代际补偿的资源有偿使用制度和生态补偿制度，推进生态保护，促进生态保护者与生态服务功能受益者的公平性。

7. 加强生态安全科技支撑能力建设

我国生态保护与生态恢复的科技支撑能力还远不能满足国家生态保护的要求，应加强空气环境、水环境与土壤环境污染的治理技术、生态恢复技术与集成模式、生态系统管理模式、生物多样性保护、重大建设工程的生态安全、生态补偿机制等问题的研究，开展生态保护和生态建设政策、措施的评估，分析问题，完善政策，为我国重大生态建设工程，以及国家生态保护与恢复提供技术支持和科技保障。

本章小结

我国在经济高速发展的同时，也面临着严峻的生态环境问题，近年来干旱、洪涝等自然灾害频发。由此可见，我国高速增长的经济背后是沉重的环境代价，生态环境安全势态已经严重制约社会和经济的可持续发展。为适应新时期、顺应时代发展潮流，党的十七大报告首次明确提出建设生态文明的重大战略举措，探索人与自然和谐、人与社会和谐、可持续发展的生态文明之路。本章第一节研究了生态文明的相关内容，包括概念的界定、内涵、内容、特征等方面，为下文研究奠定了理论基础。第二节从生态文明视角出发，对生态安全的内涵进行了深入的研究，并分析了生态文明及生态安全间相辅相成的关系。第三节对我国生态安全所面临的问题及挑战进行了分析，并从理论层面和实践层面提出若干对策建议。

简而言之，建设生态文明成为紧扣时代需求和科学前沿的主题。生态安全是生态文明建设的重要内容之一，生态安全是人类生存与发展最基本的安全需要，它为生态文明建设提出了优先任务。

思考题

1．在日常生活中，个人应如何践行生态文明？
2．结合实例，论述设立自然保护区对生态安全的意义。
3．论述生态退化的危害及对国家安全的影响。

生态安全与生态经济

学习目标

✧ 掌握生态经济的三大基本范畴；
✧ 掌握生态学原理、经济学理论及生态经济相关规律；
✧ 掌握生态安全所涵盖的具体内容；
✧ 掌握可持续发展的内涵和范畴；
✧ 掌握生态安全与生态经济的关系。

导言

生态安全与生态经济是生态文明建设的两个重要内容，是国家安全体系的重要组成部分。我国应将生态经济作为社会主义市场经济的核心内容和新时期我国经济发展战略布局的重点来研究。建立符合中国国情、适应中国特色社会主义事业要求和国际惯例、具有世界先进水平的生态安全体系，必须以生态经济为基础，走“有中国特色的可持续发展道路”。在这一过程中，必须始终坚持把保护生态环境作为基本国策，以最小的环境代价获取最大的经济效益。我国目前面临着严峻的资源环境压力，资源性瓶颈制约日益突出，水、土、气等污染严重，自然和人文灾害频发，生态承载力变弱。生态安全是根本性的安全问题，是人类生存和发展的必要物质基础和环境条件，生态安全一旦超过系统的自我调节上限，就会变成生态危机。生态环境与经济发展并非互不相关的个体，可持续发展既要求生态安全又要求发展经济，但实践表明两者之间往往存在矛盾，这就使我们陷入维持生态安全与发展经济的两难处境。而发展生态经济，从传统浪费型经济走向节约型经济，可以在促进国家经济高质量发展的同时减少对生态环境的破坏，能为缓解生态安全与发展经济的两难处境提供机会。

第一节　生态经济的概念与基本原理

近些年，随着经济高速发展，自然环境不断恶化，各种环境问题扑面而来，不仅影响到经济发展，甚至威胁着人类社会的生存。为解决我国现实的生态环境问题，迫切需要开展生态经济建设，让环境保护和经济发展并驾齐驱。生态经济作为一种可持续的新兴发展模式，能够有效缓解经济发展与环境保护两方面的冲突与矛盾，在发展经济的同时可以有效减少对自然环境的威胁，稳定生态安全，实现自然生态与人类生态的相统一。因此，发展生态经济是构建和谐社会、实现可持续发展的关键，也是保障生态系统安全的重要途径。为此，若要深入研究生态经济，我们必须归纳界定生态经济的核心概念与基本范畴，对生态经济的基本原理进行探讨。

一、生态经济的核心概念与基本范畴

自从 20 世纪 60 年代鲍尔丁（Boulding）先生提出“生态经济学”这个概念以来，学术界对“生态经济”并未形成统一认识。美国著名生态学家莱斯特 •R. 布朗（Lester Brown）把“生态经济”看作是一种对地球有益的经济理念，一种可以使环境持续发展的经济，一种既能满足当下我们的需要，又不会对人类子孙后代的未来造成威胁的可持续经济。在我国，很多学者认为，生态经济就是人类遵循自然规律，效法自然，从而实现传统生产力的经济社会向良性循环的生态经济转变。主流观点认为，生态经济是在生态系统承载能力的基础上，改变生产和消费方式，充分开发可利用的资源，实现生产发展与环境保护、自然生态与人类生态、物质文明与精神文明高度统一和可持续发展的经济。

综上，本书认为，生态经济是在生态系统内，利用自然资源的生产、交换和分配，为人类服务，并以此为基础而建立起来的一种经济形态。生态经济的核心概念是：在环境质量保证的前提下，使环境资源的数量和质量都得到充分而有效的利用。生态经济作为一种新型生产模式，实现了经济社会发展与生态环境改善的协调与融合，目前已经在世界各国发展起来。关于生态经济的课题研究促成了“生态经济学“这一新兴学科的产生。生态经济学以生态系统为视角，以“社会—经济—自然”的复合体系为基础，通过生态经济系统内自然生态系统和社会经济系统两大子系统的正负双向反馈机制的调节作用，建立有利于加快经济社会发展与提升生态系统质量的融合机制，探讨生态经济与生态系统之间的矛盾运动与发展规律，以促进系统内物质循环和能量循环的良性可持续发展，进而达到生态平衡和经济平衡，最终实现经济效益与生态效益相结合的综合效益的提升。

基于此，本书提出了生态经济的三大基本范畴：生态经济系统、生态经济平衡、生态经济效益。三者在生态经济研究和实践中的关系是紧密联系的，生态经济系统是载体，生态经济平衡是动力，生态经济效益是目标。接下来，我们将对生态经济的三个基本范畴进行探讨。

（一）生态经济系统

生态经济系统是生态经济的基本范畴之一，它是由生态系统、经济系统及技术系统三

者彼此交织、相互影响、互相牵制而形成的复杂系统，实现了三者的有机结合与统一①。生态经济系统的显著特征之一是依存性。任何一个经济活动都是以生态系统为基础的，都无法脱离生态系统而独立存在。生态系统是在一定空间范围内由生物体和周围的非生命环境构成的统一体，也是生物群落与它的生态环境进行互动而形成的有机整体②。经济系统是在特定的地域和社会条件下，生产力系统与生产关系系统的有机结合，是生产、交接、分配、消费各环节的有机统一，反映了整个生态经济系统的经济再生产过程。技术体系是指不同层次的技术交互作用而形成的一个有机整体，它反映了生态经济系统中自然再生产与经济再生产之间的勾连方式。生态经济系统并非是生态系统、经济系统、技术系统三者之间的简单结合，而是一个三者相互补充、彼此影响的过程。

生态经济系统作为一个复合系统，具有双重结合性与矛盾统一性的特征③。双重结合性是指生态与经济的有机结合，该系统的运作既要受到经济规律影响，又要受到生态原理的约束。同时，此系统的构建也展现了生态和经济的有机统一，体现了经济规律和生态规律相互作用的结合。矛盾统一性是指生态经济系统所包含的生态与经济两个子系统的运作方向与目标之间存在着矛盾与统一。这种矛盾表现在：经济系统的目标是“最大化地利用生态系统”，而生态系统本身的目标则是“最大限度地保护生态系统”，这就引发了二者的冲突。其统一性表现为：经济系统如果既要短期使用又要长期利用生态系统，就必须对生态系统加以保护，从而使得经济和生态的目标形成一致，也使两者的矛盾统一能够实现。生态经济系统是人类在长期实践中形成的，是生产力发展到一定程度的必然结果。这一科学理念的诞生，标志着人类对认识自然、保护自然、利用自然资源等方面的认识步入一个新时期。

（二）生态经济平衡

生态经济平衡是指生态经济系统中各个要素之间形成的协调稳定关系，尤其是指经济系统和生态系统之间达到的协调统一状态。狭义上的生态经济平衡是指人工生态平衡，即生态平衡和经济平衡的统一。广义的生态经济平衡是在生态平衡与经济平衡的基础上纳入了对经济系统与生态系统之间平衡的要求。生态均衡是指生态系统的结构和功能的稳定，投入产出效率取决于生态平衡，因此，生态平衡是实现经济平衡的先决条件和基础，也是国民经济的物资、资金、劳力实现综合平衡的客观基础。而经济平衡又是对生态平衡的维持和促进。能源是国家经济发展的主要力量，它来源于两大方面：一是由绿色植物转换产生的太阳能，二是由地质时代形成的化石能源及太阳能和一切可以转化为能的自然物质运动形式。为了开发这些能量，人们必须通过劳动投入能量。生态平衡自身和人类投入、产出两方面构成生态经济平衡的基础，包含了能源的输入和输出、物质的输入和输出以及资本的输入和输出。

生态经济平衡是生态平衡和经济平衡的综合体现，它不仅是生态环境和经济社会协调的主要表现，也是促进生态环境和经济社会协调发展的重要力量。生态经济平衡具有普遍

---

① 沈满洪．生态经济学[M]．2 版．北京：中国环境科学出版社，2016：55．

② 傅国华，许能锐．生态经济学[M]．2 版．北京：经济科学出版社，2014：80．

③ 沈满洪．生态经济学[M]．2 版．北京：中国环境科学出版社，2016：55．

性、相对性、动态性、控制性等复杂的特点。因此，要准确地认识和把握生态经济的基本特征，就必须对其进行深入的研究。

（三）生态经济效益

效益指的是物质、能量、资金转化和增值的效率以及环境的稳定性。物质和能量转化的效率取决于两个方面：一是自然转化的效率，即光能利用率、动物对植物能量的转化；二是人类通过技术、经济和管理手段强化自然转化的结果。环境的稳定性一方面受自然因素的影响，另一方面又受人为干预方式与规模的影响，由自然力和社会经济力共同造成的物质、能量转化效率及生态环境质量的优劣就是生态经济效益。生态经济效益和生态经济效率具有相似的含义，但具体来看，效益是指绝对值，而效率则是指相对值。长期以来，经济效率和经济效益一直是学术界研究的热点。经济效益是指经济收益和经济成本之差，经济效率是指经济收益与经济成本之比。该评估方法的一个重要缺点就是忽略了生态价值与生态成本。而生态经济效益是指生态经济收益和生态经济成本之差；生态经济效率是指经济生态收益与生态经济成本的比率。

生态经济效益是涵盖经济效益与生态效益两个方面的综合效益，它包括人类在投入某种劳动后所得到的有形产品以及人类所能得到的各种无形效应。这一概念的意义在于改变了以往在经济社会和自然生态发展过程中仅仅考虑经济指标的做法，将生态指标纳入其中，通过考核指标的调整，实现经济生态化和生态经济化，传达出人们发展经济追求的实际目的，体现了经济发展中局部利益和全局利益、眼前利益和长远利益的结合，是现实能够获得的最大可能效益。然而，在实际生产中，生态经济效益不总是表现为生态效益与经济效益的整合，也可能是二者的分离。因此，要提高生态经济效益，既要充分利用二者的整合作用，又要尽量规避二者之间的离散效应。

二、生态经济的基本原理

生态经济学以生态学原理为基础，以经济学理论为主导，既遵循生态学的相关基本原理，如关键种原理、食物链及食物网原理、生态位原理、生态系统多样性原理、生态系统耐受性原理等[①]，又遵循经济学的基本理论，如理性经济人假设、资源稀缺假设、有限理性假设等。在此基础上，它也形成了自身的一些规律，如生态经济协调发展规律、生态需求递增规律和生态价值增值规律等。下面分别对其进行介绍。

（一）生态学基本原理

人类的物质生产活动离不开生态系统，而生态系统总是按照本身所固有的自然规律不断地运动、变化并向前发展，这些规律经抽象归纳形成生态学基本原理。人类在从事生产活动时，其全部行为必然受到生态学原理的干预和制约。生态学基本原理能够科学地解释生物及其群落与环境相互作用的过程，有效指导人与自然、人与资源、人与环境的协调发展，对解决目前生态环境问题具有重要的指导意义和现实作用。

---

① 傅国华，许能锐．生态经济学[M]．2版．北京：经济科学出版社，2014：55-57.

1．关键种原理

关键种原理是界定重要物种在生态系统中的地位和作用的生态学最基本原理。美国华盛顿大学的佩因（Paine）于 1969 年在“食物网复杂性与物种多样性”中首先提出了“关键种”的概念。在一个自然生态系统中，各种群的相互作用程度存在差异，仅有极少数的物种对系统的结构、功能和动态发挥着“关键”作用。这些稀有的、珍贵的、数量庞大的物种被称作“关键种”，它们在维持生物多样性和维持生态平衡方面发挥着重要的作用。若其消亡或削弱，则会导致整体生态环境的根本转变，从而影响到原本协调统一的生态平衡。关键种具有两个显著特征：一是关键种的存在决定了生态系统的构成与多样性；二是与生态系统中的其他物种相比，关键种的存在具有不可替代的意义，但同时这种重要性又是相对的。例如海洋生态系统中的海豹、陆地生态系统的捕食蚁等均为“关键种”。

2．食物链及食物网原理

自然生态系统中各种动植物和微生物之间由于摄食关系而形成一种类似于链条的关系，这种一环扣一环的联系被称为食物链。自然界中存在着很多的食物链，它们相互联系、彼此交织形成比食物链更复杂的食物网。通过食物链和食物网，自然生态系统能够维持物质循环和能量流动，从而确保生态系统的稳定及持续发展。当一个食物链受到损害时，它可以通过与食物网相连的其他食物链进行调整，从而恢复平衡，最终提高整个生态系统的稳定性。在食物链和食物网中，各种生物扮演着各自的角色，根据生物对生态系统的影响，可以分为生产者、消费者和分解者。其中，生产者是自然生态系统中最基本的组成部分，是指那些能通过自身的功能活动将简单的无机物转变为有机物的自养生物，包括植物和一些微生物；消费者是指不能通过自身的功能将无机物转变为有机物的生物体，它们通过直接或间接的方式吸收由生产者所转换的有机物，属于异养生物；分解者，是一个生态系统的“清道夫”，它不断地对整个生态系统进行分解，将复杂的有机物逐渐转化成简单的无机物，最终以无机物的形态回归自然。食物链和食物网是整个生态系统内部的联系纽带。

3．生态位原理

生态位指的是“某种生物所占的空间位置、发挥的作用及其在环境梯度上出现的活动范围”[①]。生态位的宽度可以度量生态位的大小。生态位的宽度是对某一生态单元所能利用的现有资源的种类或数量多少的衡量标准。生态位的宽度越大，则代表所研究对象在整个系统中发挥的作用越大，对社会、经济、自然资源的利用越广，利用率越高，效益越好，越具备竞争力。相反，当生态位宽度变窄时，其在生态环境中的作用就会减弱，而其竞争优势就会减弱[②]。物种间的生态位越接近，彼此间的竞争就越发强烈。属于同一类的物种，因其亲缘关系相近，故其生态位相近，可在不同地区分布。如果这些物质分布在相同区域，那么就会因为相互竞争而逐渐造成各自生态位的分离。在大部分生态系统中存在着处于不同生态位的物种，它们之间的竞争很小，可以通过多种能量流动和物质循环的途径，以及食物链和食物网的多样性，使生态系统的稳定性得到保障。

4．生态系统多样性原理

生态系统的多样性有助于生态系统的稳定。生态系统多样性是指生境多样性、生物群

---

① 傅国华，许能锐．生态经济学[M]．2 版．北京：经济科学出版社，2014：57.

② 王灵梅，张金屯．生态学理论在发展生态工业园中的应用研究：以朔州生态工业园为实例[J]．生态学杂志，2004(1)：129-134.

落多样性和生态过程多样性。生境是指无机环境，例如光照、水系、地形、土壤等，所以生境多样性是指生物生长环境的多样性。生境的多样性是生物群落多样性的基础；生物群落的多样性是指其构成和功能上的多样性；生态过程的多样性是指生态系统的构成、结构和功能随时间、空间的不同而表现出的多样性，包括物种流、能量流、水分循环、养分循环、生物竞争、生物捕食和寄生等。

5. 生态系统耐受性原理

生态系统具有自我维持和自我调控的功能，如同生命体一般。当某一生态因素或经济因素（尤其是经济因素）对生态系统产生影响时，只要不超出生态系统本身的承受范围（生态阈限），就会通过各种因素的相互反馈调整来获得补偿，从而保证其能量和物质转化率的提高[①]；当人类的经济活动超出生态限度时，由于生态系统的承载能力有限，将会导致生态系统的失控和失衡。

（二）经济学基本理论

西方经济学的理论体系建立于某些公理性假设之上，若缺乏经济学的理论基础，就难以进行经济分析，难以形成正确的理论和政策。对任何一种学科进行系统研究与分析，都需要对其进行一些理论上的假定与抽象。尤其是在经济学领域，考虑到各种经济现象本身的复杂性和人们经济活动的千差万别，因此不能仅从经济现象中直观得到正确的经济结论。所以，在进行经济研究前进行经济学抽象，对于得出正确的经济结论并由此制定合理的经济政策具有重要意义。理性经济人是市场经济有效运行的最基本的人性基础，资源稀缺性、有限理性则构成了人类经济活动的根本局限条件。如果以上所述的公理不能被证明是正确的，那么，市场就无法有效运转。

1. 理性经济人假设

微观经济学是一门以人类的经济活动为主要研究对象的学科，它的研究必然要基于对人类行为的某些基本假定之上。“理性经济人”就是微观经济学对人在运用可获得的资源进行经济行为时的根本假定。该假设认为，人类的本性就是自利的，人总想利用最小的经济代价去寻求最大的经济利益，以实现自身利益最大化。理性经济人假设也是西方经济学中最基本的前提假设，它对经济社会中所有参与经济活动的人的本质特性进行了一般化抽象。抽象所得出的人的本质特点是：每个人在经济行为中都是以自身利益最大化为前提的。西方经济学家认为，在所有的经济活动中，只有这种人是“理性的”。

“理性经济人”假设最早由亚当·斯密（Adam Smith）进行系统的阐述。他的基本思想有：其一，人是自私的，个人利益最大化是人的行为的唯一动因；其二，为了实现个人的利益最大化，每个人也必须为别人着想，考虑他人的利益，不然很难促成交易的达成，自身利益最大化的实现也会受到影响；其三，在追求个人利益最大化时，人们都会忠实地遵循“看不见的手”的指导，所以，“经济人”的理性行动会在不知不觉中提高社会的总体财富与公众的收益，从而使整个社会所拥有的整体财富趋于最大化。亚当·斯密指出，尽管人们在经济活动中以个人利益为最终目的，但在个人利益的驱动下，人人都在为社会创造

① 傅国华，许能锐．生态经济学[M]．2版．北京：经济科学出版社，2014：57.

财富而奋斗。个人无意识的行动可以提高社会的财富和公众的收益，从而推动一个国家的经济发展。“理性经济人”假定是经济学研究的先决条件，它为进行经济学研究提供了极大的便利。

2. 资源稀缺假设

资源最基本的特性之一就是其有限性，在经济上表现为稀缺性。稀缺性是指社会所占有的资源在数量和质量上是有限的，因而无法生产出人们想要的一切产品和服务。一个国家或区域的资源是有限的，这种资源在数量与质量上的有限性会导致其经济上的稀缺性，再加上地域的分布，便会形成资源约束。有限的资源相对于人类无限增长的需求而表现出的不足和短缺会对经济发展产生很大的影响，制约或规定着一个国家或区域的发展，同时也为该国家或区域的经济发展赋予了鲜明的特征。

19 世纪 70 年代，瑞士洛桑学派创始人瓦尔拉斯（Walras）提出了“稀缺价值体系”。他主张资源的稀缺程度是决定资源价值的关键因素，任何有用的东西，如果不满足稀缺的条件，则不具有价值。稀缺资源如何配置是资源经济学最早面临的问题，因而资源经济学的课题研究通常都是从资源稀缺理论入手的。马尔萨斯（Malthus）于 1789 年在《人口原理》一书中提出了自然资源极限的概念以及著名的人口理论。马尔萨斯的观点是：资源具备物理数量上的有限性和经济上的稀缺性，这两个性质属于资源的固有性质，不会随着技术进步和社会发展而有所改善。如果人类没有认识到资源的局限性而继续肆意地、大量地开发使用自然资源，那么将会对自然资源和人类生存环境造成严重的破坏，这些对于大自然的伤害最终将反馈到人类自身，造成人口数量的灾难性减少。马尔萨斯对人类社会的可持续发展持消极态度，他指出：人口数量的增长将提升人们对物质资料的需要，从而导致对自然资源的需求不断增加，而随着时间的推移，人们对资源的需求终将远远大于资源供给，资源的匮乏势必会对人类社会的可持续发展形成阻碍。综上，马尔萨斯认为，资源，不管是物理数量上的有限，还是经济上的稀缺，都是有其必然性的，并且是绝对的，不会随着科技的进步和社会的发展而发生变化。

马尔萨斯的资源绝对稀缺理论的根本缺陷在于对自然资源均质的假定、对人口与资源指数关系的简单假设以及忽视了技术的发展。从经济学的观点来看，李嘉图的资源相对稀缺理论比马尔萨斯的资源绝对稀缺理论更具有现实意义。1817 年，大卫·李嘉图（David Ricardo）从自然资源的非均质性出发，否定了自然资源的绝对匮乏以及人类使用自然资源的绝对限度。李嘉图认为，土地等资源相对匮乏不会给经济发展带来难以突破的限制。李嘉图主张自然资源不存在均质性，否定了自然资源经济利用的绝对极限，他着重指出了某些自然资源的相对稀缺性，如高产量的土地资源和高品位的矿产资源的相对匮乏，并以这种相对稀缺为基础进行经济分析。与马尔萨斯不同，李嘉图把关注点放在了技术进步和社会发展上，认为资源的相对匮乏并没有成为阻碍经济发展的无法超越的限制。

3. 有限理性假设

有限理性是指处于完全理性与非完全理性之间的在一定限制下的理性状态。有限理性是指一种理性的行为，它通过对决策变量进行简化，从而把握问题的实质。在有限理性假设中，人的理性就是一种在绝对理性与非绝对理性之间的有限理性，人的行为总是有意识地趋于理性的，但受到信息不完全和人本身认知能力的限制，所以这种理性又是有限的。

有限理性的结论不仅可以应用于个人，也适用于包括政府在内的任何机构。有限理性概念的主要提倡者是西蒙（Simen），他提出用有限理性的管理人代替完全理性的经济人，认为基于“经济人”假设的完全理性仅仅是一个理想的状态，不能用于指导现实中的决策。人在进行经济活动时，尽管具有理性，但其理性能力却是有限的，也就是说，人对事物、现象的理解能力始终是有限的。因此，人们需要一个机制来帮助他在有限的理性范围内做出最好的决定。市场机制就是这样一种机制。市场机制可以利用相对价格机制来帮助人们了解市场供需变化的规律，以使其做出合理的经济决策。若假定人的理性是无限的，那么他就能够独立地做出正确的决定，而不需要任何制度帮助，也就不需要市场机制。

（三）生态经济相关规律

生态规律和经济规律同时存在于生态经济系统之中，并以其固有特性发挥着制约和支配作用。所以，生态经济系统的发展和变化规律并非只受生态规律或经济规律的单独作用，而是生态学原理和经济学理论共同作用的结果。经济规律在生态规律的基础上发挥作用，生态规律又受经济规律的影响，二者相互联系、相互作用，又相互制约，形成了生态经济相关规律。

1. 生态经济协调发展规律

生态经济协调发展规律的基本内容是：人类通过调控生态经济系统，进而在生态经济系统中建立经济发展与生态安全协调发展的机制，从而实现经济社会与生态环境的协调发展与和谐统一。经济系统以生态系统为基础，是生态系统中的一个子系统，人类的所有经济活动都受限于生态系统固有的承载能力；生态系统与经济系统所构成的生态经济系统是矛盾的统一体，若两个系统相互协调，则可以实现前文所提及的生态经济平衡，但若生态系统和经济系统彼此间相互冲突，则会造成生态经济失衡的局面。人类社会需要充分认识到生态经济系统，才有可能将自身的经济活动强度维持在一个合适的限度内，最终有望实现生态经济系统的协调发展①。生态经济协调发展规律包含两方面的内容：其一，生态与经济在本质上并不是完全对立的关系，而是能够达到和谐统一与协调发展的；其二，尽管生态与经济的协调发展存在着一定的客观必然性，但这种协调发展的结果并非自发形成，而需要经过人合理、高效地调控才能得以完成。

生态经济协调发展规律所追求的不是简单的经济最优，亦不是单纯的生态最优，而是生态经济最优，即在不超出系统稳定机制所规定的限度下，实现系统产出的最大化。发展生态经济，走可持续发展道路，就必须坚持生态经济协调发展规律，以系统的总体优化为目标，大力推动生产和生活方式的转变。

2. 生态需求递增规律

生态需求递增规律是指消费者的生态需求随消费水平的提高而表现出增加的趋势。优质的生态环境和生态经济产品是一种典型的高端商品。在食物匮乏和物资紧缺的条件下，人类的首要目的是生存，而没有心思去考虑更优质的生态环境和更高端的生态经济产品。随着经济的不断发展，人们进入小康社会之后，由于人均收入的不断增长，对生态环境、

---

① 沈满洪．生态经济学[M]．2 版．北京：中国环境科学出版社，2016：78.

生态经济产品等高端物品的需求也日益增长。

从供需规律可知：当生产者维持生态经济产品的总供应不变时，生态需求的递增会引致生态经济产品价格的上涨；当生产者提供的生态产品数量减少时，生态需求的递增便会引起生态经济产品价格的大幅上涨；当生产者提供更多的生态产品时，则会在一定程度上缓解由生态需求增长引发的产品价格上涨的趋势。因此，针对生态需求的递增趋势，可以通过提高生态供给来达到生态经济产品供需的均衡。遵循生态需求递增规律，应以需求为导向加大生态环境建设和服务等公共物品的供给。

3. 生态价值增值规律

生态价值增值规律指出生态是有价的经济资源，而非无价的自由物品，生态环境的有偿使用和交易是符合经济规律的[①]。随着经济发展和社会的进步，生态资源的稀缺程度越来越高，生态价值也在不断提高。由于生态价值具有增值的倾向，那么，人们可以按照经济投资的原理开展生态投资，实现生态资本增值，这就是生态价值增值规律的基本内涵。考虑到生态资本所具有的外部性和公共性特征，必须建立生态保护补偿机制，以激发人们参与生态投资的积极性。按照生态价值递增规律，应大力推动生态制度的创新，实现环境容量资源的最优配置。

生态价值增值的规律主要包括四个方面。首先，生态资源是有价的稀缺资源，因而必须确立生态价值论，实现生态经济化，真正贯彻“绿水青山就是金山银山，保护生态环境就是保护生产力”的发展理念。其次，生态资源的稀缺程度表现出递增趋势。人类对自然资源的需求是无限的，而生态系统所能提供的资源是有限的，这二者之间的矛盾使资源的稀缺程度日益严重。再次，要实现生态资本增值，就必须进行生态投资。在生态有价和生态经济化的基础上进行生态投资与经济投资，具有同样重要的意义。最后，以制度创新为动力激发生态投资积极性。

第二节　生态安全与生态承载力

在全球化背景下，国际形势瞬息万变，国家安全不仅关乎国家和民族的根本利益，更决定了国家未来的发展和前景。传统安全观念认为，国家安全关键在于军事和政治，以国防为主导，以军事、政治和社会安全为主要内容的传统安全是国家重要的安全支柱。然而全球一体化对传统安全观念提出了挑战，安全观念的内涵已经从传统安全领域扩展到经济、文化、社会生活等领域，新安全观以经济为中心，以文化、信息、金融、生态等安全为主要内容。

一、生态系统安全性

生态安全是地球生命系统赖以生存的环境（空气、土壤、森林、海洋、湿地、淡水）不被破坏或少被破坏与威胁的动态过程[②]。生态安全可分为三类。第一类是自然生态的安全，

① 沈满洪. 生态经济学的定义、范畴与规律[J]. 生态经济，2009，26（1）：42-47.

② 蒋明君. 生态安全学导论[M]. 北京：世界知识出版社，2012：6.

主要涉及天文地质等自然要素。由天文地质原因引起的地震、火山喷发、海啸、飓风等，是危及自然生态安全的重要原因。第二类是生态系统的安全，以森林系统、湿地系统和海洋系统三大系统的安全为主体。第三类是人类生态安全，是由人类的经济活动所引发的生态系统的破坏。生态安全是以地球生态系统为基础的。生态系统是由生物资源（生产者、消费者和分解者）和非生物资源组成的有机整体，具体可以划分为陆地生态系统（森林、草地和山地生态系统）、水域生态系统（海洋、湿地和淡水生态系统）和人工生态系统（农田和城市生态系统）。

（一）陆地生态系统

陆地生态系统指特定陆地生物群落与其环境通过能量流动和物质循环所形成的一个彼此关联、相互作用并具有自动调节机制的统一整体。具体包括森林生态系统、草地生态系统和山地生态系统。

1. 森林生态系统

森林作为最主要的陆地生态系统，一方面为其他生命形式提供了林木资源；另一方面植物作为地球上的主要生产者，通过光合作用将太阳能转化为其他形式的能量，以维护地球生命的延续。森林的效益具体包括经济效益、生态效益和社会效益三方面。首先，森林可形成直接的经济效益。木材作为森林的主产品可用于建筑生产、家具制造等领域；林木种子可以作为食物满足人类的营养需求和动物的食物来源；橡胶、松脂等天然化工原料可用于产业制造。其次，森林具有生态效益。森林中的生物与非生物的大量存在能有效调节气候，促进林下植物生长和动物栖息；同时植物繁茂的根系能够涵蓄水源、保持水土、防风固沙；枯枝落叶层经微生物分解变为有机质可增加土壤肥力，改良土壤。第三，森林具有社会效益。森林的舒适环境有利于人类的身心健康，是休闲和疗养的理想场地。

但是目前由于人类过度砍伐，全球木材交易迅速发展，世界的森林面积正在锐减。森林面积的锐减弱化了全球生态系统的调节功能，林木蓄积量的降低使林木资源面临赤字危机。目前，森林安全问题正逐渐侵蚀到森工企业的发展和效益，即森林危机正在向经济危机过渡。要加强森林保护和林业建设，需要以生态建设为主对林业的发展进行根本性的变革。以保护森林、优化林业结构为中心，促进林产品产业发展，用可持续的方式开发、利用和保护我国森林，建设可持续发展的林业。首先，森林管理和活动围绕着森林生态系统的所有组分的开发、利用和保护展开。要综合保护森林中的各种生物，维护森林生态系统的整体性，通过增强森林生态系统的整体功能，保持其作为生命维持系统的活力及其开发利用的潜力和条件。

2. 草地生态系统

草地是草原植被主体，是重要的土地和生物资源。作为自然生态系统的重要组成部分，对维系生态平衡、调节区域气候、保持水土和保护生态多样性等具有重要价值。草地具有特有的生态系统，是一种可更新的自然资源，其生态功能较为稳定。天然草地植被的“地上—地下”生态过程是草地可持续的关键。草原的安全问题首先表现为生态问题，即自然条件恶劣，草地退化现象严重，荒漠化速度不断加快，再加上人类过度放牧或滥伐植被等不合理的开发行为，使牧区的环境质量大幅下降。草原的安全问题还表现为经济问题，环境的承载力是有限的，草原生态的破坏意味着牧业经济的发展受阻。

3. 山地生态系统

山地生态系统中良好的天然植被具有保持水土的作用。山坡的植被可以有效实现阻截与减缓径流的作用。当天然植被遭受破坏时，如不合理地采伐森林、将土地作耕地使用等，会导致土壤逐渐被侵蚀。当遇到大雨等恶劣的天气状况时，容易形成洪水或泥石流等自然灾害，给山下的平原带来水灾或导致下游河道淤泥堵塞。一旦山地的岩石缺乏天然植被的保护而裸露在外，山地的植被就会被彻底破坏，无法通过自我调节实现更新。天然植被被破坏后，山地本身的生态系统遭到严重侵扰，其平衡难以继续实现自我维持。

（二）水域生态系统

水域生态系统是指在一定的空间和时间范围内，水域环境中栖息的各种生物和它们周围的自然环境所共同构成的基本功能单位。具体包括海洋生态系统、湿地生态系统和淡水生态系统。

1. 海洋生态系统

海洋包括大洋、近海、海湾、港湾、滨海、海峡、海岸带和岛屿等子系统。作为地球上最重要的生态系统之一，海洋生态系统具有丰富且巨大的生态、经济和文化潜力。它不仅养育着大量生物，而且创造了适宜人类和其他生命生存的自然条件和自然资源，它的生态价值和经济价值都是巨大的、不可替代的。海洋生态系统的安全问题，主要表现在两个方面：一是海洋生态恶化，海水质量下降、海岸侵蚀严重。人们将海洋作为排污的垃圾场，形成了严重的近海和浅海污染；且海洋环境灾害问题有进一步扩展的趋势，如赤潮危机给养殖业带来灭顶之灾；海岸带生态破坏，正在损害海洋生物的多样性，如过度捕捞使渔业资源迅速衰退。二是海洋权益争夺引起的矛盾、对立和冲突。海洋权益一方面体现在海洋水产品的捕捞方面，另一方面表现在海底蕴藏的石油和天然气等矿产资源方面。

虽然海洋的生态价值受到人类不合理开发的损害，但是海洋经济的规模仍在加速膨胀。因此我们应该正视海洋的发展前景，对海洋的资源开发秉持可持续发展的理念，遵循海洋海产品的生产生活规律。此外，国际社会应当为海洋资源的开发利用制订有序的计划，划分资源的共享和独享，明确矿产资源的归属问题，最大程度地降低争端爆发的可能。

2. 湿地生态系统

湿地生态系统是水域生态系统的重要组成部分，是湿地植物、栖息于湿地的动物、微生物及其环境组成的统一整体。湿地具有多种功能：调节气候，保淤保滩，保护生物多样性，调节径流，净化水源并改善水质等。在生态文明背景下，对湿地等独特自然资源的保护与可持续利用进行探索与研究，能够推动人类对物质资源的可持续利用，进而实现人类社会和谐发展。

3. 淡水生态系统

淡水生态系统是地球水域生态系统的重要组成部分，指在淡水中由生物群落及其环境相互作用所构成的自然系统，包括湖泊、池塘、河流、小溪、泉水、沼泽等。淡水生态系统中植物种类繁多，一般情况下结构较为稳定，但是易被破坏且难以恢复。淡水生态系统在营养和矿物质方面相当丰富，因此是动植物的主要栖息地，是人类资源的藏宝盒；同时作为重要的环境因素，具有调节气候、净化污染以及保护生物多样性的功能。

（三）人工生态系统

人工生态系统是指经过人类干预和改造后形成的生态系统。它决定于人类活动、自然生态和社会经济条件的良性循环。该系统具体包括农田生态系统和城市生态系统。

1. 农田生态系统

土地生态系统不仅包括土壤这一重要的生产要素，还包括土壤中生长的动物、植物和各种微生物，是生态安全的重要内容。其中的农田生态系统，即耕地，是人类进行农业种植活动的基础，而农业是国民经济的基础。目前，土地使用问题形势严峻，耕地的数量和质量均面临挑战。在数量方面，大量的耕地被用于非农业应用，房屋建设、工业发展、交通圈地等行为使非农用耕地的面积大幅增加，导致耕地总面积在不断缩减；同时随着人口增加，人均耕地面积也在逐年下降。在质量方面，一方面由于水土流失严重，土壤肥力下降，土地盐渍化严重，耕地质量不佳，地力严重衰退，高质量耕地的数量在急剧减少；另一方面，由于城市化进程的加快，高质量耕地不断被侵占，使耕地的分布不断向边远地区转移。

2. 城市生态系统

城市生态系统是一个开放性的系统，是由城市居民及其生活的自然环境、社会文化背景、科学文化共同作用而形成的统一整体。城市生态系统包括三个子系统。其一是自然生态系统，包括城市居民赖以生存的生命要素，如动物、植物、微生物等，以及基本的非生命要素，如阳光、空气、淡水、土地等。其二是经济生态系统，包括生产、分配、流通和消费的各个环节和各个产业，如第一产业、第二产业和第三产业。其三是社会生态系统，涉及城市居民社会、经济及文化活动的各个方面，如政治、科学、文化、法律政策等。城市生态系统是人类发展的必然产物，以人为主体，人的活动在城市生态系统的可持续发展过程中举足轻重。城市生态系统作为高度开发的系统，调度系统内外的资源进行物质生产和非物质生产，同时在生产过程中调整能源结构，促进能量的循环流动。

二、生态承载力

生态危机的实质就是人类对自然环境的开发和利用超过了生态的最大承载范围，严重破坏了生态的自我调节功能，使环境恶化问题更加突出。生态的承载范围是可持续发展的临界值，是在综合考虑环境中的物质资源，科学探索自然、经济、社会之间的制约与共生关系的基础上，对生态承载力的科学衡量。

（一）生态承载力的含义

“承载力”一词最早被提出时，用来描述“在一定环境条件下，某个个体可存在的最大生物数量”。在国外的相关研究中，学者们首先将承载力应用在与资源短缺相关的领域内，如 Falkenmark 等侧重研究水资源的承载力问题；在此基础上通过定量研究评价生态系统的健康程度，来判断生态系统的动态稳定状态，即提出了评价生态系统承载力的两种方法：特征物种评价法和指标模型评价法。国内的相关研究起步较晚，主要集中在生态承载力的评估方面。国内较多地应用指标模型评价法计算生态的承载力，如DPSIR模型、“驱动力—压力—状态—影响—响应—管理”（DPSIRM）模型、支持向量机（support vector machine，SVM）、投影寻踪评价模型等。

生态承载力作为生态系统自我调节能力被破坏的临界状态，是自然体系调节能力的最高阈值，也是生态系统能实现的最大容纳力。具体而言，是指在一定条件下生态系统为人类活动和生物生存所持续提供的最大生态服务能力，特别是资源与环境的最大供容能力。换句话说，在不削弱某一地区生产能力的情形下，该区域所能持续支持某一种群的最大生物数量。用生态足迹来衡量时，指在不损害有关生态系统的生产力和功能完整性的前提下，一个区域所拥有的生物生产性空间的总面积。一旦人类的生产和生活活动使生态环境无法维持自然、经济、社会的可持续发展，就被认为超出了生态承载力的范围。

（二）生态承载力的评价

生态承载力能够客观反映生态系统的自我调节能力。本书主要介绍以下几种生态承载力的计算方法：资源供需平衡法、生态足迹法、自然植被净第一性生产力测算方法、指标体系评价法等。

1. 资源供需平衡法

区域生态承载力体现了一定时期、一定区域的生态环境系统，对区域社会经济发展和人类各种需求（生存需求、发展需求和享乐需求）在量（各种资源量）与质（生态环境质量）方面的满足程度。因此，该方法通过该地区现有的各种资源量与当前模式下社会经济对各种资源的需求之间的差量关系，以及该地区现有的生态环境质量与当前人们所需求的生态环境质量之间的差量关系衡量区域生态环境承载力，如果该差量关系值大于零，则表明研究区域生态承载力处于可承载状态；如果差值小于零，则说明该区域生态承载力处于超载状态。此方法能够简单、可行地对区域生态承载力进行有效的分析和预测，但是目前这种计算方法已不能充分反映区域的社会经济发展状况。

2. 生态足迹法

该方法由加拿大生态经济学家威廉•里斯（William Rees）教授于1992年首先提出，随后与马蒂斯•瓦克纳格尔（Mathis Wackernagel）在1996年进一步完善。生态足迹理论认为，人类生存与发展需要消耗一定数量的自然资源，同时伴随着相应数量的废弃物排放。提供这些自然资源并消纳产生的废弃物需要一定面积的土地。在人口和经济给定的条件下，经济发展所消耗的自然资源和排放的废弃物越多，所需要的土地面积就越大，经济发展对环境压力也就越大。生态学家将人类活动对环境的影响形象地以“生态足迹”来表示。即生态足迹是支持一个地区的人口所需的生产性土地及水域和吸纳其所产生的废弃物所需要的土地面积之总和，简称生物生产性土地。一个地区所能提供的最大生物生产性土地面积，为该地区的生态承载力。如果一个地区经济发展的生态足迹超过了其生态承载力，就会出现生态赤字；如果小于其生态承载力，则表现为生态盈余。区域的赤字或生态盈余，反映了该区域经济发展的可持续性。

3. 自然植被净第一性生产力测算法

净第一性生产力反映了某一自然体系的恢复能力。该理论认为，虽然生态承载力受到生态环境中诸多因素的共同影响，但是在某一个特定的生产区域内，第一性生产中的生产能力是基本固定的，围绕这一较为稳定的中心位置上下波动而不偏离。当自然系统受到外界的干扰时，自然系统随着干扰的发生会产生一系列的变化，其中自然系统随着干扰而变化的值可作为生态承载力的限值，只要外力不超过生态承载力的限值，自然系统就可以利用生命系统的自我调节功能恢复到新的平衡状态，这一平衡与之前的平衡状态具有一定的距离。如果干扰继续发生，系统突破了生态承载力的限值后会发生退化，形成下一级别的生态系统。

4. 指标体系评价法

指标体系评价法是基于指标体系，通过描述、评价性质的可度量参数的集合来反映某种事物。学者首先确定一系列反映承载力各个方面及相互作用的指标，进行生态系统的层次结构模拟。再根据指标间相互关联和重要程度，参数的绝对值或者相对值逐层加权并求和，最终在目标层的参数反映生态系统的承载状况。指标体系的计算方法一般有两种：第一种是直接求和法，这种方法简单易行，具体操作是某一层次指标，在引入权重后进行下级指标的承载率相对值的调整工作，最后直接求和得到该指标的相对值。第二种是状态空间法，这是将欧氏几何空间用于定量描述系统状态的一种有效方法。通常由表示系统各要素的三维状态空间轴组成，在生态承载力的研究中，三维空间中的每一个点都代表了某一时刻资源环境与人类活动状况的空间组合，通过点的位置，可以判定相应条件下生态系统的承载状况。

纵观以上关于生态承载力的评价方法，仍存在以下问题需要解决。第一是采用不同的技术手段所估计的生态承载力，会受到评价方法的环境和使用条件等因素的制约，即生态承载力的衡量具有主观色彩。第二是系统的纷繁复杂会导致影响生态承载力的因素众多，且各有差异，即生态承载力的评价具有鲜明的环境特点，缺乏普适性。第三是生态承载力的评价往往是针对某一区域进行的，在数据调研过程中难以充分考虑到不同时空尺度的影响，即生态承载力的评价需要重视不同时空和区域的相互作用。因此，应该不断探索生态承载力的评价方法，完善各种评价的指标评价体系，寻找普适性的评价方法实现横向可比和纵向可比。

第三节　生态安全与生态经济的关系

生态环境与经济发展并非互不相关的个体，可持续发展既要求生态安全又要求发展经济，但实践表明两者之间往往存在矛盾，这就使我们陷入实现生态安全与发展经济的两难处境。而发展生态经济，从传统浪费型经济走向节约型经济，可以在促进国家经济高质量发展的同时减少对生态环境的破坏，能为缓解生态安全与发展经济的两难处境提供机会。为此，若要深入研究生态安全与生态经济，须明确生态安全与生态经济的关系。从根本上说，生态安全是最基本的，人类生存离不开自然界，物质生产以及生态经济的发展难为“无米之炊”。所以，生态安全是发展生态经济的自然基础。另外，需要通过生态经济建设来恢复生态环境，维持一个安全的生态系统，即发展生态经济是实现生态安全的重要途径。

一、生态安全是发展生态经济的自然基础

生态安全与人类的可持续发展密切相关，生态安全的目标在于为人类的生存和发展提供良好和持续的生态服务功能。一个安全的生态系统，其结构、功能和过程都处在较好的状态，足以构成发展生态经济的自然基础，能够支撑起生态经济的持续发展。生态安全的根本要素包括生态系统的生命要素和环境要素，可以分为四大生命要素——海洋、森林、草原及农田，以及三大环境要素——大气、水源及矿产资源的安全①。七大生态安全的根本要素在于供给和需求方面存在着很大的差距和矛盾，对发展生态经济形成制约，但同时也构成了发展生态经济的自然基础。

（一）四大生命要素的安全对生态经济发展的影响

森林、海洋、草原和农田是国土的最重要部分，对其他生命体的生存和发展具有巨大的价值，在为人类提供生存条件的同时又作为资源供人类开发利用。四大生命要素是经济发展和人民生活的自然基础。它对发展生态经济的影响是基本的，归根结底是至关重要的，为生态经济的发展提供自然基础。但是近些年，由于不合理的开发利用，四大生命要素受到了不同程度的破坏，对生态经济发展和人类社会生存提出了严峻的挑战。

1. 森林

森林作为生态安全根本要素中的最重要方面，与人类生存和发展存在很大的联系，在生态和经济上具备不可替代的作用。在生态方面，森林具有巨大的生态服务功能，在涵养水源、保持水土、调节气候和保护环境等方面具有非常重要的生态价值。森林是绿色生产者，能将太阳能转变为有效能量以供其他生命体利用。另外，作为“地球之肺”的森林还具有调节生态的作用，能有效吸收土壤和大气中的污染物质。森林的生态价值是不可代替的，没有任何替代物。而且，这些生态价值可以转化为经济价值。森林在保护环境、保护生物多样性等方面的作用以及提供旅游娱乐、医疗健身等服务的功能在经过合理的开发利用后能够转化为巨大的经济价值，具有重要的经济意义。

综上，森林生态系统为生态经济的发展提供了自然基础，破坏森林就会阻碍其生态服务功能和经济价值的正常发挥。森林危机的本质就在于破坏了国家生态潜力，进而影响到经济可持续性、生态可持续性以及生态经济的发展。近些年，随着国家和公众的森林保护意识逐渐提高，林业在经济社会发展中的地位和作用越来越突出，社会各界对改善生态状况的呼声也越来越迫切。加强森林生态建设、维护森林生态安全，成为发展生态经济和实施可持续发展战略面临的重要使命。

2. 海洋

海洋占地球表面的70.8%，是构成生态系统安全的核心组成要素之一，它的生态价值

① 余谋昌. 生态安全[M]. 西安：陕西人民教育出版社，2006：49.

和经济价值都是十分重要且不可替代的。作为可持续发展的资源财富，海洋对人类生存和发展具有重要意义，对发展生态经济的支持也是巨大的。海洋全面深刻地影响着国家安全、经济建设和人民生活进程，它的自身价值覆盖人类生存和发展的方方面面。当今世界，资源匮乏是普遍的、严重的，物质、能量、信息和空间资源供需矛盾非常突出。这种资源供需形势的要求，激发了对海洋资源的深层开发动力。海洋所拥有的丰富多样的资源构成生态安全的核心要素，又为生态经济的发展提供支持。首先，开发丰富的海洋资源有利于支持国家经济建设和提高人民生活水平。其次，随着经济发展和国家实力增强，中国的海洋利益和海外利益日益扩展，已经延伸到世界各国。我国是世界重要的海洋国家，开发和保护海洋权益、建设海洋强国，是攸关中国发展的大事。

综上，丰富的海洋资源和海上通道的运行构成生态经济发展的基本条件。但是，只有保护海洋生态系统，以可持续的方式开发利用海洋资源，才能从海洋攫取更大的经济利益。现在，海洋环境质量下降，不仅直接影响海洋经济开发，而且关系到整个大环境，阻碍海港建设和海洋产业的发展。这些问题将严重危害海洋和海洋产业的可持续发展，成为重大的经济问题。

3. 草原

草原是我国重要的生态系统类型，是畜牧业得以发展的生产资源，促成了绿水青山向金山银山的转变。草原资源具有重要的生态价值和经济价值，在我国生态和经济中占有重要地位，构成发展生态经济的自然基础。

草原是具有重要生态价值的可再生自然资源，在提供初级生产、固碳释氧、涵养水源、防风固沙、养分固持、环境净化、维护生物多样性等方面都具有强大的生态功能，对维护和促进生态系统的良性循环起到了基础性作用。草原植物可以借助光合作用将太阳能和无机物转化为有机物，维持生态系统的物质循环和能量流动。同时草原作为诸多江河的发源地和水源涵养区，可以对降水起到贮存和净化作用，有助于维护国家水安全。除此之外，由于草原植物贴地面生长，其根系及枯落物可以有效改善土壤结构、提高土壤肥力，还能有效减少土壤水蚀和风蚀，对土壤起到重要的保护作用①。草原的经济价值体现在草原旅游业、草原畜牧业、能源资源等方面。草原旅游既有利于科学合理地利用草地资源，又可以促进区域经济的发展。草可作为饲料供牲畜食用，农牧民通过饲养牲畜可获取生活资料和经济收入，发展草原经济。

但是，由于气候干旱少雨以及不合理的开发，草原地区的水土流失、沙化、荒漠化和草场退化现象严重，已对草原生态系统的安全造成严重威胁。加快畜牧业发展的力度，以可持续的方式开发、利用和保护草地资源，在我国环境、经济和社会生活中占有重要地位，是 21 世纪人类面临的共同主题，也是我国发展生态经济的基础性工作。

4. 农田

农田生态系统是重要的经济资源。农田生态系统遭到破坏不仅是生态问题，也是一种严重的经济问题。维持农田生态系统的安全和良好状态是保证稳定的粮食供给的关键所在，而粮食安全是社会稳定和经济发展的前提所在。

---

① 李建东，方精云．中国草原的生态功能研究[M]．北京：科学出版社，2017：25.

农田生态系统借助生物与环境构成的有序结构将环境中的物质、能量、信息和价值资源，转化为可供人类消费利用的产品。全世界66%的粮食由农田生态系统提供，正因其具备如此强大的服务功能价值，才构成了人类社会存在和生态经济发展的基础。农田生态系统所产出的多种农产品是人类繁衍生息的基本条件。同时，以作物秸秆为主的相关农副产品也在支持着中国农村家庭副业的生产，促进了区域经济发展。另外，农田生态系统具有显著的生态价值。一方面，农作物对地表的覆盖以及农户在长期生产实践中总结出的水土保持措施都能够明显减轻风蚀、水蚀的发生，有助于水土保持。另一方面，农田生态系统具有气候调节功能。农作物的光合作用能够实现固碳释氧，有助于维持二氧化碳与氧气的动态平衡，能够有效缓解温室效应。

农田生态系统的安全关系到一系列的环境和生态安全问题，进而影响到生态经济的发展和人类社会的生存。因此，需对农田生态系统服务功能进行深入研究，才能可持续地利用农田生态系统服务功能，为人类的生存和社会的可持续发展提供基本保障。

（二）三大环境要素的安全对生态经济发展的影响

大气、水源和矿产作为生态安全的三大环境要素，是发展生态经济所不可或缺的。从生态角度来看，它们是稀缺的资源；从经济角度来看，它们是重要的经济资产和生产资料。这三大环境要素对生态经济发展的影响也是最基本的，构成了经济发展和人们生活的自然资源基础。但由于社会生产中存在的挥霍、浪费和滥用现象，以及大气、水源和矿产资源自身在供给和需求方面存在差距和矛盾，导致这三大环境要素正在受到损害，不足以支撑起生态经济的发展，成为制约经济发展的又一问题。这就意味着大气、水源和矿产系统是发展生态经济的自然基础，同时也是制约生态经济发展的因素。

1. 大气系统是发展生态经济的保证条件

我国有各种类型的气候带，气候资源非常丰富。大气系统的经济开发潜力是巨大的，在经济上的地位是重要的，构成了发展生态经济的保证条件。而现在，一方面大气资源开发程度不够，气候资源潜力很大却没有得到充分利用。随着科学技术的发展，如果能以可持续的方式开发利用气候资源，那么丰富的大气资源将会为生态经济的发展提供保证，为其保驾护航，也会为人类的生存带来巨大的福利。另一方面，大气污染越发严重。大气污染直接造成对大气质量的破坏，会引发酸雨等诸多自然灾害，对农业生产和人类生存造成威胁，也造成重大经济损失，阻碍了生态经济的发展。

2. 水源系统是发展生态经济的关键所在

作为生命之源，水是生态系统的活力所在，也是重要的经济资产。自然界的万物离不开水的滋养，工业生产和农业生产的正常进行离不开水的供给，生态经济的发展和人们的日常生活也必须有符合质量要求的淡水。保证充足的水源供给是事关国家安全的大事。我国水资源涉及的主要难题是缺水，干旱是缺水的一大表现，而水源污染又加剧了缺水的严重性。我国虽然水资源总量丰富，但人均水资源量不足，仍属于严重贫水国家之一。而且，我国水资源的空间分布不均，北部和西部严重缺水，不合理的使用、浪费以及水污染又不断加剧了水源紧缺的严重性。水环境日益恶化，干旱缺水威胁着人们的生活和工农业生产，威胁整个生态系统的生命力，也制约着生态经济的发展。水源系统是发展生态经济的关键所在，因此，如果不切实解决水资源的安全问题，就极有可能威胁到生态经济的发展和人类社会的进步。

3. *矿产资源系统是发展生态经济的重要支柱*

矿产是重要的经济资产，我国 80%以上的能源及工业原材料来自矿产资源，矿产资源的开发利用已成为我国生态经济发展的重要支柱。作为一种经济潜力，矿产是生态经济发展的自然基础，这种潜力如果受到损害或破坏，就难以迎来生态经济的健全发展和持续繁荣，即矿产资源是生态经济建设的物质基础，生态经济建设需建立在矿产安全的基础上。我国矿产资源丰富、矿种相对齐全，但人均资源量少，资源劣势明显，属资源十分紧缺的国家。目前，我国一些矿产资源现存量已经无法满足国内正常生产需求，例如石油、天然气、铝、铁等资源需要通过进口来实现供需平衡。随着资源的不断消耗，后续短缺的矿产资源种类数仍将继续增长，供需矛盾越发严峻。矿产资源是有限和不可再生的，对矿产资源的过度开发和肆意浪费将会引发资源的枯竭，最终对整个生态系统带来毁灭性的伤害。与此同时，伴随着矿产资源的枯竭，矿产资源系统的部分或整体功能会难以维持生态经济发展，甚至可能直接威胁到人类社会的生存与发展。在可预见的未来，我国资源危机的总形势是绝大部分矿产供不应求，使生态经济的发展因资源问题而处于瓶颈状态，其中最突出、最严重的是能源问题，成为威胁经济安全、国民经济生产和人民生活的重大问题。

二、发展生态经济是实现生态安全的重要途径

生态经济符合国家可持续发展的要求，能实现社会、经济和环境的共赢发展，可以有效缓解经济发展和生态安全的两难处境，在促进经济发展的同时可以积极促进生态治理，有效改善生态环境质量。发展生态经济，是实现生态安全的重要途径。通过生态经济建设，可以走向一条生态经济效益高、生态环境污染少、自然资源消耗低、经济发展与环境保护相统一、人与自然共赢的可持续发展道路。自然因素是生态安全的主要影响因素，自然资源的可持续性在生态安全中起到很重要的作用，而经济环境因素又影响着自然因素，通过自然因素的变化影响生态安全。由此可见，自然因素和经济因素是构成生态安全屏障的关键因素。发展生态经济有助于改善影响生态安全的关键因素，是实现生态安全的重要途径。

（一）发展生态经济，筑牢生态安全的自然屏障体系

自然生态是维持区域生态平衡的关键所在，是自然资源和自然环境能持续提供生态空间服务的基本保障，是我国生态安全的重要自然屏障。发展生态经济可以显著改善资源供给不足、需求过度的局面，可以有效缓解经济发展与环境保护之间的矛盾，兼顾社会经济发展与环境资源保护两个方面，逐步恢复生态环境，提升生物多样性，实现生态系统的质量和稳定性逐步提升，为实现生态安全筑牢自然屏障体系。

生态经济涉及生态效率的创新，即如何不断改进产品生产工艺以生态和经济上最合理的方式开发利用资源。发展生态经济要求建立循环机制，脱离大量生产、大量消费、大量废弃的经济模式，促进生产、流通和消费中各类物资的高效使用及循环利用，充分提高资源和能源的利用效率并最大限度地避免资源浪费，减少废弃物的排放，减轻环境负担，保

护生态环境。与传统经济模式相比，生态经济具有其自身的重要特点和优势。传统经济规模小、效益低、污染高，循环机制太弱。而加快转变经济增长方式，开展生态经济建设，能使资源得到最有效的利用，保护生态环境，实现生态安全。

发展生态经济意味着逐步加大对生态环境的建设，逐步重视生态环境的修复。稳步实施河湖与湿地保护修复、防沙治沙、水土保持、自然保护区建设等重大生态保护与修复工程。同时，实施林业重点生态工程建设，加大营林投资建设力度，开展植树造林计划，增加生态公益林和防护林的营造面积，尽可能地减少森林灾害和土地沙化面积，在实现经济目标的同时也实现对环境和生态的保护，构成保障生态安全的自然屏障体系。在生态经济建设进程中，森林覆盖率不断提高，植树造林成果丰硕，国土绿化也取得显著成就。这对于全球应对气候变化、开展荒漠化防治具有现实意义，也在推动全球生态环境治理工作的进行。这些成效的取得，都说明发展生态经济在我国生态环境保护过程中发挥着重要作用，筑牢了生态安全自然屏障体系，是实现生态安全的重要途径。

（二）发展生态经济，筑牢生态安全的经济屏障体系

生态安全系统是一个复杂的大系统，因此不能孤立、静止地看待生态安全问题，必须关注到系统要素之间的关联作用，否则难以形成有效的生态安全屏障。中国是世界第二大经济体，目前正处于经济转型发展的关键期，面对诸多生态环境问题，走绿色可持续发展之路是中国的必然选择。绿色可持续的发展道路需建立在生态安全的自然基础之上，而要实现生态安全，则需借助于生态经济的发展，构建起生态安全的经济屏障体系。

构建生态安全的经济屏障体系需从绿色产业体系建设入手，遵循生态学的发展规律，大力培育高效益、低能耗、低污染、低排放的产业集群，大力扶持产品的深度加工，加快产业经济的转型发展，促进三大产业体系的绿色转型发展。建立绿色产业体系，通过绿色工业、生态农林业、现代服务业和产业结构优化等绿色产业系统的相互影响和反馈作用，实现产业经济与生态安全之间的协调，以发展生态经济来实现生态安全，以最小的生态资源代价促进和保障经济的高质量、可持续发展；以最小的社会经济成本实现生态资源的永续利用和生态安全的有效保障。例如，在生态林业建设上，可以借助国家政策、提高社会公众的关注度，以此加大对绿色林业的投资，进而提高经济林和公益林面积以及湿地面积，通过控制森林采伐从而增加森林总蓄积量，并加大生态补偿的力度，最终达到维护生态安全的目的。

本章小结

生态经济是一种可持续的新兴发展模式，能够有效缓解经济发展与环境保护两方面的冲突与矛盾。生态经济的三大基本范畴在生态经济研究和实践中是紧密联系的，生态经济系统的运动和发展既遵循生态学原理，又遵循经济学规律，以生态学原理为基础，以经济学理论为主导，在此基础上又形成了生态经济相关规律。生态安全是指人类生存发展的自然基础和社会秩序均不受破坏或威胁的动态状态，它强调的是包括人与自然在内的全部生态安全要素在长期运动过程中的综合安全。生态安全一旦超过生态承载力，就会变成生态

危机。生态安全与可持续发展的关系密不可分，可持续发展理念综合考虑经济和生态的相关理论，以环境和资源的可持续发展为目标，关注生态的可持续发展、经济的可持续发展、社会的可持续发展以及人类城市的可持续发展。

发展生态经济是实现生态安全的重要途径，生态安全的四大生命要素和三大环境要素又构成了发展生态经济的自然基础。缺少生态安全七大根本要素的支撑，生态经济就难以迎来繁荣发展的局面。

思考题

1. 试述生态经济的三大基本范畴。
2. 试述生态安全具体包括哪些方面。
3. 试述可持续发展的内涵和范畴。
4. 试述生态安全与生态经济的关系。

全球气候变化背景下的生态安全

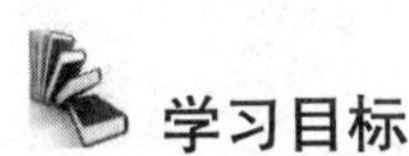

学习目标

✧ 掌握全球气候变化的概念；
✧ 熟悉气候变化引发的水安全问题；
✧ 了解气候变化对海洋安全的潜在威胁；
✧ 掌握气候变化对冻原生态系统的影响；
✧ 熟悉气候变化与生物多样性的相互影响；
✧ 了解总体国家安全观背景下生物安全所面临的问题与对策建议。

导言

生态是统一的自然系统，是相互依存、紧密联系的有机链条。生态安全是指一个国家具有支撑国家生存发展的较为完整、不受威胁的生态系统，以及应对内外重大生态问题的能力，是国家安全的重要支撑与组成部分，也是我国推进生态文明建设、实现可持续发展的重要基础[①]。全球气候变化干扰生态系统的演替过程，影响生态系统的稳定性，会对国家生态安全构成威胁或形成潜在风险，进而关系到国家安全。[②]本章重点介绍全球气候变化背景下的水安全、海洋安全及对冻原生态系统和生物多样性的影响，最后阐述总体国家安全观背景下的生物安全问题。虽然目前气候变化对我国生态安全的影响是局部的、潜在的，但其影响程度将会随时间的推移而与日俱增。气候变化关系国家的根本利益，需要从长远和全局的角度加以谋划和应对。

---

① 王乃亮，孙旭伟，黄慧，等. 生态安全的影响因素与基本特征研究进展[J]. 绿色科技，2023，25（2）：192-197.

② 王雨辰，彭奕为. “四个共同体”：习近平生态文明思想的向度与价值[J]. 探索，2023（1）：1-13.

第一节　气候变化背景下的水安全

水是生命之源，是人类发展不可缺少的自然资源，是人类和一切生物赖以生存的物质基础。当今世界，水资源不足和污染构成的水源危机成为任何一个国家在政策、经济和技术上所面临的复杂问题和社会经济发展的主要制约因素。水安全问题不仅是一个资源问题，也是一个生态环境问题、经济问题、社会问题和政治问题，直接关系到国家的安全。

气候变化是目前国际上普遍关注的社会问题之一。气候变化将加速大气环流和水文循环过程，导致全球变暖及降雨量和降雨时空分布发生变化，从而引发或恶化一系列水安全问题。为了让全世界的人们关注水问题，1993 年 1 月 18 日，第四十七届联合国大会通过了第 193 号决议，确定自 1993 年起每年的 3 月 22 日为“世界水日”。

一、全球气候变化概述

气候通常被定义为“平均天气”。气候变化指气候系统随时间发生的变化，是自然变化和人类社会活动共同作用的结果。全球变暖是气候变化的主要特征。导致气候变化的直接原因是大气中温室气体和气溶胶的浓度及太阳辐射和地表性质的改变，这些因素综合影响了地球气候系统的能量平衡，从而导致了全球范围的气候变化。[①]自工业化革命以来，大气中温室气体在百年时间内迅速增加，使地表平均温度持续上升。温室气体包括化石燃料大量燃烧所释放的二氧化碳及甲烷、氧化亚氮和一些消耗臭氧的物质等。温室气体通过吸收大地反射回来的能量并重新辐射这部分热量来影响地球的气候。地球气候系统是由大气圈、岩石圈、冰雪圈、水圈以及生物圈组成的相互作用的系统，大气圈的变化势必会使其他圈层产生变化，并由此对生存其中的人类生产、生活及军事活动产生重大影响。[②]

《联合国气候变化框架公约》(United Nations Framework Convention on Climate Change，以下简称《公约》）是联合国于 1992 年 5 月 9 日在巴西里约热内卢举行的联合国环境与发展大会上通过的一项应对全球气候变化的国际公约，也是国际社会在应对全球气候变化问题上进行国际合作的一个基本框架。该公约的最终目标是将大气层中温室气体的浓度稳定在一个不对气候系统造成威胁的人为干扰的水平上。这样的水平应当在一个时间范围内得以实现，使生态系统能够自然地适应气候变化，保证粮食生产不受到威胁，使经济发展能够可持续地进行。[③]

《巴黎协定》(The Paris Agreement）于 2015 年 12 月 12 日在第二十一届联合国气候变化大会（巴黎气候大会）上通过，于 2016 年 4 月 22 日由全世界 178 个缔约方在美国纽约

① 侯立安，张林．气候变化视阈下的水安全现状及应对策略[J]．科技导报，2015，33（14）：13-17.

② 陶勇，刘四喜，姚雪峰．我国的气候变化趋势及其对国家安全的影响[C]//中国地球物理学会国家安全地球物理专业委员会，陕西省地球物理学会军事地球物理专业委员会．国家安全地球物理丛书（九）：防灾减灾与国家安全[M]．西安：西安地图出版社，2013：9.

③ 夏堃堡．联合国气候变化框架公约 23 年[J]．世界环境，2015（4）：58-67.

联合国大厦共同签署，于 2016 年 11 月 4 日起正式实施。这是继《京都议定书》后第二份有法律约束力的气候协议，为 2020 年后全球应对气候变化行动做出了安排。《巴黎协定》的长期目标是将全球平均气温较前工业化时期的上升幅度控制在 2℃以内，并努力将温度上升幅度限制在 1.5℃以内。

全球对气候变化的认识经历了从将其作为减少碳排放的理由以达到减缓全球变暖之目的到将其视为“威胁倍增器”和“不稳定加速器”的转变。①

二、水安全的概念与内涵

水安全是一个全新的概念，属于非传统安全的范畴。“水安全”一词最早出现在 2000 年斯德哥尔摩举行的水讨论会上。对水安全的经典表述首推2000年3月在海牙召开的以“21世纪水安全”为主题的世界部长级会议宣言，《海牙宣言》将水安全定义为：确保淡水、海岸和相关的生态系统安全，确保可持续性发展和政治稳定性，确保人人能够得到并有能力支付足够的水安全的成本，确保易受影响的人群免受与水有关的威胁。由此，使水安全的内涵呈现可持续性特征、相对和动态性特征、技术与管理相互协调性特征、预警和应急性特征等，并随着国家、地区所处的经济社会发展的不同阶段以及执政目标的差异，形成不同的、有所侧重的水安全内涵。

目前，水安全的概念无论在理论界或在治水实践中，始终没有统一的说法。在我国，比较普遍的诠释为：在一定流域或区域内，以可预见的技术、经济和社会发展水平为依据，以可持续发展为原则，水资源、洪水和水环境能够持续支撑经济社会发展的规模，能够维护生态系统良性发展的状态即为水安全。近年来，也有一些学者针对我国经济社会发展的新常态表现，从水生态文明建设、水经济制度学科构建、水利现代化导向等视角，对水安全内涵做了一些拓展性的研究。

概括起来，水安全可以从广义和狭义两个方面来界定。广义的水安全是指一个国家或地区可以保质保量、及时持续、稳定可靠、经济合理地获取所需的水资源、水资源性产品及维护良好生态环境的状态或能力。狭义的水安全是指在不超出水资源承载能力和水环境承载能力的条件下，水资源的供给能够在保证质和量的基础上满足人类生存、社会进步与经济发展，维系良好生态环境的需求。

三、气候变化对水安全的影响

20 世纪 80 年代，世界气象组织（World Meteorological Organization，WMO）开始讨论气候变化对水安全的影响以及评估问题。概括起来，气候变化对水安全的影响，主要表现在水资源安全、水环境安全、水生态安全、水工程安全、供水安全五个方面。②

（一）气候变化对水资源安全的影响

水资源是自然资源的重要组成部分，是所有生物的结构组成和生命活动的主要物质基

① 邢捷，董媛媛．气候变化安全风险挑战与我国对策[J]．环境保护，2021，49（23）：36-41.

② 侯立安，张林．气候变化视阈下的水安全现状及应对策略[J]．科技导报，2015，33（14）：13-17.

础。人类真正能够利用的淡水资源，例如天然降水、冰雪融水、江河湖泊水和地下水仅占地球总水量的 0.26%。水资源是可再生的，但又是有限的。它虽然可以循环再生却不能够被替代，因而面临着来自人口增长、城市化、污染和气候变化等多方面的严重压力。

水资源安全主要包括水量充裕和结构均衡。全球淡水资源分布极不平衡，2/3 左右的水资源集中在 10 多个国家，而占世界总人口 40%的 80 多个国家明显缺水。有研究表明，气候变化会加重这种全球性和地域性的水资源短缺，并建立多个模型预测气候变化对水资源的影响，结果表明：如果全球气温再升高 2℃（即比工业革命前高 2.7℃），全球处于极度缺水环境（<500 m^3 · 人$^{-1}$年$^{-1}$）的人口将会增加 15%。

全球性的气候变化还会改变降雨量和时空的分布，导致雨水的分布更加不平衡，进一步加剧水资源的安全问题，一些原本“水多”的地区雨水更多，而一些原本就“水少”的地区雨水更少。降雨量和时空分布不平衡加剧了中国水资源的安全问题。《中国气候与生态环境演变：2021》的预测显示，受气候变化影响，2030 年中国整体水资源脆弱性上升，中脆弱及以上的区域面积将明显扩大，极端脆弱区域面积也将进一步扩大，尤其是西北和东北区域的脆弱性增加比较明显①。

（二）气候变化对水环境安全的影响

水环境是生态环境的重要组成部分，从狭义角度来讲，指地球上分布的各种水体及与之密切相连的诸环境因素，如河床、生物、植被、土壤等②。广义上的水环境是指自然界中水的形成、分布和转化所处空间的环境，是指围绕人群空间及可直接或间接影响人类生活和发展的水体，以及水环境功能正常的各种自然因素和有关的社会因素的总体。水环境具有易破坏、易污染的性质，容易受到人类生产生活的影响。

水环境安全包括饮用水安全环境容量内的纳污能力和良好的环境服务功能。水是污染物最主要的运输载体和溶剂，气候变化通过影响水文循环的各个要素和循环方式，改变了水环境中污染物的来源和迁移转化行为，最终破坏水环境安全。例如，气候变化导致的降水量和时空分布的改变会引起干旱、洪涝等极端水文事件发生的频率增加。发生干旱灾害时，水体中部分离子浓度显著升高，影响水体水质安全；同时，水体表面温度也会升高，导致水中溶解氧浓度下降，复氧能力降低，最终使水体的稀释和自净能力同时降低，水环境质量下降。洪涝灾害发生时，一方面大量地表污染物进入水体，影响水质；另一方面，也会使大量的泥沙进入水体或造成沉积物的再悬浮作用，改变水体泥沙含量，进一步影响污染物的迁移转化作用，并最终影响水体的水质。

另外，全球气候变化引起的气温升高和降水变化将对地表水环境中的主要离子浓度产生影响，可能导致湖泊的盐化和矿化作用。

（三）气候变化对水生态安全的影响

水生态是指环境水因子对生物的影响和生物对各种水分条件的适应。生命起源于水中，水又是一切生物的重要组分。

---

① 秦大河，翟盘茂．中国气候与生态环境演变：2021（第一卷科学基础）[M]．北京：科学出版社，2021：90-95.

② 黄文达．水利工程项目建设对水环境的影响及优化途径[J]．四川建材，2022，48（11）：32-34.

水生态环境安全是指人们在获得安全用水的设施和经济条件的过程中，所获得的水能满足清洁生态和健康环保的要求，既满足生活和生产的需要，又使自然环境得到妥善保护的一种社会状态。水生态安全，即拥有良性水循环和水生生物多样性，能够实现自我修复和维持。

全球气候变化最直接的反映是气温升高，随着气温的上升，河流湖泊等水体的水温也会升高。通常水体温度升高可以影响水体的密度、表面张力、黏性和存在形态，也会改变水温层分布，加速水体中化学反应和生物降解速率等。有研究表明，温度是水体富营养化的决定性影响因素之一，强降雨冲刷地表给水体带来的大量的氮、磷等营养物质，以及水体温度的升高会促进水体富营养化污染的发生。一旦水体发生富营养化污染，水体中的藻类及其他浮游生物将大量繁殖，水体中溶解氧浓度迅速下降，水质恶化，水体中的鱼类和其他生物大量死亡，严重威胁水生态安全。

受全球气候变化的影响，极端水文事件发生频率呈增加的趋势。IPCC 第六次评估报告指出，全球气候变化已经显著改变了全球水循环过程，强降水、洪水及干旱等极端水文事件发生频率升高，威胁社会经济发展和生态系统稳定。[①]

（四）气候变化对水工程安全的影响

根据政府间气候变化专门委员会的报告，气候变化是导致极端水旱灾害频率增大的主要因素，气候变化 87%以上的影响涉及水利基础设施。气候变化对水工程安全的影响主要表现在以下几个方面。

全球变暖导致的高海拔地区的冰川融化，冰川固体水库水资源储存短期大量释放，会引起下游河流短期内径流量迅速升高，加剧了冰湖溃决的风险。[②]因气候变化导致的强降雨天气会在短时间内带来大量雨水，也会对下游的水工程安全产生严重威胁。

全球变暖不仅使温度增加，而且使温度变化的幅度增加。发生寒流和发生高温的概率都可能增加，而这种极端的高温和低温天气对水利工程也十分不利。一方面，当寒流天气发生时，水利工程表面的混凝土会迅速降温，而内部的混凝土由于降温较慢仍保持较高的温度，内外的温度差会产生剪切力，而当剪切力过大时，会使水利工程的混凝土结构产生裂缝，同时降低混凝土的脆度；另一方面，长时间的高温干旱天气会使混凝土内部的水分快速消失，产生收缩和裂缝，威胁水工程的安全。

海平面上升引起海水侵蚀海岸线、入侵沿海地下淡水层，沿海土地盐渍化。沿海土地的盐渍化会对沿海相关的水利工程特别是钢筋混凝土结构产生严重的腐蚀。

气候变化正在削弱水基础设施的适应性和可靠性，今后必须考虑以变革性思路，努力构建具有气候适应性的水基础设施，增强防御能力。

（五）气候变化对供水安全的影响

可用水量不足和水质性缺水对水安全构成威胁，气候变化会加剧供水安全问题。

（1）极端降水以单次降雨强度增大为特征，因此极端降水的频率增多可能会加剧土壤

---

① 黄文达．水利工程项目建设对水环境的影响及优化途径[J]．四川建材，2022，48（11）：32-34．

② 邬光剑，姚檀栋，王伟财等．青藏高原及周边地区的冰川灾害[J]．中国科学院院刊，2019，34（11）：1285-1292．

侵蚀，加剧土壤有机碳的剥蚀、迁移和沉积过程，产生区域水土流失增加，植被养分流失、生长受限，最终导致生态系统退化。洪涝灾害发生时，洪水会携带大量的污染物进入水源地，破坏水源地的水质安全，引发城乡供水水质安全。

（2）干旱灾害会加剧区域水源短缺现象，使可用的水资源减少，造成城乡供水困难。极端干旱可能导致湖泊、河流水位下降，部分干涸和断流，造成水域、湿地等生态系统的破坏。

（3）对于中国西北干旱地区，冰川和积雪融水对河川径流的补给占该地区内陆河流径流补给的30%左右，因此气候变化促使冰川补给河流径流量短期内大幅增加，但冰川水资源储量长期损失严重，最终加剧冰川径流减少，影响下游水资源的可持续利用。

为了水资源的安全，我们必须保护脆弱的水循环系统，减轻任何与水资源相关的伤害，例如洪水和干旱，保障水资源供给。

四、全球气候变化背景下应对水安全问题的策略与建议

保障水安全是应对和缓解气候变化的核心问题，也是实现可持续发展的前提。为了确保水安全，首先应确认供水有可靠的水量和水质保障，并且使用的方式有利于环境可持续发展。其次是减少洪水、干旱和污染等涉水风险。实现水安全不仅是维持可持续增长、消除贫穷和饥饿以及实现可持续发展目标的必要条件，也是应对气候变化、改进体制机制、促进经济增长和减轻资源退化影响的动态过程。

（一）气候变化背景下国际社会应对水安全问题的举措与进展

为应对气候变化背景下的水安全问题，主要可从以下两方面入手：一是阻止或延缓气候变化；二是提高人类自身应对水安全问题的能力。2015 年 11 月在巴黎召开的《联合国气候变化框架公约》缔约方会议第二十一届会议签署通过了《巴黎协定》，制定了“减缓和适应”两种主要的应对策略，以提高各国应对气候变化的适应能力。根据《巴黎协定》，全球升温幅度必须限制在 1.5～2℃，这一幅度被视为避免气候进一步恶化的必要条件。

2000 年，在海牙举办的第二届世界水论坛正式提出水治理（water governance）概念。2002 年，全球水伙伴首次提出水治理的定义，随后被联合国采纳并充实完善为“水治理由现有的政治、社会、经济和行政体系组成，直接或间接地影响水资源的使用、开发和管理，以及向社会不同层面提供水服务。治理系决定每个人能获得怎样的水，何时和如何获得水，以及决定谁有权获得水及相关服务和福利”。可持续水治理涉及若干要素，包括水系统，监测和执行，价值观，政策制定，责任、权力和手段，利益相关方参与、解决冲突的能力等社会目标之间的权衡以及资金安排等。为了强调水治理的重要性，联合国把水治理的概念作为监测指标纳入落实“可持续发展目标”的实施监测体系。

世界自然保护联盟等国际组织于 2008 年提出“基于自然的解决方案（NBS）”。基于该理念，综合考虑局部和整体的统一性，通过水土保持和地下水补给增加可用水，通过天然和人工湿地、河岸森林缓冲改善水质，通过洪泛平原恢复等减少涉水灾害和气候变化风险，为各国提供有效的水安全可持续解决方案，提高应对气候变化的韧性和促进绿色可持续发展。

近年来，互联网、大数据、算法技术、机器学习、人工智能技术的飞速发展及 3S 技术的运用，极大地助推了智慧水安全建设。通过绿色设施弥补老化的城市灰色建筑设施，把生态修复融入水资源规划，消除涉水灾害的消极影响，以城市水系统智能、智慧管理为目标的水文、水质模型，以及耦合多种自然、社会、经济、技术过程的综合模型的不断涌现，使水资源管理变得更加经济有效。[①]

（二）气候变化背景下我国应对水安全问题的举措与建议

总的来说，我国水资源禀赋条件并不优越，地区分布不均且与生产力布局不相匹配，年际年内变化大，水资源开发利用难度大。21 世纪以来，黄河、淮河、海河和辽河等北方流域的地表水资源量减少约 20%，水资源总量减少 13%，我国水资源南多北少的格局将进一步加剧。[②]同时，气候变化也将对水生态环境产生不利影响。在人口增长、经济发展和城市化水平不断提高的压力下，中国水安全状况将面临着前所未有的严峻考验。因此需要采取一系列的行动来应对全球气候变化背景下的水安全问题。

（1）应对气候变化引发的水灾害，既要重视灰色基础设施，也要重视基于自然的解决方案，建设绿色基础设施，实施渐进式生态修复，保障我国水安全。

（2）重视全球变化背景下水量、水质和生态三个维度的水资源短缺研究，提出气候变化背景下应对水资源短缺的缓解策略，服务于流域生态保护和高质量发展。

（3）应对气候变化需要同时考虑我国的水资源开发利用控制、用水效率控制、水功能区限制纳污三条红线以及守住 18 亿亩（1.2 亿 hm^2）耕地红线，系统开展水—粮—能系统要素耦合与互馈机制研究。[③]

（4）生态安全格局优化是实现生态安全的重要基础，应从科学划定生态保护红线、完善生态安全屏障功能、构筑陆海统筹的生态安全格局等方面着手，加快构建应对气候变化的生态安全格局。[④]

（5）完善应对气候变化的技术标准体系，强化应对气候变化风险的制度保障，加强应对气候变化的国际合作。

2014 年年初，习近平总书记就保障国家水安全战略问题提出了“节水优先、空间均衡、系统治理、两手发力”的科学治水思想，为新时期强化水治理、保障水安全、破解水问题指明了方向与出路。2014 年 11 月 24 日，李克强总理在水利部考察时做出指示，明确要求根据水资源、水环境承载能力调整经济结构、安排社会发展，以水定城、以水定地、以水定人、以水定产，大力推进节约用水，实现人水和谐。[⑤]

2022 年 6 月，水利部制定印发《2022 年推进智慧水利建设水资源管理工作要点》（以下简称《要点》）。《要点》强调，要按照“需求牵引、应用至上、数字赋能、提升能力”的总体要求，在指导做好数字孪生流域建设先行先试的同时，根据水资源管理工作实际，着

---

① 谷丽雅，张林若，夏志然．气候变化下的水安全与可持续发展解决方案初探[J]．中国水利，2022（9）：45-47.

② 刘俊卿．全球气候变化对我国水文与水资源的影响[J]．中国高新科技，2019（23）：44-46.

③ 刘俊国，陈鹤，田展．IPCC AR6 报告解读：气候变化与水安全[J]．气候变化研究进展，2022，18（4）：405-413.

④ 武占云，王菡，单菁菁．我国生态安全面临的气候变化风险及应对策略[J]．中南林业科技大学学报（社会科学版），2022，16（4）：25-33.

⑤ 方子杰，柯胜绍．对坚持“空间均衡”破解水资源短缺问题的思考[J]．中国水利，2015（12）：21-24.

重加强用水量统计与分析、水资源监管、地下水超采治理等重点业务应用，强化算据、算法、算力，统筹推进水资源管理信息系统建设，不断提升水资源管理数字化、网络化、智能化水平，从严从细管好水资源，为推进水利高质量发展提供有力支撑。

第二节　气候变化背景下的海洋生物多样性及海洋安全

海洋是全球气候系统中的一个重要环节，被称为地球气候的“调节器”，对于维持全球的生态平衡发挥着不可替代的作用。气候变化是当今人类社会所面临的最严重的环境问题，在对自然生态系统、人类生存环境以及经济社会生活产生重大影响的同时，也对海洋安全提出了前所未有的挑战。海洋安全是国家安全的重要组成部分，维护海洋安全和海洋权益是建设海洋强国的核心内容。良好的海洋生态环境会带来稳定的发展环境。随着全球气候变化加速，我国和世界各国共同面临越来越多的非传统海洋安全问题，例如气温上升导致海平面和海水温度随之升高，而海洋对二氧化碳的过度吸收则引发了海水酸化，这些都会对海洋和海岸生态系统造成破坏，尤其加剧了海洋渔业的争夺和气候移民的增多。我国与各国一样，面临传统海洋安全和非传统海洋安全风险相互影响的挑战。[①]

一、海洋与海岛的概述

地球表面被各大陆地分隔为彼此相通的广大水域称为海洋，海洋的中心部分称作洋，边缘部分称作海，彼此沟通组成统一的水体。

地球上海洋总面积约为 3.6 亿 km^2，约占地球表面积的 71%，远远大于陆地面积，故有人将地球称为一个“大水球”，平均水深约 3795m。

世界大洋的总面积约占海洋面积的 89%。大洋的水深一般在 3000m 以上，最深处可达 1 万多米。海的面积约占海洋的 11%，海的水深比较浅，平均深度从几米到 2～3km。海临近大陆，受大陆、河流、气候和季节的影响。

海岛，现代汉语指被海水环绕的小片陆地。中国国家标准《海洋学术语 海洋地质学》（GB/T 18190—2000）规定，海岛指散布于海洋中面积不小于 $500m^2$ 的小块陆地。但是，海岛的法学定义一直以来在国际上存在争议，历经多次修改，通常是引用 1982 年《联合国海洋法公约》第 121 条的规定：“岛屿是四面环水并在高潮时高于水面的自然形成的陆地区域。”

我国的海洋面积约为 300 万 km^2，海岸线约为 1.8 万 km。$500m^2$ 以上的海岛（暂缺港澳台）6500 个以上，总面积超过 72 800km^2，其中有常住居民的海岛 455 个，占 7%。

二、气候变化对海洋生态系统及渔业资源的影响

（一）气候变化对海洋生物多样性的影响

近年来，气候危机的加速发展恶化了整个海洋生态环境系统。以海洋环境系统为代表

① 张海文．百年未有之大变局下的国家海洋安全及其法治应对[J]．理论探索，2022（1）：5-11.

的整个地球生态系统已经发生了不可逆转的变化，包括北极海冰减少、大规模的珊瑚礁死亡、格陵兰岛和南极西部冰川融化以及海洋循环变慢在内的九个领域已经逼近气候临界点，而且速度比之前的预测要更快。[①]

气候变化是危害海洋生物多样性最显著、最主要的原因，其表现形式主要包括：海水水温上升、海水化学属性变化、海平面上升、反常的天气事件、气温升高等。

《中国气候变化海洋蓝皮书（2022）》显示：全球海洋持续变暖和酸化，海平面加速上升，北极海冰范围显著减小；近40年来，中国沿海海温和海平面上升速率均高于全球平均水平，极值高潮位和最大增水均呈增加趋势，海洋热浪趋频趋强。2021年，高海平面抬升风暴增水的基础水位，加重了致灾程度。1870—2021年，全球平均海表温度总体呈显著上升趋势，过去10年（2012—2021年）是1870年以来平均海表温度最高的10年，2021年全球平均海表温度较1870—1900年平均值高0.59℃。另一项数据表明，预计至2070年，澳大利亚海域的海面温度将会上升 0.6～2.5℃。如果这种情况持续下去，对于热带海域的物种和种群的威胁将会大大增加，并将导致大量物种灭绝。

据统计，在全世界珊瑚礁中，30%处于危机状态。许多海洋生物诸如大海牛、加勒比海僧海豹、大西洋灰鲸、大海雀等早已淡出了人类的视线，而虎鲸、海獭、南大西洋礁鱼等物种也到了濒临灭亡的边缘，并且气候变化似乎正加剧着这个问题。最近的观测表明，气候变化正在改变着全球不同海域的生态系统。例如，受海水变暖的影响，从我国南海的珊瑚礁生态系统到亚北极白令海的浅海陆架生态系统均有显著变化。[②]

此外，极端的天气气候事件持续发生并且愈演愈烈，全球绝大部分海域的海洋生物的栖息地将会遭受毁灭性的破坏，随着栖息地的破坏，海洋生物也只能逐渐灭绝。

（二）气候变化对海洋生态系统结构与功能的影响

据预测，未来的气候变化将导致海洋生态系统的结构与功能发生改变。海水升温导致的浅水层浮游生物特别是浮游动植物的死亡，将破坏海洋食物链的基础与用于制氧的光合作用机制，并进一步动摇海洋生物多样性的整个框架。海水酸化导致的珊瑚大灭绝，将导致鱼类丧失重要的产卵栖息地，并可能使数千种海洋物种无法获得相应的生存支持。浮游植物、海草床、海岸带红树林、滨海沼泽等的丧失，将极大地削弱海岸带的储碳能力，破坏人类的蓝色碳汇进程。从更宏观的视角来看，海洋变暖会增加蒸发到空气中的水量，增加气候的不确定性和极端天气出现的频次、强度，这不仅可能催生破坏力惊人的暴雨和洪水，给人类经济社会造成巨大的损失，更可能引发局部火灾、气旋、干旱、极寒等异常现象，威胁整个地球的生态安全。不过，当前令科学界更为担心的是，未来吸收了过量碳的海洋，不仅可能会停止吸收碳，丧失调节气候的能力，而且可能会变成新的排放。[③]

气候变化还将对海洋浮游生物造成较大的影响，尤其是极地生态系统。许多海洋和淡水生物物候与分布也伴随水温增加、冰盖变化、氧气含量和环流变化而改变，海藻、浮游生物和鱼类在范围和丰富性方面向极地方向迁移，海洋生态系统的生物丰富度、群落结构、

---

① 陈德亮，赖慧文．IPCC AR6 WGI 报告的背景、架构和方法[J]．气候变化研究进展，2021，17（6）：636-643.

② 刘红红，朱玉贵．气候变化对海洋渔业的影响与对策研究[J]．现代农业科技，2019（10）：244-247.

③ 陈惠珍，白续辉．气候变化背景下的海洋生物多样性保护法治体系建设[J]．中华环境，2021，81（5）：34-38.

服务能力等都将发生变化。

根据 IPCC 的 AR6 报告，假如全球温度升高 1℃，全球珊瑚礁将普遍白化，海平面上升将导致沿海湿地被淹没，估计到 2080 年，20%的湿地将丧失，红树林生态系统将受到较大影响。

（三）气候变化对渔业资源的影响

国家海上经济安全涉及面广，位居首位的是海洋资源及开发安全，而海洋资源中位居首位的是生物资源中的渔业资源。根据联合国粮农组织（Food and Agriculture Organization，FAO）统计，2016—2020 年，海洋捕捞产量达 7930 万～8550 万吨。[①]渔业资源对经济增长、粮食安全、营养保障和渔民生计等做出了越来越大的贡献。通过监测海洋鱼类种群得出，海洋渔业资源状况持续恶化。[②]世界海洋鱼类种群数量由 1974 年的 90.0%减少到 2015 年的 66.9%，呈下降趋势。FAO《2020 年世界渔业和水产养殖状况》指出，海洋中约有 34%已评估的鱼类种群处在生物学不可持续水平。同时，气候变化对渔业资源的影响在进一步加剧，影响因子和影响程度及其不确定性在不断加大。气候变化主要是通过对全球洋流、水域含盐度、酸度的改变来影响海洋渔业资源的。海水水温上升还将引起海洋生物和分布的变化，对渔业的影响也是巨大的。长期气候变化的一个比较现实的结果就是许多有商业价值的海洋生物资源种群会因此而迁移甚至灭绝。

在全球气候变化背景下，鱼类等海洋生物地理分布的迁移、种群丰度的变化、群落稳定结构的改变以及重要海洋生态系统的退化等，造成了渔业资源衰退、渔业产业发展受限、粮食安全、营养供应、人类生计等一系列社会经济问题。全球气候变化对海洋生物和海洋生态系统的影响不容忽视，正确认识气候变化对海洋渔业发展的影响十分必要。[③]

三、气候变化导致的海岛或沿海城市安全及气候移民的新挑战

气候变化异常会引发诸如海平面上升、土地干旱、生态混乱等自然灾害。海平面上升将改写海洋的边界，这种影响在东南亚、加勒比海以及太平洋诸岛屿地区最为明显。海岛生态环境脆弱，一旦遭受破坏难以修复。图瓦卢、马尔代夫、塞舌尔、瑙鲁和西萨摩亚等一些海岛国家已经因为近年来全球海平面的不断上升而逐渐丧失土地，其居民正变得无家可归。

图瓦卢（Tuvalu）又称埃利斯群岛，位于西南太平洋，南纬 5°～10°，西经 176°～179° 之间，由 9 个环状珊瑚岛组成，国土面积约为 26km^2，是仅次于瑙鲁的世界第二小岛国，还是世界面积第四小的国家（仅高于梵蒂冈、摩纳哥和瑙鲁）。由于地势极低，最高点仅海拔 4m，温室效应造成的海平面上升对图瓦卢造成严峻威胁。20 世纪的最后 10 年里，海平面上升已经使太平洋岛国图瓦卢失去了 1%的领土，截至 2000 年 2 月，图瓦卢大部分土地曾被海水淹没。2001 年，图瓦卢政府宣布面对海平面上升，图瓦卢的居民将会撤出该

① 陈新军，刘金立，林东明，等．渔业资源学研究发展现状及趋势[J]．上海海洋大学学报，2022，31（5）：1168-1179.

② 熊敏思，缪圣赐，李励年，等．全球渔业产量与海洋捕捞业概况[J]．渔业信息与战略，2016，31（3）：218-226.

③ 刘红红，朱玉贵．气候变化对海洋渔业的影响与对策研究[J]．现代农业科技，2019（10）：244-247.

群岛。新西兰同意接收每年配额的撤离者，图瓦卢成为因气候变暖世界首个“举国搬迁”的国家。这一事件也成为气候变化导致海岛国家生态灾害的典型案例。与此同时，根据澳大利亚罗伊国际政策研究院的报告，其他诸如孟加拉国等海拔较低的许多国家也都存在着同样的危机。[①]

四、国际社会保护海洋生物多样性和海洋安全的进程

气候变化是一个全球问题，它对海洋生物多样性的影响也是一个全球问题，所以要应对这一问题，就需要全球框架来提供指导。在气候变化背景下，保护海洋生物多样性的全球框架正在逐步形成。世界自然保护联盟（IUCN）1975 年在东京召开的会议上第一次系统地阐述了建立海洋环境保护区的必要性。1982 年《联合国海洋法公约》（LOSC）的签订表明越来越多保护海洋环境的整体方案的来临。[②]1992 年的《生物多样性公约》（CBD）被认为是协助各国阻止物种快速灭绝以及栖息地急速消失的常规法律框架。

从气候变化影响的角度来看，单靠《生物多样性公约》等已无法有效应对海洋生物多样性锐减问题，避免污染、控制捕捞、养护种群等不能从根本上解决海洋生物面临的海水物理与化学环境剧变危机，《联合国气候变化框架公约》及其《巴黎协定》等对海洋生物多样性保护的意义正在日益凸显。可以看到，海洋保护、气候变化、生物多样性法律正在国际规制领域发生融合。

珊瑚礁三角区（Coral Triangle）也简称为“珊瑚三角区”，位于西太平洋和印度洋交界沿赤道区域，是指印度尼西亚、菲律宾、巴布亚新几内亚和所罗门群岛之间呈三角形的水域，名称缘于该区域生存的种类繁多的珊瑚。面积为 600 万 km^2，只有全球海洋面积的 1.6%，但该区域却是世界 1/4 海洋生物的家园，它包括了 76%的已知珊瑚物种，且 15 个珊瑚物种为该地区所独有；海龟拥有 7 种中的 6 种；37%的珊瑚鱼，33%的珊瑚礁，还有沿海红树林资源和宝贵的金枪鱼渔业资源。珊瑚三角区被科学家视为地球上海洋生物多样性的宝库之一，也是在印度洋、太平洋以及南海捕获的金枪鱼的产卵地和迁徙路径，在此处产卵和迁徙的金枪鱼大约占据全球金枪鱼捕获量的 70%。

世界气候变迁不断改变着该地域的动物生存环境，另外，该区域还面临过度捕捞、破坏性捕捞、陆源海洋污染等威胁。为了保护海洋生态系统，保护当地的食品安全和那些依靠珊瑚礁三角地带独特的海洋环境而生存的诸多的生物物种，2007 年 9 月，印度尼西亚总统苏西洛（Susilo Bambang Yudhoyono）在亚太经合组织元首会议上提出并成立了珊瑚三角区珊瑚礁、渔业及食品安全的倡议组织（The Coral Triangle Initiative on Coral Reefs，Fisheries，and Food Security，CTI-CFF），成员国包括印度尼西亚、马来西亚、菲律宾、巴布亚新几内亚、所罗门群岛、东帝汶。该倡议是一个涵盖这 6 个国家的多边合作关系，旨在维持海岸与海洋资源。CTI 成员国承诺，它们的主导原则包括对跨界性质的重要海洋资源的承认，并且保证它们的行为向现有的国际法律框架看齐。CTI 的许多国家和地区对沿海和离岸地区应对气候变化做出了直接的贡献。

---

① 温维刚．国家安全视角下海平面上升对海洋法的挑战及我国应对建议[D]．北京：外交学院，2022．

② 张海文．百年未有之大变局下的国家海洋安全及其法治应对[J]．理论探索，2022（1）：5-11．

五、中国海洋生态安全应对策略

习近平明确指出："21 世纪，人类进入了大规模开发利用海洋的时期。海洋在国家经济发展格局和对外开放中的作用更加重要，在维护国家主权、安全、发展利益中的地位更加突出，在国家生态文明建设中的角色更加显著，在国际政治、经济、军事、科技竞争中的战略地位也明显上升。"党的十九大报告明确提出要加快建设海洋强国。海洋安全是国家安全的有机组成部分，海洋安全的核心内容是国家海上利益的安全，气候变化所诱发的海洋渔业资源安全、海上通道安全、气候移民和海盗犯罪升级，无疑会加剧海上经济安全、政治安全和公共安全问题。我国作为海洋大国，面对气候变化给海洋安全带来的新挑战，当务之急就是在挑战中发现机遇，适应气候变化，改善气候环境，增强海洋安全意识，依法维护国家海洋安全，并采用强有力的措施来保护我国海洋安全。

增强海洋意识，确立海洋生态安全法律地位。强化海洋生态安全需要全社会的观念转型，全面提升海洋意识，把海洋生态文明作为小康社会建设的标准之一，生态安全是生态文明的底线，核心是生态系统的协调。

将各类法定的海洋保护区、自然岸线、生态敏感性极高的海域以及生态风险区划为生态红线区，作为海洋开发不可逾越的空间约束。严守生态红线区，维护海洋资源环境承载力，应坚持"环境准入不降低、生态功能不退化、资源环境承载力不下降、污染物排放总量不突破"四条原则。

一方面，推动气候变化领域的国际法向国内法转化，同时还可借鉴移植外国一些良好的气候变化应对法律制度，强化国内规制"海气生"威胁的制度能力。另一方面，尽快将气候变化背景下海洋生物多样性保护法治体系建设的中国方案法律化、制度化、权威化，向世界提供"海气生"威胁应对领域的"示范法"和样板工程。

全球气候变化加之渔业资源过度开发阻碍了渔业资源可持续目标的实现，应将气候变化纳入规划考量，通过渔业法规避免过度捕捞，辅以减缓气候变化措施，重建过度捕捞衰退的海洋生物种群，制定更具气候适应性的管理措施，以达到渔业可持续发展管理模式。针对海洋渔业，要深化拓展双边多边渔业合作，积极参与公海渔业执法管理，加大专属经济区特别是重点海域的护渔维权力度，查处侵渔活动，切实维护海洋权益，维护渔民生命财产安全，维护渔区社会稳定。

全球气候变化是指在较长时间内的气候变动，有其周期性和非周期性。全球气候变暖的总趋势毋庸置疑，但因极端气候频发等导致气候变化又有着不可预估的影响，因此应加强海洋生态安全影响预测和对策研究，制定气候变化风险管理方法和预防性措施，减少风险、降低气候变化的影响。

专栏1　海洋碳汇（蓝碳）

海洋碳汇也称蓝色碳汇或蓝碳，指通过海洋活动和其中动植物吸收大气中的二氧化碳，并将其固定、储存到海洋的过程、活动和机制。2009 年，这一概念由联合国环境规划署在

《蓝碳：健康海洋对碳的固定作用》报告中首次正式提出，明确了海洋在固碳增汇过程中的重要作用。目前，海洋碳汇已成为全世界减缓和适应气候变化的重要战略。海洋是地球上最大的碳库，储存了地球上约93%的二氧化碳。自18世纪以来，海洋固碳量可达化石燃料排放量的41%和人为排放量的28%左右，极大抵消了大气中二氧化碳的积累。与绿碳相比，蓝碳具有开发潜力大、固碳效率高、固碳效果持久等特点。地球上55%的生态固碳是由海洋生物完成的，海洋碳汇总量相当于陆地生态系统的20倍，单位海域生物固碳量是森林的10倍，对吸收大气二氧化碳、缓解全球气候变暖、支持生物多样性起到至关重要的作用，是生态碳汇的另一条重要路径。[①]

第三节　气候变化背景下的冻原生态系统安全

近年来，受全球气候变暖的影响，永冻层以及高山地区融化加剧，对冻原生态系统造成了较大破坏。冻原生态系统对气候变暖非常敏感，因此加强冻原生态系统保护研究迫在眉睫。现在，北美阿拉斯加和欧亚大陆北部的冻原，已经开始建设道路、机场、房屋，建立小规模农场和铺设油管等进行开发，这对冻原生态系统开始产生影响。低温也大大妨碍废弃物的降解和植被自然发生的演替过程。

一、冻原的概念和类型

冻原生态系统又称为苔原。这一名词来源于芬兰语 tunturi，意思是没有树木的丘陵地带，是寒带植被的代表。冻原生态系统是由极地、高纬度高山或高原成分的藓类、地衣、小灌木、矮灌木等多年生草本组成的生物群落及其周边环境组成的综合体。

冻原有两类，分布于北极平原地区的叫平地冻原或极地冻原；分布于山地顶部的叫山地冻原。山地冻原是平地冻原在山地的变型。[②]

二、冻原的形成与分布特征

冻原最早出现在东西伯利亚北部，这里受冰川覆盖的影响较小，生存着原始的北极植被。第四纪初期，冰期与间冰期不断交替，使北极大陆冰盖周期性地向南扩张和收缩，冻原生物也持续向南迁移。在这个过程中，有些物种顽强地生存了下来，并与高山上迁移下来的物种结合；有些物种则被自然淘汰，彻底消失。等到冰川退却时，某些幸存的物种将会北移；另外一些则会退到山上，存活下来，成为山地冻原的组成部分。值得注意的是，冻原带北部的形成时间比整个冻原带还晚。这是因为北部地区长期被冰川覆盖，直到冰后期，冰川退缩后，才逐渐形成冻原带。

全球冻原主要分布于欧亚大陆北部和北美洲北部，位于最北的森林植被带和常年冰雪

---

① 朱静慧，高佳，余欣梅，等. 碳中和背景下我国生态碳汇发展形势及建议[J]. 内蒙古电力技术，2022，40（6）：1-8.

② 蒋高明. 冻原生态系统[J]. 绿色中国，2019（12）：72-75.

覆盖的北极地区之间。在南半球仅分布在马尔维纳斯群岛（英国称福克兰群岛）、南乔治亚群岛和南奥克尼群岛。

极地冻原分布于泰加林和北极寒漠之间，沿着欧亚大陆和北美的北部，环绕北冰洋构成一个宽广的冻原带。欧亚大陆西部受墨西哥暖流影响，所以该处冻原带很窄。随着大陆性自西向东的增强，冻原带的范围向南扩伸，特别在西西伯利亚和中西伯利亚伸展得更加偏南。在亚洲东北部和北美西北部，冻原带较窄，但在山区广泛发育山地冻原。北美东北部地势比较平坦，又受寒流影响，在此处冻原又向南延伸，最南可达北纬52°左右。在山地，冻原常出现于垂直带的上部，其顶部过渡到高山冰雪带。

我国仅有少量高山冻原，主要分布在长白山海拔2100m以上和阿尔泰山3000m以上的高山地带。长白山高山冻原生态系统以小灌木、藓类为主，植物组成为多瓣木占优势，其次为越橘、牛皮杜鹃和松毛翠等。此外，还伴生许多高山特有的矮小草本植物，如北方嵩草、高山龙胆等。阿尔泰山西北部冻原生态系统主要以藓类、地衣为优势种，这些藓类在高寒地带密集丛生，形成垫状群落。这种藓丛与多种多样的地衣群落构成高山苔原特有景色。[①]

三、冻原生境特点和物种组成

冻原生境冬季漫长且寒冷，夏季短暂，气温不超过10℃。

冻原土壤为冻土层。分为上下两个部分。冻土层上部是冬冻夏融的活动层，其厚度在0.7～1.6m。活动层对生物的活动和土壤的形成具有重要意义，具体表现为：植物根系得到伸展，吸取营养物质；动物在此挖掘洞穴；有机物得到积累和分解，供给分解者营养。冻土层下部是永冻层，永冻层是冻原生态系统最为独特的一个现象，是指土壤下面永久处于冻结状态的岩土层，深度从几十米到几百米不等，甚至达1000m。它的存在阻碍了地表水的渗透，易引起土壤沼泽化。[②]

冻原生态系统生物种类组成贫乏，群落结构简单。在长期对不利生态条件的适应过程中，形成了多种多样的生活型，它们的植物残体在土壤中炭化或泥炭化。冻原生物群落表现有如下特点。

（一）植物组成贫乏和群落结构简单

冻原植物种类的数目通常为100～200种。多是灌木和草本，无乔木。苔藓和地衣很发达，在某些地区为优势种。冻原植物没有一年生植物，通常为多年生植物，如矮桧、酸果蔓、喇叭茶等，这些常绿植物在春季能够很快进行光合作用，而不必花很多时间形成新叶。许多植物的营养器官在严寒中不受损伤，甚至在雪上生长和开花。

（二）适应冻原低温和大风的植被类型特征

藓类和地衣具有抗寒和抗干旱的生理生态习性，具有保护灌木和草本植物越冬芽的作用。北极辣根菜的花和果实在冬季可被冻结，春季气温上升，解冻后又继续发育。为适应

① 蒋高明．冻原生态系统[J]．绿色中国，2019（12）：72-75.
② 蒋高明．冻原生态系统[J]．绿色中国，2019（12）：72-75.

大风，有些植物矮生，紧贴地面，匍匐生长，如北极柳、网状柳等。有些是垫状型，如高山葶苈。这些是抵抗冻原大风，适应环境的重要特征。

（三）北极冻原生态系统的动物很少

北极地区的动物绝大部分是环极地分布的，主要有驯鹿、麝牛、北极熊、旅鼠等。植食性鸟类比较少，几乎没有爬行类和两栖类动物，昆虫种类少，但数量很多。因冬季严寒，大地雪封，土层冻结，只有一些动物在这里挖洞休眠和储藏食物；绝大多数动物，特别是鸟类，在严寒到来之前即行季节迁徙，到冻原带以外的地区，待第二年天暖再回来。[①]

四、冻原生态环境保护的必要性与面临的问题

生态环境条件的严酷性使冻原植物种类稀少，但分布面积大。冻原结构简单，对外界抗干扰能力差，特别是极地冻原，由于其物种组分单一、结构简单，其抵抗力稳定性很低，在遭到过度放牧、火灾等干扰后，恢复的时间十分漫长。气候寒冷，限制了农业的发展，使高山冻原形成和保存了一些特别适应于高山苔原环境和具有特殊经济价值的植物资源。有些还具有药用价值，如牛皮杜鹃、藏黄连和雪莲花等。除此之外，冻原植物根系或根茎是相互交织在一起的，起着涵养水源和保土作用。从冻原资源保护与利用的角度出发，建立苔原植物实验基地和培育原始材料圃很有必要。[②]

气候变暖，使冰川消融速度加快，寒带生物的生境遭到破坏，威胁生物种群的生存与发展。海豹是一种广泛分布于寒温带海洋中的鳍足类动物，在南极、北冰洋海域分布广泛。海豹对浮冰极其依赖，在极地生存的 10 种海豹中至少有 3 种几乎一生都生活在浮冰上。浮冰使海豹能与大型捕食者隔离开，为海豹生存和繁殖提供了相对安全的空间。而随着全球气候变暖，极地海冰面积正在大量减少，这使得海豹的栖息地被不断压缩。极地水域的本地种对于水温变化更为敏感。一般而言，寒带水域生物的生态幅比低温度水域的低 2～4 倍[③]。生物气候分室模型（bioclimate envelope models）预测：温度升高将使极地水域生物的生存空间大幅度缩小，同时，亚寒带型生物将大幅进入极地水域。气候变化将对生态环境谱带边缘的生物种类，特别是寒带物种的影响更大。世界自然基金会的最新报告认为：海冰或冰盖的加速融化，使海豹幼崽难以获得丰富食物，身体也无法长出足够厚实的脂肪层，当它们被迫在冰冷的海水中游泳时很可能会因营养不良、体温过低而夭折或被其他天敌捕食。

海豹的生存危机还会进一步传导至北极熊。海豹是北极熊的主要食物来源，冰川消融，也使生活在海冰上的北极熊的捕食范围大幅缩减，海豹数量的减少，也使它们面临食物极度匮乏的困境。2022 年 12 月，加拿大政府的一项最新调查发现，过去 40 年，来哈德逊湾觅食和繁殖的北极熊数量减少了 40%，幼熊无法获得食物和营养保障，雌熊因养育幼熊而面临更严峻的食物和生存危机，它们的大量集中死亡尤其令人担忧。2020 年 7 月，一项发表在《自然·气候变化》杂志上的研究指出，由于极地海冰消融，最早在 2040 年北极熊就

① 蒋高明．冻原生态系统[J]．绿色中国，2019（12）：72-75.

② 蒋高明．冻原生态系统[J]．绿色中国，2019（12）：72-75.

③ WILLIAM，CHEUNG WL．全球气候变化对海洋生物多样性影响的预测[J]．徐瑞永，译．中国渔业经济，2009，27（6）：85-93.

可能出现饥饿和繁殖失败，到 21 世纪末，北极熊可能会彻底灭绝。

多年冻土区有机碳储量占全球碳储量的一半以上，相当于植被和大气碳储量的总和。自 20 世纪 80 年代以来，多年冻土发生了前所未有的变暖，多年冻土以活动层增厚、变薄、冻土面积缩小、多年冻土体积减少或消失等多种方式普遍退化。冻土融化导致了二氧化碳和甲烷排放的增加，但全球范围内永久冻土碳排放的规模和趋势尚不清楚。在未来气候变暖的情景下，永久冻土的碳排放可能会缩小特定升温目标（例如 1.5℃）下的二氧化碳排放空间。[①]

五、中国冻原生态系统安全应对策略

生态环境的脆弱性与资源的珍贵特殊性，使开发与保护这两方面的任一举措都举足轻重，影响深远。因此在冻原的开发过程中，既要有宏观的规划，又要认识到冻原开发的长期性、艰巨性，以维护生态脆弱区的稳定性和资源的永续利用为前提，处理好近期的经济开发与长远的生态效益的关系，在保护中求开发，在稳定中求发展，把人类的智慧和现代技术审慎地、科学地运用于开发、保护生态的历史性工程中。

（一）保护植被

冻原植被种类稀少，没有树木，其他植物生长亦很矮小。植物根系或根茎是相互交织在一起的，起着涵养水源和保土作用，要发挥其优势。

（二）发掘物种基因资源

冻原气候严寒，特别是土壤的低温限制了农业发展。但高山苔原形成和保存了一些特别适应于高山苔原环境和具有特殊经济价值的植物种类，它们能忍受高寒，在极严酷的自然条件下顽强地生长繁衍，这种性状和品质是一般植物，特别是栽培植物所缺乏的。因此，要珍惜苔原生态系统带给人类的特殊服务，建立苔原植物试验基地并培育原始材料圃。

（三）合理开发利用苔原资源

调查冻原植物资源，分析苔原药用植物的化学成分、经济价值，进行合理开发利用。对一些药用资源，如牛皮杜鹃、箭药兔耳草（藏黄连）和雪莲花等应加以保护。

第四节　气候变化背景下的生物多样性

气候变化与生物多样性丧失是当前全球环境问题所面临的两大热点和难点，但长期以来，生物多样性丧失和气候变化问题一直被孤立地讨论和处理，甚至在《联合国生物多样性公约》和《联合国气候变化框架公约》等独立国际框架下也是如此。气候变化对生物多

① 丁金枝，汪涛，王玉阳，等. IPCC 第六次评估报告：多年冻土碳循环及其对气候变暖响应的新认识[J]. 中国科学通报（英文版），2022，67（13）：1322-1325.

样性的影响主要表现为会增加生物多样性丧失的风险。政府间气候变化专门委员会（IPCC）和政府间生物多样性和生态系统服务科学政策平台（IPBES）共同编写的报告指出，解决自然丧失问题在应对气候变化中具有重要作用。生物多样性丧失和气候变化这两大危机密不可分，鉴于气候变化和生物多样性之间的双向联系，需要加强《联合国气候变化框架公约》和《生物多样性公约》（CBD）两大机制间的互动与合作，形成复合治理气候变化和生物多样性危机的新路径。①

一、生物多样性的定义及现状

（一）生物多样性的定义

生物多样性是指生物及其拥有的基因和生存的环境共同构成的生态复合体及其生态关系、生态过程的总和。生物多样性涵盖了遗传、物种和生态系统三个层次。其中，遗传多样性指生物所携带的各种遗传信息的多样性；物种多样性指地球上动物、植物、微生物等生物种类的丰富程度；而生态系统多样性指生态系统的组成、功能及各种生态关系、生态过程的多样性。

生物多样性使地球充满生机，且关系人类福祉：一方面，生物多样性是人类经济社会赖以生存和发展的物质基础，它为人类提供了丰富多样的生产生活必需品、健康安全的生态环境和独特别致的景观文化，它是人民美好生活的重要组成部分，是国家生物安全、生态安全、粮食安全、资源安全的基石与保障；另一方面，随着人类社会的发展，生物多样性对于人类的价值有了相应的变化，从物质性的原材料和生态产品的提供，到非物质性生态服务功能的提供，从经济价值属性到其内在价值或存在价值属性。②

（二）气候变化背景下全球生物多样性的现状

气候变化破坏和改变了不少生物的生存环境，威胁它们种群的生存和发展，对地球生物多样性造成巨大威胁。政府间气候变化专门委员会（IPCC）最新报告指出，2011—2020年是有史以来最热的10年，全球平均温度比工业化前升高1.09℃，而全球变暖已经导致了14%的生物多样性丧失。

2019年5月，生物多样性和生态系统服务政府间科学政策平台（IPBES）发布的《生物多样性和生态系统服务全球评估报告》显示，在地球800万个物种中，有约100万个（约12.5%）因人类活动而遭受生存危机，濒临灭绝。③在自然生态系统中，不同物种间都建立了复杂的食物链关系，一个物种灭绝将直接影响食物链上的其他物种生存。这意味着随着物种灭绝数量的增加，未来物种灭绝速度也将越来越快。生物多样性的丧失严重破坏了生态系统的结构和服务功能，又进一步加剧了气候变化。但由于地球圈层间的强大连通性，双重危机通过级联作用不断加深对人类生存与发展的威胁，严重危及粮食、饮水、经济和

---

① 王夏晖，刘桂环，华妍妍，等．基于自然的解决方案：推动气候变化应对与生物多样性保护协同增效[J]．环境保护，2022，50（8）：24-27.

② 包存宽．新时代生物多样性治理的制度逻辑[J]．人民论坛・学术前沿，2022（4）：35-41.

③ 张品茹．气候变化与全球生物多样性[J]．生态经济，2023，39（2）：5-8.

生态安全，加剧了全球疫情蔓延、地缘政治紧张和社会冲突。因此，全球气候变化背景下的生物多样性保护是个非常迫切的问题。

二、气候变化对生物多样性的影响

气候是自然生态系统的基础因素，它的改变几乎会对地球所有生物的生存繁衍造成不同程度的影响。气候变化对生物多样性的影响是全方位的，包括对基因多样性、物种多样性和生态系统多样性的影响。气候变化对生物多样性的影响主要集中在以下四个方面。

（一）加速物种灭绝

加速物种灭绝是气候变化对地球生物多样性造成的最大危害。自 20 世纪 70 年代以来，由于温度上升、厄尔尼诺现象加剧、降水不规律等气候原因，使南美洲哥斯达黎加雨林失去了至少 21 种蛙类。2016 年 12 月，一项发表在《公共科学图书馆 • 生物学》期刊上的学术研究表明：气候变化已经导致数百个物种在局地范围内灭绝，在全球变暖趋势下，这种局地物种灭绝只会愈演愈烈。目前，正式被官方确认因气候变化而灭绝的哺乳动物是珊瑚裸尾鼠，不断上升的海平面和汹涌的风暴潮侵蚀了它们的家园，这种很多人并未听闻的生物永远停留在了公元 2019 年 2 月。2020 年 2 月发表在《美国国家科学院院刊》上的一项研究预测，到 2070 年全球可能会有近一半的物种因气候变化而走向灭绝。

2022 年 3 月，来自布朗大学、杜克大学的科研人员通过对物种 DNA 进化图谱进行建模分析，发现当前物种灭绝速度为每一百万种每年灭绝一百种，这一速度比人类进入历史舞台前快了 1000 倍。[①]IPBES 发布的《生物多样性和生态系统服务全球评估报告》显示，全球变暖的形势如果得不到根本缓解，在 21 世纪内气候变化将超越其他影响因子而成为导致生物多样性丧失的最大驱动因素，特别是全球升温幅度达到 2℃时导致的全球生物多样性锐减数量将是升温 1.5℃时的两倍。

（二）改变了物种分布范围

气候变暖，导致部分物种的栖息环境发生改变，这将最终影响物种的分布范围。

在对植物的影响方面，气温升高会导致适应于寒冷气候的森林类型向更寒冷的北方迁移，冻原中草本和地衣植物丰富度也会发生改变等；荒漠植被的地理分布会因温度升高而发生改变，长期干旱也会导致荒漠植物的大面积死亡。

在对动物的影响方面，北美埃迪斯斑蝶每年在美国加利福尼亚北部和加拿大之间度过夏季，而后向南迁徙至墨西哥越冬。但随着气候变暖，目前这种蝴蝶的分布区域已经向北移动了约 200km。同样由于温度上升，原本喜欢温凉气候的洛基山蝾螈已经沿山体向高处迁徙了 100～200m。2009 年，中国环境科学院以我国 83 种珍稀动植物为研究对象，分析它们在气候变化背景下分布格局的变化，研究发现有 31%的物种向高海拔、高纬度地区迁移，21%的物种分布区出现破碎化，16%的物种分布范围向中心缩小，剩余 24%的物种部分范围也在向其他地区发生转移。2022 年 7 月，《科学美国人》杂志报道的一项研究称：

① 张品茹．气候变化与全球生物多样性[J]．生态经济，2023，39（2）：5-8.

在全球变暖背景下，陆地动物正以平均每 10 年约 17km 的速度向极地移动，而海洋动物的“最前线”正以每 10 年 72km 的速度向极地移动。[①]

（三）影响物种基因多样性

在气候变暖趋势下，一些物种虽未消失，但其适应寒冷或特定环境的特征种群可能会遭受生存危机，使部分遗传基因无法延续，最终导致物种遗传多样性丧失。早在 2006 年，美国《科学》杂志就曾发表文章称气候变化会对动物习性的影响将进一步反映到遗传基因上，进而改变它们的进化方向。直接的证据来自候鸟的体型和翼展变化。2020 年 1 月发表在《生态学快报》上的一项研究发现：气候变化使鸟类的身体越来越小，但翼展却越来越长。美国密歇根大学的研究人员对北美 52 种候鸟标本的体型进行了 40 年的对比分析，发现 40 年间鸟类的平均体重下降了 2.6%，跗趾长度缩短了 2.4%。翅膀长度也有明显增加。澳大利亚迪肯大学的另一项研究也发现在孵卵期，雌性斑胸草雀能通过叫声将环境温度过高的信息传达给胚胎，改变胚胎生理状态，导致幼鸟孵化后在生长期间平均体型更小。这从生理可塑性的角度解释了气候变化导致鸟类体型变小的原因。[②]

（四）影响物种相互关系

在漫长的生物进化史上，不少物种与其他物种建立了复杂的互利、共生关系。一些共生、寄生以及食物链上的物种，由于对温度的敏感性不同，一旦气候变化对其中一个物种造成影响，就可能导致它们长期进化建立起来的物种关系走向错乱和破裂。珊瑚虫与虫黄藻的共生关系破裂，进而造成珊瑚白化和死亡，是气候变化对物种相互关系影响的一个典型案例。2019 年 7 月，《公共科学图书馆·综合》发表的一项研究发现，气候变暖导致欧洲白头翁花这种春季最早开花植物的花期进一步提前。在开花季节，其主要授粉者欧洲果园蜜蜂和红色梅森蜜蜂，却并未因温度升高而提前孵化，这导致白头翁花授粉量不断降低，种群面临繁殖和生存危机。[③]

三、生物多样性影响气候变化的机制与协调效应

气候变化威胁生物多样性，与此同时，生物多样性的改变，也负向反馈到了气候变化上，进一步加剧了全球气候变暖。

众所周知，绿色植物能借助阳光，将二氧化碳和水转化为有机质和氧气，对维持大气碳氧平衡意义重大。植物的这种固碳能力在人们应对全球气候变暖过程中发挥着重要作用，不少国家和地区也都采用了“减排”加“增绿”两种方式来控制区域碳排放。这意味着，当绿色植物遭到破坏后，通过降低生态系统碳汇能力，全球气候变暖就可能进一步加剧。

2021 年全球红树林联盟发布的《全球红树林状况》报告显示：目前，全球红树林储存的碳相当于 210 亿 t 以上的二氧化碳，为减缓气候变化发挥了不可替代的作用。如果红树

---

① 张品茹．气候变化与全球生物多样性[J]．生态经济，2023，39（2）：5-8.

② 张品茹．气候变化与全球生物多样性[J]．生态经济，2023，39（2）：5-8.

③ 张品茹．气候变化与全球生物多样性[J]．生态经济，2023，39（2）：5-8.

林生态系统遭到破坏，这些碳就将重新释放回大气，加剧气候变暖。然而，近40年来，全球的红树林规模已消退了35%，其消失速度甚至超过热带雨林，这也意味着红树林吸碳固碳、抵抗气候变化的能力也在不断减弱。①

鉴于两者间这种相辅相成的关系，未来，人们要应对气候变化和生物多样性丧失这两大危机，因此必须从系统论角度出发，将节能减排、保护生物多样性两大目标统一起来，共同推进，协同治理。在协同效应方面，诸多研究深入揭示了二者协同增效的根源是生态系统及其服务功能的提升：一方面，通过提升生态系统固碳能力，减缓和适应气候变化；另一方面，通过提高生态系统稳定性和质量，实现生物多样性保护。也有学者基于成本效益经济学的视角，认为二者协同可以实现投入成本最小化、环境治理效益最大化。

四、国际社会应对气候变化和保护生物多样性协同策略与实践

气候变化与生物多样性丧失是当前全球环境问题所面临的两大热点和难点，二者协同推进的必要性和重要性也在全球范围内形成广泛共识。

基于自然的解决方案（Nature-based Solutions，NbS）是进入21世纪后国际社会提出的新概念。世界自然保护联盟（IUCN）于2016年首次将NbS定义为“保护、可持续管理和恢复自然的和被改变的生态系统的行动，能有效和适应性地应对社会挑战，同时提供人类福祉和生物多样性效益”。因其坚持的系统性、完整性、多元性、经济可行性、包容性等准则，成为应对气候变化与生物多样性保护协同增效的重要纽带和桥梁。②

NbS在应对和减缓气候变化中可发挥重要作用。联合国环境规划署（UNEP）与IUCN于2021年共同发布的《基于自然的气候变化减缓解决方案》报告，评估了NbS对于减缓气候变化的贡献及其所涉及的行动类型，探讨了社会和环境保障措施的重要性、如何为NbS融资以及审慎地发挥“抵消”作用等问题。NbS是减缓措施的重要组成部分。预计到2030年，在所有生态系统中实施的NbS每年至少可减少和清除50亿t二氧化碳当量，每年最多可达117亿t二氧化碳当量。到2050年，每年的减少量和清除量将上升至100亿～180亿t二氧化碳当量；不同生态系统需要不同的方式来平衡保护、管理和恢复行动。在NbS减缓气候变化的贡献中，约有62%来自森林，24%来自草原和农田，10%来自泥炭地，4%来自沿海和海洋生态系统。

各国在应对气候危机的努力中，越来越重视采用基于自然的解决方案。世界自然基金会（WWF）2021年发布的一份评估报告显示，105个国家在国家自主贡献（NDC）中纳入了NbS相关内容，比5年前增加了11个，其中96个国家在减缓措施下提及NbS，91个国家在适应计划下提及NbS，82个国家在减缓和适应方面均有提及NbS，表明大部分国家注重利用自然的力量减少温室气体排放以及适应气候变化影响。在96个将NbS纳入减缓措施的国家中，69个国家提出了明确的量化目标，主要针对林业部门，比5年前增加了21个国家。

---

① 张品茹．气候变化与全球生物多样性[J]．生态经济，2023，39（2）：5-8.

② 王夏晖，刘桂环，华妍妍，等．基于自然的解决方案：推动气候变化应对与生物多样性保护协同增效[J]．环境保护，2022，50（8）：24-27.

2021 年 11 月 13 日，《联合国气候变化框架公约》第二十六次缔约方大会（COP26）落幕，大会达成《格拉斯哥气候公约》。其中，减缓部分指出“强调保护修复自然和生态系统对实现《巴黎协定》温控目标的重要性，包括森林和其他陆地以及海洋生态系统在作为碳库的同时，应保护生物多样性，维持社会和环境安全”。

2022 年 3 月 2 日，在肯尼亚首都内罗毕召开的第五届联合国环境大会第二阶段会议，通过了由欧盟提交的《关于支持可持续发展的基于自然的解决方案的决议》，其中将 NbS 定义为“采取行动保护、可持续管理和恢复天然或经过改造的生态系统，有效和适应性地应对社会挑战，同时对人类福祉、生态系统复原力和生物多样性产生惠益”。决议认可 NbS 具有成本效益，可为气候变化和生物多样性丧失等相互关联的全球危机提供解决方案，同时遵循社会和环境保障。决议着重指出“需要加强对 NbS（包括陆地和海洋）的理解并加紧实施这些方案”。[①]

五、中国协同推进中的举措与进程

生物多样性是良好生态环境的基础，也是良好生态环境的体现与标志。我国是生物多样性丰富又独特的大国，有效保护生物多样性，对我国环境的改善、社会的和谐、经济的可持续发展具有极其重要的意义。

我国历来高度重视生物多样性保护工作：成立了生物多样性保护国家委员会，制定实施《中国生物多样性保护战略与行动计划》（2011—2030 年），划定生态保护红线，建立以国家公园为主体的自然保护地体系，实施生物多样性保护重大工程，有效保护了野生动植物种群及其栖息地安全。[②]截至 2021 年 10 月，我国自然保护地约占国土面积 18%，有效保护了 90%的陆地生态系统类型、85%的野生动物种群类型和 65%的高等植物群落类型。

我国作为最大的发展中国家，实现新的二氧化碳排放达峰目标与碳中和愿景面临巨大压力，加强应对气候变化与生物多样性保护统筹融合，是解决气候变化与生物多样性丧失“双重危机”的关键。NbS 倡导生态文明理念，依靠自然的力量应对全球环境挑战，聚焦减缓和适应气候变化、保护生物多样性等目标，推动绿色低碳发展，对世界各国都具有重要的借鉴意义。我国生态保护红线制度被全球认为是推进二者协同的创新实践探索，将濒危物种及其栖息地纳入保护范围，同时通过改善生态系统质量和稳定性以实现应对气候变化与保护生物多样性协同。

当前，我国实践中二者协同的空间范围覆盖不足，亟需将生物多样性保护纳入双碳“1+N”政策体系，注重将基于自然的解决方案融入城镇化、乡村振兴等重大国家发展战略，鼓励引导绿色金融、数字科技和科技创新作为推动二者协同发展的新动力，成为支持二者协同的重点领域，提高公众认知和社会参与，以推进二者协同并助力我国成为全球生态治理的重要参与者、贡献者和引领者。加快制定 NbS 中国标准，以整体系统观念保护修复生态系统，助力我国开展山水林田湖草沙系统治理，以更大力度推进应对气候变化和保护生

① 王燕琴，李茗，赵丹，等．基于自然的解决方案能解决什么？[N]．中国绿色时报，2022-12-13（3）．

② 寇江泽．共建万物和谐的美丽家园[EB/OL]．http://opinion.people.com.cn/n1/2021/0222/c1003-32033263.html，2021-02-22．

物多样性工作，为共建清洁美丽世界贡献中国智慧和中国力量。①

专栏 2 昆明宣言

2021 年 11 月，《生物多样性公约》第十五次缔约方大会（COP15）领导人峰会在昆明举行，大会通过的《昆明宣言》是联合国多边环境协定框架下首个体现生态文明理念的政治文件，为全球保护生物多样性注入政治推动力。《昆明宣言》承诺加快并加强制定、更新本国生物多样性保护战略与行动计划；优化和建立有效的保护地体系；积极完善全球环境法律框架；增加为发展中国家提供实施“2020 年后全球生物多样性框架”所需的资金、技术和能力建设支持；进一步加强与《联合国气候变化框架公约》等现有多边环境协定的合作与协调行动，以推动陆地、淡水和海洋生物多样性的保护和恢复。《昆明宣言》承诺，确保制定、通过和实施一个有效的“2020 年后全球生物多样性框架”，以扭转当前生物多样性丧失趋势，并确保最迟在 2030 年使生物多样性走上恢复之路，进而全面实现“人与自然和谐共生”的 2050 年愿景。《昆明宣言》采用了“基于生态系统的方法”这一术语，在脚注中说明“基于生态系统的方法”又称“基于自然的解决方案（NbS）”。

第五节 总体国家安全观背景下的生物安全

“生物安全”作为一类问题，与人类相伴相生已有数千年的历史。公元前 430—公元前 427 年雅典城瘟疫、1347—1351 年欧洲的黑死病（鼠疫）等大规模传染病，不仅可以塑造一个国家的内部结构，也能影响世界的格局。即便瘟疫是影响人类历史进程和文明发展的基本因素之一，但现代意义上生物安全的概念并非源于瘟疫，而是生物技术发展的产物。外来物种入侵对国家生态环境的巨大破坏、新发传染性疾病扩散给人民群众造成的生命和财产损失、生物恐怖主义的持续存在，都表明人类所面临的生物安全形势严峻，生物安全在全世界已经受到越来越多的关注。②

一、我国总体国家安全观的形成及国家安全的定义

（一）我国总体国家安全观的形成与内涵

在我国，“国家安全”一词于 1983 年在第六届人大一次会议中首次提出，依当时面临的国内外形势，主要着力于反间谍的传统安全领域。此后经历了 20 世纪 90 年代后期到 21 世纪初的国家安全认识过渡时期，中国对国家安全内涵范围的认知变得具有整体性和多样化特征。2014 年 4 月 15 日，习近平总书记在中央国家安全委员会第一次会议上创造性提

① 王夏晖，刘桂环，华妍妍，等. 基于自然的解决方案：推动气候变化应对与生物多样性保护协同增效[J]. 环境保护，2022，50（8）：24-27.

② 刘万侠，曹先玉. 国家总体安全视角下的生物安全[J]. 世界知识，2020（10）：14-17.

出总体国家安全观，由此，提出了涵盖11种安全要素的国家安全体系，完善了我国历史上国家安全思想的空缺，并将总体国家安全观写入党的十九大报告，使我国的国家安全体系拥有了全面性、整体性、系统性、时代性、辩证性等特征。2015年7月1日颁布并正式施行的《中华人民共和国国家安全法》提出维护"太空安全""深海安全""极地安全"和"海外安全"的国家安全任务。2020年2月14日召开的中央全面深化改革委员会第十二次会议上，习近平总书记从保护人民健康、保障国家安全、维护国家长治久安的高度提出把生物安全纳入国家安全体系，系统规划国家生物安全风险防控和治理体系建设，要尽快推动出台生物安全法。2021年4月颁布的《中华人民共和国生物安全法》明确指出"生物安全是国家安全的重要组成部分。维护生物安全应当贯彻总体国家安全观"。至此，我国总体国家安全体系扩增至16种。①将生物安全纳入国家安全体系，强调了总体国家安全观的开放性、创新性、时代性。总体国家安全观成为新形势下维护和塑造中国特色国家安全的行动指南，推动国家安全制度体系和工作机制建设取得突破性进展。

（二）总体国家安全观的定义与内涵

我国颁布的《中华人民共和国国家安全法》将国家安全定义为："国家安全是指国家政权、主权统一和领土完整、人民福祉、经济社会可持续发展和国家其他重大利益相对处于没有危险和不受内外威胁的状态，以及保障持续安全状态的能力。"如果说"国家安全"概念指向的是以国家为主体限定的主客观相统一的没有危险的状态，那么国家安全观就是不同主体对国家安全的现实反应。有的学者提出"国家安全观是指国家的执政者、参政者等对国家安全的认识、观点，它包括执政者、参政者等对国家所处的安全环境和威胁的评估、判断，以及选择维护国家安全利益的策略和手段。"总体国家安全观涵盖政治、军事、国土、经济、金融、文化、社会、科技、网络、粮食、生态、资源、核、海外利益、太空、深海、极地、生物、人工智能、数据等诸多领域。正如习近平总书记所指出的，坚持总体国家安全观"必须以人民安全为宗旨，以政治安全为根本，以经济安全为基础，以军事、文化、社会安全为保障，以促进国际安全为依托，走出一条中国特色国家安全道路。"为我国总体国家安全观建立了五位一体的体系架构。②

国家安全观的行为主体有五个层次，即个人、组织、国家、国际、全球。传统安全观的行为主体一般为国家，如军事安全、政治安全、国土安全；从来源看与传统国家安全观相比，生物安全威胁的主体一般不是来自某个主权国家，而是来自非国家行为体，如个人、组织或集团等。③国家安全是人民安全的前提保障，人民安全是国家安全的价值旨归。因此，维护我国生物安全必须坚持以总体国家安全观为指导，统筹发展和安全，统筹开放和安全，统筹传统安全和非传统安全，统筹自身安全和共同安全，统筹维护国家安全和塑造国家安全。

二、生物安全的定义与特征

20世纪70年代，脱氧核糖核酸（DNA）重组技术取得重大突破，标志着现代生物技

---

① 石云帆．习近平总体国家安全观的生成逻辑研究[D]．兰州：西北师范大学，2022．

② 万鹏，秦华．深入把握总体国家安全观[EB/OL]．http://theory.people.com.cn/n1/2021/1122/c148980-32288411.html，2021-11-22．

③ 石云帆．习近平总体国家安全观的生成逻辑研究[D]．兰州：西北师范大学，2022．

术进入了全新的基因工程时代，引发国际社会对生物技术安全性的担忧。在此背景下，一些国家和国际组织开始通过法规规范生物技术的开发和应用。1976年，美国国立卫生研究院（NIH）发布《重组DNA分子研究准则》，标志着世界上第一个生物安全法规出台。随后，德国、法国、日本、澳大利亚等国，以及经济合作与发展组织（OECD）、欧盟等国际组织，也制定了相关准则。1985年，联合国环境规划署（UNEP）、世界卫生组织（WHO）、联合国工业发展组织（UNIDO）、联合国粮农组织（FAO）共同成立特设工作小组，专门研究生物安全问题。1992年联合国环境与发展大会通过了《21世纪议程》和《生物多样性公约》两份纲领性文件，围绕生物安全的立法由此提上联合国日程。从1994年起，联合国启动《卡塔赫纳生物安全议定书》起草工作。议定书于2000年5月完成并开放签署，这标志着生物安全成为国际社会的共同关切。我国政府于2005年核准议定书并成为缔约方。①

（一）生物安全概念的内涵与外延

关于生物安全的内涵，目前还没有统一的权威界定。不少学者从广义和狭义的角度定义生物安全：狭义的生物安全一般指生物技术安全及生物产品安全；广义的生物安全，包括生物技术安全、生物生境安全、生物物种安全、生物产品安全。前者如刘万侠、曹先玉提出：生物安全是指由自然界生物、人类活动特别是现代生物技术研发应用引发的问题领域，及针对相关问题所采取的一系列有效预防和控制措施。②后者如谭万忠、彭于发认为：生物安全是指人类和对人类有益的生物保持正常健康生长和繁殖，它们的生产和生活等活动不受有害生物和非生物的因子的干扰和破坏。生物安全涉及人类所有有益生物的安全，如转基因生物安全问题、食品安全问题、生物入侵问题、农药与环境安全问题等重要生物安全领域。③在非传统视角下，从政治学视角提出，所谓生物安全问题是指与生物有关的因子对国家社会、经济、公共健康与生态环境所产生的危害或潜在风险。生物安全问题是国家安全问题的重要组成部分。④

2021年4月15日宣布实行的《中华人民共和国生物安全法》（以下简称《生物安全法》）对生物安全的定义进行了概括，即国家可以科学预防和解决生物风险源或其他相关生物因素的威胁，促进生物技术的平稳健康发展，人们的生命安全和生态环境处在无风险和无威胁的状态，生物领域有保护国家安全不受威胁并可持续发展的能力。生物安全关注的不仅仅是生物本身的安全，而且关涉经济安全、社会安全、政治安全、生态环境安全、军事安全等多个方面的“全局性”国家安全问题。生物安全作为一种非传统安全，与国家整体安全密不可分。生物安全不仅保护人类，同时保护整个地球的生物免遭伤害。⑤

（二）新时代下生物安全的特征

进入21世纪，形势的不断发展促使生物安全的现实内涵发生深刻变化。重大疫病等生物安全威胁自古有之，但在安全目标追求和安全实现机制上都与传统安全有着重大区别，

---

① 杨熙琳．全球生物安全治理的中国路径探索[D]．长春：吉林大学，2022.

② 刘万侠，曹先玉．国家总体安全视角下的生物安全[J]．世界知识，2020（10）：14-17.

③ 谭万忠，彭于发．生物安全学导论[M]．北京：科学出版社，2015：1.

④ 包仕国．非传统安全视野下的生物安全[J]．学理论，2020（12）：13-14.

⑤ 孙茜．国家生物安全风险防控和治理体系的完善研究[J]．江苏科技信息，2022，39（31）：64-67.

凸显了如下非传统安全的特点。

（1）主体的非国家性。从来源看，与传统国家安全观相比，生物安全威胁的主体一般不是来自某个主权国家，而是来自非国家行为体，如个人、组织或集团等。例如，新型冠状病毒疫情基本被确定为自然病毒，而非人为蓄意制造，但肯定与人类不良的生活方式及滥捕野生动物有关。

（2）认识的滞后性。一项生物技术或生物病毒形成后，对人类健康、生态环境和社会生活产生怎样的影响和结果，由于受当时科技水平的限制，往往不易被人们很快认识，只有经过一段时间的观察、研究，人们才能弄清这种生物威胁产生的根源以及疫病治疗方案、根治的药物。

（3）高难度防扩散性。现代医学及分子生物学的相关研究已经清楚表明，当病毒进行跨生物传播时，其基因会发生突变，从而产生新的病毒。难以防控的原因还在于病毒的潜伏期较长，如“非典”的潜伏期为2～4天，最长的可以达到17天；新型冠状病毒的潜伏期一般是3～7天，长的可以达到14天，最长可达到24天。生物病毒既看不见，又摸不着，防不胜防，人类与病毒之间的战争是一场没有硝烟的战争。

（4）威胁的外源性。在全球化背景下，传染疾病传播更快更广、影响更大。以2020年新型冠状病毒为例，其在不到三个月的时间内蔓延至全球200多个国家和地区，导致全球经济陷入衰退。可见生物安全威胁具有明显的外源性特征，即不是某一个国家存在这种生物安全威胁，而是这种威胁会蔓延到其他国家乃至全世界；不是对某一个国家的安全产生威胁，而是对其他国家的安全甚至世界安全构成危害。

（5）影响的连带性。生物安全影响的不仅仅是生物安全本身，还会影响到国家的政治安全、经济安全、军事安全、社会生活，以及个人身心健康乃至生命安全等。重大传染病、重大食品安全事故、生物恐怖、生物实验室泄漏等给人们带来心理恐慌的同时，也增加了政府各方面的压力，如果政府没有有效应对，人们将会对政府产生信任危机。[①]

近年来，生物科技领域逐渐成为大国战略竞争的新边疆、新高地，生物安全由原来的非传统安全问题向传统安全领域拓展。各主要国家纷纷将生物安全纳入国家安全战略，从国防和军事角度积极抢占战略制高点。美国早在2012年即出台《国家生物经济蓝图》，明确将支持“以奠定21世纪生物经济基础”作为科技预算的优先重点。德国2013年出台了“国家生物经济战略”，提出通过大力发展生物经济，实现经济社会转型，提高德国在经济和科研领域的全球竞争力。俄罗斯、印度、韩国、日本等国也纷纷出台了相关政策。我国也将生物科技作为战略性新兴产业的主攻方向，并取得了重大进步。

三、中国生物安全问题的主要表现

生物安全风险的来源，除了传统的自然因素所引起的生物灾害，如重大新发突发传染病、动植物疫情、外来物种入侵，还包括因人类对现代生物技术的开发（转基因）和应用所产生的负面影响，即微生物耐药性、病原微生物实验室安全、人类遗传与生物资源安全以及生物武器威胁等。我国的生物安全问题主要表现在以下几个方面。

① 包仕国．非传统安全视野下的生物安全[J]．学理论，2020（12）：13-14．

（一）原生物种灭绝或流失趋势没有得到有效遏制

有害物种入侵是物种灭绝的主要原因之一。在世界自然保护联盟（IUCN）红色名录中，被列为已灭绝的 153 种植物中有 39 种与外来物种入侵有关，在已灭绝的 782 种动物中有 261 种与外来物种入侵有关。中国生态系统就面临外来物种入侵的严重威胁，已确认有 544 种外来入侵生物，其中大面积发生、危害严重的达 100 多种。

此外，掠夺式的原生生物资源过度利用，如非法盗采海南黄花梨、售卖东北野生杜鹃花枝条等，也导致我国诸多原生物种锐减或面临灭绝。[①]

（二）生物遗传资源流失严重，农作物遗传多样性正在逐渐丧失

世界农业种子市场上种子产品均来自遗传资源，制药产品的 25%～50%来自遗传资源。在漫长的历史发展与农耕文化中，我国积累了丰富的原生生物遗传资源和种子资源。一段时期以来，这些资源通过境外组织以合作身份诱使我国提供、部分研究者以旅游为名偷窃、合法贸易和邮寄中夹带、边境走私等途径，大量流入国际市场，造成我国生物遗传资源和种子资源严重流失。

与此同时，高产新品种的大面积使用，导致传统原生农作物品种被忽视、挤压甚至淘汰，我国农作物遗传多样性正在逐渐消失。高产防虫新作物品种的推广是农作物遗传多样性丧失的主要原因之一。

（三）植物检疫实验室存在生物安全隐患

随着人类活动与社会经济发展，我国生物安全面临的风险和挑战更为复杂，采用有效制度措施保障生物安全势在必行。

相对于医学类、动物检疫类实验室，我国植物检疫实验室安全设施整体落后于发达国家，生物安全标准化工作亦相对滞后。而植物检疫实验室检测或研究的危险性有害生物，一旦发生向外传播、逃逸或扩散等现象，就会对农林业生产及生态环境产生严重危害，对生物安全构成威胁。[②]

（四）转基因生物对人类影响的风险及技术的违法使用隐患

转基因生物对人类的影响，主要是指转基因食品对人类健康的影响。就目前来看，转基因食品对人体是否有副作用，还没办法确定。

虽然近年来科学技术特别是生物技术得到了迅猛的发展，但是在生物基因活动方式方面，人类并没有了解得十分透彻，因此还没有十足的把握控制转基因生物基因调整后的后果：外源基因在受体中的表达是否会失控而产生某些有毒物质，从而造成中毒反应；基因的转移有可能产生新的蛋白质，诱发某些人的过敏反应，使人体的免疫系统无法准确识别自己和非己成分，免疫系统发生紊乱，从而对其健康乃至生存产生影响。[③]

---

① 王伟．环境生物安全的法治化应对[J]．农业环境科学学报，2022，41（12）：2642-2647.

② 王伟．环境生物安全的法治化应对[J]．农业环境科学学报，2022，41（12）：2642-2647.

③ 沈玲．转基因生物及其生物安全性思考[J]．科学中国人，2017（15）：176.

（五）病原微生物的传播

根据报道，在新型冠状病毒疫情期间，很多国和地区在废水中检出新型冠状病毒。国内研究团队从患者的粪便样本中分离出了新型冠状病毒，所以该病毒可能存在粪口传播的风险。医疗机构废水中含有病原微生物的概率很大，如果没有污水处理设施或者消毒不完全，则会成为严重的安全隐患。

此外，医疗机构和疫情隔离点产生的固体废物，受到病原微生物污染的土壤和沉积物，医院和有疫情的居民小区、垃圾收集转运处理设施附近的环境空气，以及垃圾焚烧设施排放的无组织废气中都可能存在病原微生物。①

四、总体国家安全观背景下生物安全风险防控和治理对策

（一）完善法律法规体系，落实政策保障和监督作用

（1）围绕《中华人民共和国生物安全法》，从国家安全、应急管理、公共卫生等角度出台新法、修订旧法，认真评估、修改现有刑法、民法等法律法规相关内容，加快各类实施细则的制定颁布步伐，形成完善的生物安全防御法律法规体系。

（2）政府部门可以通过配套措施的健全和法规的有效实施等手段，为生物安全风险防控与治理提供依据。

（二）建立健全统一领导、分级管理的生物防御体制

（1）推动生物安全领域的体制机制改革，打通条块分割的生物安全管理格局，以建立中央生物安全防御战略委员会为契机，形成统一领导、上下贯通、协调配合、顺畅高效的生物安全防控管理体系，以应对重大卫生公共事件。

（2）完善分级管理体制，各层级均应健全生物防御部门，坚持属地化管理，细化落实责任，增强本级防御能力，应适当给地方防御部门分权，以增强防御积极性和主动性。

（3）对各个责任主体以及相关部门所肩负的责任和权力进行明确，不断提升团结协作默契，在风险防控和治理期阶段建立一个依靠国家领导、全员参与的协同治理模式，借助管理立法的手段，做到责任细分与责任落实。②

（三）建立全方位的生物安全应急管理网络

（1）完善突发重大公共卫生事件的应急预案和应急管理机制。

（2）建设生物安全大数据监测信息平台，开展生物安全隐患的监测、识别和排查，确保全国传染病与突发公共卫生事件监测信息系统的预警响应机制和联防联控机制的科学规范运行。

---

① 王迎春，刘景泰，孙沛雯，等. 生态环境监测全过程病原微生物安全风险识别评估及个体防护[J]. 中国环境监测，2022，38（3）：11-17.

② 孙茜. 国家生物安全风险防控和治理体系的完善研究[J]. 江苏科技信息，2022，39（31）：64-67.

（四）优化科研技术环境，提升生物监测水平

（1）增加科学研究基本建设的资金投入，加速完成试验室在各省市的建立，推动实验室的基本建设和应用。

（2）提升处置生物安全能力的专业化，加速融合生命科学、生物技术、医药卫生等体系，以国家发展战略为具体指导，合理布局一批跨专业协作、高科技的成果转化平台，使之能够提供经得住考验、扛得起压力、打得赢硬仗的关键支撑。

（3）加强新一代计算机技术在生物安全治理中的融合应用，提升我国生物监测技术水平，利用现代信息科技手段对生物安全风险开展即时、持续性检测，为生物安全事件风险预警提供科技支撑。①

本章小结

气候变化是目前国际上普遍关注的社会问题之一。气候变化将加速大气环流和水文循环过程，导致全球变暖及降雨量和降雨时空分布发生的变化，从而引发或恶化一系列水安全问题。气候变化对水安全的影响，主要表现在水资源安全、水环境安全、水生态安全、水工程安全、供水安全五个方面。为应对气候变化背景下的水安全问题，主要可从阻止或延缓气候变化和提高人类自身应对水安全问题的能力两方面入手。

气候变化是危害海洋生物多样性最显著、最主要的原因，其表现形式主要包括：海水水温上升、海水化学属性变化、海平面上升、出现反常的天气事件、气温升高等。强化海洋生态安全需要全社会的观念转型。

受全球气候变暖的影响，永冻层以及高山地区融化加剧，冻原生态系统面临受破坏风险。此外，冻土融化还可导致二氧化碳和甲烷排放的增加。冻原生态环境条件的严酷性，更凸显了生态环境的脆弱性与资源的珍贵。

气候变化破坏和改变了不少生物的生存环境，威胁它们种群的生存和发展，对地球生物多样性造成巨大威胁。基于自然的解决方案（NbS）因其坚持的系统性、完整性、多元性、经济可行性、包容性等准则，成为21世纪应对气候变化与生物多样性保护协同增效的重要纽带和桥梁。

2014年4月15日，习近平总书记创造性地提出总体国家安全观。2020年2月14日，习近平总书记提出把生物安全纳入国家安全体系。2021年4月《中华人民共和国生物安全法》的颁布，标志着生物安全已纳入我国总体国家安全体系。1992年联合国环境与发展大会通过《生物多样性公约》；1994年联合国启动《卡塔赫纳生物安全议定书》的起草工作，于2000年5月完成并开放签署，标志着生物安全成为国际社会共同关切的问题。新时代下生物安全的特征凸显了非传统安全的特点。当前，我国的生物安全问题主要表现为：原生物种灭绝或流失趋势没有得到有效遏制；生物遗传资源流失严重，农作物遗传多样性正在

---

① 王迎春，刘景泰，孙沛雯，等. 生态环境监测全过程病原微生物安全风险识别评估及个体防护[J]. 中国环境监测，2022，38（3）：11-17.

逐渐丧失；植物检疫实验室存在生物安全隐患；转基因技术的违法使用；病原微生物的传播等。因此，我国应与国际社会共同致力于生物安全风险防控和治理实践。

思考题

1．国际社会和我国应对水安全问题有哪些举措?
2．气候变化背景下海岛和沿海城市面临的压力与挑战有哪些?
3．气候变化背景下冻原生态系统面临哪些威胁?
4．如何认识气候变化与生物多样性的相互影响?
5．总体国家安全观背景下我国生物安全风险防控和治理对策有哪些?

国土空间背景下的生态安全

学习目标

✧ 掌握国土空间生态安全的科学内涵；
✧ 了解国土空间生态安全的评估方法；
✧ 熟悉国土空间生态安全的指标构建；
✧ 了解国土空间生态安全的保障机制。

导言

随着经济社会的快速发展和城市化进程的加快，人类活动对生态系统产生了强烈干扰，生态安全问题引起学界普遍关注。生态安全是指生态系统的健康和完整性，是人类生态环境保持稳定和可持续的状态。现代社会经济的快速发展和人口的增加加剧了人与土地的矛盾，人类社会活动对生态环境的压力越来越大。环境退化和生态破坏造成的生态环境灾难给人类敲响了警钟，海平面上升、臭氧层破坏、环境污染以及生物多样性急剧减少等问题引起了人类的高度关注。近年来，各国政府积极展开生态环境保护措施，加大对生态安全事业投入，努力贯彻可持续发展理念。2006 年，中国政府发起成立国际生态安全合作组织，通过与各国政党和组织、政府机构、科研部门以及国家智库等开展积极合作，推动生态文明建设，降低气候变化风险，保护自然环境，推动绿色治理，实现经济、环境和社会的可持续发展。目前，国内外相关研究主要围绕土地优化配置、绿色基础设施建设、生态网络及景观生态学等方面展开，对林业生态安全、土地生态安全、水生态安全等领域进行了较为详细的探讨。测度模型和方法种类较多，使用的灵活性也较大，但在安全等级分类、驱动力确定、评价体系系统化以及评价结果的科学验证等方面还存在很大的局限性，这主要是因为测度模型和方法的应用需要符合实际评价区域的生态特征。城市生态系统安全、农村生态系统安全与邻近海域生态系统安全作为生态系统安全的重要组成部分，应该对其进行分类评价，从而为国土空间规划中生态安全格局的构建提供进一步的参考和理论依据。

第一节　城市生态系统安全

一、城市生态系统安全的科学内涵

（一）城市生态系统安全的定义

城市生态系统是一个以人为主体的社会—经济—自然复合的生态系统，各子系统之间相互影响、相互制约。随着城市化进程的推进，城市用地不断蚕食自然、生态与农业用地，城市自然生态系统逐渐转化为半自然、半人工与人工生态系统。一方面，城市生态系统提供的服务不能满足城市居民日益增长的需求，导致城市生态系统服务供需失衡；另一方面，城市生态系统面对外界胁迫下的自我调节机制不断弱化，其结构、功能与过程的恢复弹性逐渐丧失，由此引发一系列城市生态安全问题[①]。

生态系统安全除了包含它自身的安全状态，还具有指向人类社会系统的服务功能，当这种服务功能指向人们生活的城市时，即为城市生态系统安全[②]。相较于城市生态安全，城市生态系统安全更倾向于以人为中心，经济发展和生态环境有机协调，系统内物质交换和能量流通保持动态平衡和良性发展[③]。城市生态系统在面对外界的威胁时，自我调节机制遭到破坏，其自身的系统结构和生态功能逐渐减弱，产生一系列城市生态系统安全问题，由此影响到人类生产生活和经济环境的可持续发展[④]。

基于生态系统服务和景观生态理论视角，城市生态系统安全是指通过对城市内部关键节点、斑块、廊道与生态网络的优化调控，保障城市生态系统服务供给—需求的动态平衡以及各种服务之间的协调共生，实现城市生态系统功能的可持续发展[⑤]。具体而言，城市生态安全的内涵主要体现在两个方面。

（1）城市内部与外部的生态平衡与协调[⑥]。主要有两方面的含义：第一，城市内部与外部的空间结构、自然环境、人类需求、人口构成与分布、社会经济活动方式和强度、基础设施有很大的差异性，生态系统服务和功能也不尽相同，因此构建生态安全格局须将两者分别考虑，并通过供需关系进行综合评价；第二，近几年，我国城镇化快速发展，要求我们需要在时间和空间尺度上，动态地考虑城镇化发展对生态系统服务供给和需求的影响，实现对生态系统服务供需的预测和模拟，进而构建可持续的生态安全格局，实现人类需求与生态系统的协调发展。

---

① 税伟，付银，林咏园，等．基于生态系统服务的城市生态安全评估、制图与模拟[J]．福州大学学报（自然科学版），2019，47（2）：143-152．

② 俞孔坚，王思思，李迪华，等．北京市生态安全格局及城市增长预景[J]．生态学报，2009，29（3）：1189-1204．

③ 秦趣，代稳，杨琴．基于熵权模糊综合评价法的城市生态系统安全研究[J]．西北师范大学学报（自然科学版），2014，50（2）：110-114．

④ 苏小霞，黎仁杰，吴静，等．城市生态系统安全评估研究进展与未来发展趋势[J]．测绘通报，2022（6）：25-31．

⑤ 景永才，陈利顶，孙然好．基于生态系统服务供需的城市群生态安全格局构建框架[J]．生态学报，2018，38（12）：4121-4131．

⑥ 方创琳，周成虎，顾朝林，等．特大城市群地区城镇化与生态环境交互耦合效应解析的理论框架及技术路径[J]．地理学报，2016，71（4）：531-550．

（2）城市群内不同行政单元间的生态系统服务流的正常运转。生态系统服务流是生态系统服务在自然和人为的双重驱动下，从供给源向受益汇发生的时空转移。其供给源为由生物（动植物、微生物）与非生物成分（光、热、水、土、气）相互作用形成的生态系统，其受益汇是人类从生态系统中获取利益的区域，其本质就是生态系统服务、生态过程、生态功能和景观格局的耦合[①]。生态安全是区域内土地利用变化、生态基础设施建设、生物流、物质流、能量流构成的供需网络的动态格局的综合表现，由于区域内不同行政区的生态环境、经济条件、城市定位、人口和产业构成的不同，导致区域内的生态系统服务流网络非常复杂，因此安全格局的构建要实现生态系统服务流的正常运转。

（二）城市生态系统安全的构建目的

城市生态安全格局构建的目的就是通过生态恢复和城市改造，提高城市人居环境质量、增强城市生态系统韧性、保障城市生态系统服务能力。具体包括以下方面[②]。

（1）控制城市扩张和发展中出现的问题。目前，城市化过程中带来的一系列问题成为困扰城市居民生活和城市健康发展的突出问题，如交通拥堵、城市热岛、城市内涝、大气雾霾、环境污染等，这些问题成为影响城市生态安全的关键问题。城市生态安全格局构建的目的就是要及时控制城市扩张过程中出现的生态环境问题，实现城市人居环境质量和生态服务功能的提高，保障城市居民的生活与生存的需求。

（2）维持城市地区正常的物质循环与代谢功能。城市是否处于健康和安全状态，一个关键的指标就是城市地区的物质循环和代谢功能是否正常。城市生态安全格局构建的目的就是要通过城市规划、功能区调整和生态用地配置，来实现城市地区物质良性循环和代谢功能的正常发挥。城市物质循环和代谢功能包括基本生态单元上的，也包括功能区之间和行政区之间的，而不同类型的物质循环与代谢功能会体现在不同尺度上。因此，城市生态安全格局构建需要针对具体问题、考虑具体的研究对象和需要解决的具体问题。

（3）维持城市生态系统健康运行与可持续发展。城市生态系统的健康运行和可持续发展是人类社会发展的终极目标，而作为人类生活生产的主要场所，城市生态安全格局构建的目的之一就是要通过适当的结构调整和功能提升，来实现城市生态系统的健康运行和可持续发展。为此，城市生态安全格局构建时，必须把城市生态系统的完整性和可持续性作为主要目标，通过生态用地的恢复和优化调整，实现城市生态系统的结构优化和功能提升，提高城市生态系统的韧性和生态服务能力。

（4）保证城市人居环境健康和居民的正常生活。作为人类社会的栖息环境，城市生态安全格局构建不能破坏和影响现有城市人居环境和城市居民的正常生活。但可以通过正常的结构调整和功能疏解，来缓解特定功能区的人口压力和物质循环过程。因此城市生态安全格局构建是一个区域性的问题，涉及具体功能单元的城市生态系统的结构优化，也涉及建成区的结构和功能优化，同时还涉及不同区域之间的结构调整和功能优化，需要从更大的尺度上考虑城市生态安全格局的构建，来保障城市居民的正常生产与生活需求。

---

① 王晓峰，吕一河，傅伯杰．生态系统服务与生态安全[J]．自然杂志，2012，34（5）：273-276.

② 陈利顶，景永才，孙然好．城市生态安全格局构建：目标、原则和基本框架[J]．生态学报，2018，38（12）：4101-4108.

（5）满足现有城市居民可预见时期内生态服务需求。生态安全是一个综合性的、长远的社会发展目标，而生态安全格局构建需要针对具体问题，设定有限目标，必须考虑其实用性和适应性。因此，城市生态安全格局构建需要考虑城市居民的实际需求，特别是一定时期内对生态服务的需求。即在解决现有城市问题时，必须考虑所采取的措施是否可以同时解决城市居民在未来一段时期内的实际需求。

二、城市生态系统安全的评估方法

随着对生态安全理论研究的不断深入，出现了许多研究方法。根据模型的特点，可以分为三大类，即数学模型、生态数字模型和综合模型[①]。

（一）数学模型

数学模型主要包括以下六种方法，即模糊综合评价法（FCEM）、主成分分析法（PCA）、灰色关联分析法（GCAM）、综合指数法（CIM）、分析层次过程（AHP）和物质元素分析法（MEAM），下面分别介绍。

（1）模糊综合评价法（FCEM）：该评价方法是由美国教授、著名自动控制专家理查德于1965年提出的。它是在数学的基础上衍生出来的一种模糊综合评价方法，借助于模糊数学的隶属度理论（Membership Degree Theory），将定性评价转为定量评价，从而对不明确或不容易定量的因素进行边界量化。

（2）主成分分析法（PCA）：是一种多变量统计方法，根据指标之间的内部结构联系，将许多指标转换为几个综合指标。由于每个因子（或指标）在不同程度上反映了研究主题的信息，而各因子（指标）之间又存在一定的相关性，因此，统计数据所反映的信息在一定程度上会有重叠。

（3）灰色关联分析法（GCAM）：对于两个系统之间的因素，其随时间或不同对象而变化的关联性大小的量度，称为关联度。在系统演化过程中，如果两个因素之间的变化趋势是一致的，那么它们的同步性程度就比较高，因此，两个因素之间的相关程度就高；否则，就是低的。对于指标的权重，一旦选定了给定研究的生态因素，就需要测量指标与主要层次因素之间的相关程度，以确定它们的优先次序，然后根据优先地位最终确定每个指标的权重。该方法被广泛应用于工业生态系统等生态系统评估和其他区域[②]。

（4）综合指数法（CIM）：是广泛使用的评价方法之一。该方法采用分析层次过程（AHP）和专家咨询，首先判断指标的相对重要性，然后细化各指标的权重，最后计算出相关指标的综合指数，如应用于生物多样性空间变化的评价[③]。

（5）分析层次过程（AHP）：是一种结合了定性和定量分析的决策方法。其基本思想是

---

① LAI X, XIAO Z. A research on urban eco-security evaluation and analysis: complex system's brittle structure model[J]. Environmental Science and Pollution Research, 2020, 27(20): 24914-24928.

② WANG W, YANG Z, LU Y, et al. The optimization degree of provincial industrial ecosystem and EKC of China-based on the grey correlation analysis[J]. Journal of Grey System, 2016, 28(2):1-12.

③ XIE Y, GONG J, QI S, et al. Assessment and spatial variation of biodiversity in the Bailong River Watershed of the Gansu Province[J]. Acta Ecologica Sinica, 2017, 37(19): 6448-6456.

将复杂的多目标决策问题作为一个系统。在这个系统中，给定的问题被分解成多个目标或标准，然后将它们分为三个层次，即多目标层次、规则层次和约束层次。它是一种多目标决策优化的系统方法，计算各定性指标在不同层次的排名顺序，一般原则层次通过模糊定量分析，即用 AHP 计算指标体系的权重系数[①]。

（6）物质元素分析法（MEAM）：该方法主要用于解决多因素评价问题，近年来逐渐用于研究生态安全的评估。该模型首先对评价因子或指标进行不同层次的分级，并定义评价事项要素矩阵，然后计算其各事项要素的相关度，再根据综合相关度得到其多指标的综合水平[②]。

（二）生态数字模型

生态数字模型主要包括三种方法，即三“S”技术法（3S 模型）、景观生态模式法（LEPM）和生态足迹法（EFM）。

（1）三“S”技术法：也即 3S 模型，是遥感（RS）、地理信息系统（GIS）和全球定位系统（GPS）三种技术方法的统称。RS 是一种通过技术工具获得信息的技术方法，它可以在与被观测对象无接触的条件下为研究提供丰富的信息来源。GIS 是指一种计算机工具，它可以用来收集、存储和提取、转换和显示空间数据，具有强大的数据处理和空间分析能力。GPS 是指在很大范围内能够确定空间单元的具体地理位置的技术。三“S”技术法通常集成三“S”技术来动态监测生态与人类活动之间的关系、生态风险评估和管理[③④]。

（2）景观生态模式法（LEPM）：景观生态学首先由德国生物地质学家特罗尔（C.Troll）在 1939 年提出。作为一个生态学课题，它关注的是空间模式、生态演化过程和生态维度之间的互动关系。后来，它逐渐被应用于生态安全的研究范畴。景观生态学认为，景观中存在一些潜在的空间格局，这些格局由关键点、位置和布局组成，对某些生态过程非常重要，这就是景观安全格局。它要求从生态系统的结构上对各种潜在的生态影响进行综合评价。

（3）生态足迹法（EFM）：生态足迹法是由加拿大生态经济学家威廉 • 里斯（William Rees）教授于 1992 年首先提出的，随后与马蒂斯 • 瓦克纳格尔（Mathis Wackernagel）一起进行了改进，他们于 1996 年提出了生态足迹的具体计算方法[⑤]。这是目前最具代表性、也最广泛使用的方法。通过测量人类活动对生态环境的需求与自然生态系统提供的服务组织之间的差距，可以得到人类社会对生态系统的利用状况，然后在区域、国家乃至全球范围内，对人类的自然消耗与自然生态系统的承载能力进行比较，可以定量地反映某个地区、城市或国家的可持续发展程度。

---

① LV W, JI S. Atmospheric environmental quality assessment method based on analytic hierarchy process[J]. Discrete and Continuous Dynamical Systems-S, 2019, 12(4&5): 941-955.

② QIN X N, LU X L, WU C Y. The knowledge mapping of domestic ecological security research: bibliometric analysis based on citespace[J]. Acta ecologica sinica, 2014, 34(13): 3693-3703.

③ SYME G J, KALS E, NANCARROW B E, et al. Ecological risks and community perceptions of fairness and justice: A cross-cultural model[J]. Risk analysis, 2000, 20(6): 905-916.

④ XIAO D, CHEN W. On the basic concepts and contents of ecological security[J]. The journal of applied ecology, 2002, 13(3): 354-358.

⑤ WEI B, YANG X S, WU M, et al. Research review on assessment methodology of ecological security[J]. J Hunan Agric Univ (Nat Sci), 2009, 35(5): 572-579.

（三）综合模型

1. 驱动—压力—状态—冲击—响应（DPSIR）模型

DPSIR 是经济合作与发展组织和欧洲环境署开发的用于社会生态系统（SES）适应性管理的原始工具之一。DPSIR 概念模型的每个类别被定义如下：① 描述社会、人口和经济发展的驱动力；② 描述物质释放发展的压力指标；③ 对某一地区物理生物化学现象的数量和质量进行描述的状态指标；④ 影响包括环境退化的社会经济影响；⑤ 响应代表试图防止或适应环境状态变化的群体所采取的行动[①②]。

在 DPSIR 概念模型中，因果关系从驱动力开始，经过压力到环境状态、对生态系统功能的影响、人类福利，最终导致社会反应。关于 DPSIR 模型中的因果假设主要包括：H1，生态系统安全的驱动力对压力有正向影响；H2，生态系统安全的压力对状态有负面的影响；H3，生态系统安全的状态对影响有正向的影响；H4，生态系统安全的影响对反应有积极的影响；H5，生态系统安全的反应对驱动力有积极的影响；H6，生态系统安全的反应对压力有负面的影响；H7，生态系统安全的反应对状态有积极的影响。

DPSIR 概念模型的五个因素模拟了生态网络分析中的不同作用，其因果链被定义为五个因素之间的能量和物质流的转化。因果系数的大小表示能量和物质流通过节点的传输速度。模型中五个因素的转化代表了系统功能的内在变化以及系统内能量和物质的交换。

2. 生态网络分析（ENA）

生态网络分析（ENA）是一种以系统为导向的方法，全面分析所有生态系统组成部分之间直接和间接的环境间的相互作用，它为调查生态系统的功能、弹性和动态提供了一个框架[③]。ENA 允许将产业系统与自然系统进行比较，并强调系统内网络各区间的流动转移，也强调跨越系统边界的流动。ENA 还建立了能量和物质流在生态系统中流动的预算，使用节点代表资源库，路径代表能量和物质在资源库之间的转移，由表示资源库之间能量流动方向的箭头来表示。ENA 最初被用来建立生态系统的复原力，以应对环境变化[④]。系统的恢复力主要取决于能量、信息和物质流通的路径的拓扑结构和大小。ENA 方法的主要优势在于它能够识别系统内流动的效率和冗余之间的系统级权衡，并将系统的复原力确定为这两个变量之间的平衡。在流动结构中保持更多冗余的网络，在发生中断或压力的情况下，有能力重新安排流动路线，这表明网络具有高度的弹性。

（四）不同评估模型的比较

生态系统安全评价模型的选取，需要综合考虑评价指标、评价尺度、目的用途、基础

① HABERL H, GAUBE V, DÍAZ-DELGADO R, et al. Towards an integrated model of socioeconomic biodiversity drivers, pressures and impacts. A feasibility study based on three European long-term socio-ecological research platforms[J]. Ecological Economics, 2009, 68(6): 1797-1812.

② OMANN I, STOCKER A, JÄGER J. Climate change as a threat to biodiversity: an application of the DPSIR approach[J]. Ecological Economics, 2009, 69(1): 24-31.

③ LAU M K, KEITH A R, BORRETT S R, et al. Genotypic variation in foundation species generates network structure that may drive community dynamics and evolution[J]. Ecology, 2016, 97(3): 733-742.

④ EVANS D M, KITSON J J N, LUNT D H, et al. Merging DNA metabarcoding and ecological network analysis to understand and build resilient terrestrial ecosystems[J]. Functional ecology, 2016, 30(12): 1904-1916.

数据情况等多重因素，选用合适的评价模型对结果的可靠性影响巨大。因此，任何一种模型都有其优势和局限性，且单一的模型往往无法反映区域生态系统安全的真实、全面状况，且以静态评价模型居多，动态分析模型相对较少，而静态—动态结合的区域生态安全分析对实际的指导意义往往更强。与其他方法相比，DPSIR 模型将治疗方案作为一个整体来考虑，这对发现和解决问题有很大帮助。近年来，它已成为生态安全状况分析和生态问题因果关系探索的有用工具。

三、城市生态系统安全的指标构建

（一）城市生态安全指标构建原则①

（1）以人为本原则：城市成为人类生存栖息的环境，生态安全构建必须以满足人类的生存需求为主要目的。人类是城市生态系统的干预者，也是城市建设的参与者与受益者，因此人类也将是城市生态安全格局构建的直接主导者，需要在生态安全格局构建时，全方位考虑人类社会的需求。本质上，所有与城市生态安全有关问题的出现均是人类社会直接干预的结果，这些问题的解决也需要人类的直接参与。因此城市生态安全格局构建需要以人为本，以解决城市发展和人类社会面临的突出问题作为首要目的。

（2）流域适应原则：城市的生态安全必须放在流域/区域尺度上考虑，城市发展离不开水资源的供给，而大江大河通常成为推动城市起源和发展的重要基础，且与水文过程密切相关的问题均涉及流域。因而，城市生态安全格局构建，也需要考虑城市所在的流域的环境背景和生态系统特点。流域内水资源开发、水生态保护与水生态红线的划定均会影响城市的发展和生态安全。因此城市生态安全格局构建需要将城市放在流域的大背景下去思考生态用地的配置和景观格局优化。

（3）区域协调原则：城市是一个人为主导的、开放的生态系统，需要从周边邻近区域获得物质、能量的输入来满足城市的发展需求，同时也需要周边区域生态系统来消化、容纳城市生态系统排放出来的各种废物。城市与周边区域之间通过近、远程的物质、能量和人类的耦合而形成一个复杂的网络，城市发展离不开周边区域的支持，周边区域的发展也需要城市的带动作用。因而在构建城市生态安全格局时必须考虑城市与区域之间的耦合作用关系。明确城市与周边区域之间的各自功能定位，从而找到适合城市发展和满足生态安全的策略和途径。

（4）有限目标原则：人的需求是无限的，随着城市发展和人类生活水平提高，城市生态安全的目标会逐渐提高，因此，在构建城市生态安全格局时必须根据现阶段所遇到的突出问题和未来一段时间内人类社会发展的需求而设定目标，否则很难将生态安全格局落到实处。此外，人类的智慧是无限的，随着科技进步，人类改造自然的能力在不断提高，可以用来满足城市发展和生态安全需求的手段和技术会得到不断发展。因此，不同时期，满足生态安全格局构建的方法和途径也会不同。因此，城市生态安全格局构建满足一定时期的社会发展需求即可。

---

① 陈利顶，景永才，孙然好．城市生态安全格局构建：目标、原则和基本框架[J]．生态学报，2018，38（12）：4101-4108.

（二）城市生态安全指标体系构建

影响城市生态系统安全的指标有很多，且每个指标所提供的信息也不同。因此，有必要建立一个系统、全面的指标体系，对城市生态总体安全进行有效评价。基于“自然—经济—社会”复合生态系统理论，结合城市生态系统的定义，我们将城市生态系统分为生物生态系统、水生态系统、大气生态系统、土地生态系统、社会生态系统、经济生态系统、人口生态系统七类生态子系统，从这七个方面遴选相应指标，构建出城市生态系统安全指标体系，如表 5-1 所示[①]。

表 5-1 城市生态系统安全评价指标体系

生 态 系 统	评 价 指 标	指 标 说 明
生物生态系统	森林覆盖率	影响水土涵养、城市热岛效应和城市生态系统自净与恢复能力
	归一化植被指数	
	城市绿地覆盖率	
	净初级生产力	影响城市生态系统信息流动能力
	生物多样性	
水生态系统	水系	调节气候，水质净化，影响植物物候期的早晚
	降水量	
	蒸散发	
大气生态系统	二氧化硫浓度	影响雾霾污染程度与空气质量
	PM2.5 浓度	
	温度	增温降低湿度，影响植物生产力和土壤呼吸
	湿度	
土地生态系统	归一化差值裸地指数	影响养分循环、碳固定、动植物栖息地、粮食和污染物消解
	土壤指数	
	土地农药负荷	
	坡度	表示地形变化和地貌特征
	不透水面积	
社会生态系统	工业废水排放率	影响生物群落和人类居住环境
	噪声	
	夜间灯光	表示人口活动强度，影响地表植被、土地资源占用、生境和种群破碎化
	公共娱乐设施	
	城镇化水平	
	交通网络密度	
经济生态系统	第二产业占比	影响经济发展、城市生态系统的脆弱性与承载力
	第三产业占比	
	环保投资占比	
	人均收入	影响收入差距和人口流动
	商业区密度	
	单位 GDP	

① 苏小霞，黎仁杰，吴静，等. 城市生态系统安全评估研究进展与未来发展趋势[J]. 测绘通报，2022（6）：25-31.

续表

生态系统	评价指标	指标说明
人口生态系统	人均耕地面积	影响人口承载力
	人均用水量	
	人口密度	影响植被分布和城市生态系统质量，城市化程度的特征之一
	人口增长率	

四、城市生态系统安全的保障机制

（一）城市生态安全格局的机制构建①

生态安全格局的构建应以人类需求为导向，以生态环境问题为着力点，以优化景观格局解决生态环境问题为目的，借助新的计算机技术，综合利用开源数据和数据处理平台，充分融合多源数据集，整合多学科研究成果，探索人类活动与生态环境要素的耦合机制，通过生态安全格局的构建，实现生态系统服务供需的动态平衡，实现人类生存、发展与生态环境的协调发展，为城市规划提供理论指导。

生态系统服务是区域生态安全的体现，而评估生态系统服务的有效方法是基于“源—流—汇”生态过程的生态系统服务流评估。这种评估方法为实现城市内部与外部、行政区间的协同发展提供了有效手段。海量遥感数据的开放，例如多源、时序的数据（可在 Google Earth Engine 平台进行云计算和数据获取），为生态系统服务时间序列的动态变化和生态安全格局分析提供了数据支持，从而便于从大尺度上研究区域间的生态系统服务供需流。此外，国内地图服务厂商（如高德、百度开放平台）提供的多类型数据（如 POI 数据、建筑物、绿地、景区等数据集）为城市内部生态系统服务计算和生态安全构建提供了数据支持。大数据和机器学习方法的发展为生态系统服务评价、生态安全格局构建和模拟提供了更强大的技术支持。因此，在生态安全格局构建中，应更加注重综合利用开源平台和数据支持，进一步提升生态安全格局构建的实践价值和指导意义。

（二）保障城市生态安全的对策建议②

第一，加强对自然生态安全的管理或预防手段，降低熵增程度。城市生态系统中的自然子系统的脆性关联是最大的，它很容易被触发并影响整个生态系统，需要对相关的测量或政策进行调节。积极的政策，特别是对自然资源保护的政策，可以使自然子系统的脆性因子向相反方向发展，从而相应减少熵增，如对森林保护、野生动物保护、食品安全、水和能源保留等方面的监管，都容易引发和影响城市生态安全。人们因为自己的不良习惯或行为对大自然造成的痛苦和损失是十分巨大的。

第二，建立一个稳定的政策平台，保证经济发展的趋势，减少脆性因素的波动。证据表明，最大的脆性波动来自经济子系统。它影响了整个系统的熵值变化，导致整个城市系统许多功能不确定；可能会加速系统的崩溃，也可能起到抵抗的作用。在追求城市经济

① 陈利顶，景永才，孙然好. 城市生态安全格局构建：目标、原则和基本框架[J]. 生态学报，2018，38（12）：4101-4108.

② LAI X, XIAO Z. A research on urban eco-security evaluation and analysis: complex system's brittle structure model[J]. Environmental Science and Pollution Research, 2020, 27（20）: 24914-24928.

发展的过程中，最好保持与自然环境的和谐，在稳定性上寻求改善，使各因素在最佳状态下运行。如经济发展目标的制订、税收征管、税率调整、国际贸易政策等，都会造成城市生态环境的不稳定，引发城市生态环境的脆弱。因此，一个稳定的政策平台建设是极其重要的。

第三，在改善城市生态安全方面，要有系统的社会管理模式。理论研究表明，三个子系统是相互影响的。最弱的是自然系统，它实际上是人类无法控制的。而我们人类可以通过降低系统的差异度系数来减少城市生态风险的不确定性。这意味着我们可以在风险发生之前来管理或预测风险。这需要科学的发展和管理水平的提高，特别是需要一个综合的系统视角的社会管理模式。

总的来说，城市生态安全问题已经成为当今社会生态安全的一个重要研究领域。随着生态安全形势变得越来越严峻，城市生态安全问题日益突出。生态文明建设已成为中国的首要任务。城市生态安全要求城市的环境、资源条件能够满足城市可持续发展的基本要求，迫切需要一个合适的生态安全体系，自然、经济、社会三个子系统必须相互调节，和谐统一，保持适当的脆度，人们才能享受到安全舒适的生态环境。

五、城市生态系统安全现状：案例分析

（一）湖北省案例[①]

从时间维度看，2007—2016 年湖北生态安全的平均水平为 0.535～0.647。生态安全的变化趋势可以分为两个阶段：2007—2010 年的稳步上升阶段和 2011—2016 年的相对稳定阶段。2007—2010 年，生态安全指数从 0.535 上升到 0.647，呈现出从中等安全状态到改善状态的上升趋势（达到 20.93%）。湖北南部的生态安全平均水平表现出最快速的增长，在 2010 年位居湖北第一。2011 年，所有地区的生态安全平均指数都有所下降。因此，2011 年湖北的生态安全平均水平下降到 0.616。2011—2016 年，全省生态安全平均水平稳中有变，数值在 0.616～0.642 范围内波动，从而保持了良好的生态安全状态。

从空间上看，湖北 16 个城市的生态安全平均水平高于东北地区的整体水平。各市生态安全综合指数变化趋势的关键转折点集中在 2010 年和 2015 年。2007—2010 年，湖北开展“十一五”规划，全面启动生态文明建设，完成总量减排任务，不断加大环保投入。因此，湖北的生态安全水平在这一阶段持续上升，并在 2010 年达到顶峰状态。2010—2015 年是湖北全面实施“两圈一带”战略、调整经济结构、转变发展方式的关键时期。在此期间，湖北以建设生态湖北、实现绿色繁荣为目标，把建设资源节约型、环境友好型社会的任务放在重要位置。因此，湖北的生态安全水平在 2015 年又达到了一个高峰。

（二）京津冀都市圈案例[②]

京津冀地区是中国渤海的枢纽点，包括 13 个城市：北京、天津、保定、廊坊、唐山、

---

① KE X, WANG X, GUO H, et al. Urban ecological security evaluation and spatial correlation research-based on data analysis of 16 cities in Hubei Province of China[J]. Journal of Cleaner Production, 2021, 311(8): 1-9.

② HAN B, LIU H, WANG R. Urban ecological security assessment for cities in the Beijing–Tianjin–Hebei metropolitan region based on fuzzy and entropy methods[J]. Ecological Modelling, 2015(318): 217-225.

石家庄、邢台、邯郸、沧州、衡水、秦皇岛、承德和张家口。该地区占全国领土面积的2.3%，人口占全国总人口的7.23%。该地区是中国北方最大和最有活力的经济区域。近年来，随着人口的快速增长，京津冀地区的自然环境出现了急剧恶化。一些环境风险变得更加明显，如水土流失、土地沙漠化、沙尘暴和生态退化。水土流失主要发生在太行山的北部和西部，而河北北部发生的土地开垦和草原过度放牧，对北京和天津的沙尘暴天气影响更大。

从不同时间段来看，2003—2012年，除承德市在2006年急剧下降外，京津冀地区各城市的生态压力安全排名略有变化。13个城市中只有5个城市在该指标上有所上升，1个城市下降，7个城市没有变化。经过仔细调查，我们发现，与其他10个城市相比，北京、天津和沧州2003—2012年在这些指标上有所增长。在2012年年底，13个城市的整体压力安全排名处于中等水平。

2003—2012年，京津冀地区各城市的生态环境安全等级明显变化，除2个城市略有下降外，2个城市保持不变，13个城市中有9个明显上升。唐山、邯郸、张家口和沧州增加了4个安全等级（从1到5），承德增加了3个等级（从2到5）。2012年年底，13个城市的整体生态环境安全等级处于较高水平。

2003—2012年，京津冀地区各城市的生态响应安全排名变化较小。在这几年中，13个城市中共有5个城市上升了1个等级，2个城市下降了1个等级，6个城市没有变化。2012年年底，13个城市的生态响应安全等级总体处于较低水平。

2003—2012年，京津冀地区各城市的综合生态安全排名增加较少。天津和承德在该指标上增加了4个等级。与北京一起，这些城市保持了较高的水平。然而，在这几年中，15个城市中有7个没有变化，13个城市中有8个仍处于最低水平。2012年年底，与2003年相比，生态响应安全等级的趋势从低水平变为中等水平。13个城市的综合生态安全平衡水平继续上升，但仍处于不平衡状态。处于高水平的城市数量从1增加到3，而处于中等水平的城市数量从0增加到1。

第二节　农村生态系统安全

一、农村生态系统安全的科学内涵

（一）农村生态系统安全的定义

农业生态系统安全是一个被用来描述农业生态系统功能的概念，它与满足人类需求有关。一般而言，农业生态系统安全是指不产生对人类有害的生物和污染物，并且能够持续地满足人类需求的一系列功能的总称①。许多学者试图评估农业生态系统的可持续性或健康状态，其集中关注的方面包括：检测农业生态系统退化或受损的各种迹象，如农药残留、土壤质量下降、生物多样性流失，以及其他人为活动带来的典型影响。对系统结构和功能

① VADREVU K P, CARDINA J, HITZHUSEN F, et al. Case study of an integrated framework for quantifying agroecosystem health[J]. Ecosystems, 2008, 11: 283-306.

之间关系的全面描述包括如下一组属性：生产力、稳定性、可持续性、公平性和自主性[①]。这些属性并不是相互排斥的，也不一定是相互支持的。例如，生产力的提高可能是以既不公平也不可持续的方式进行的，同样，公平性的实现也可能是以不特别有效的方式进行的。但这种权衡是具体管理实践的结果，在更健康的农业生态系统中会被避免或至少被平衡，从而实现上述属性。例如，要素密集投入与环境负外部性之间通常面临权衡取舍，虽然能够实现高生产率，但很可能会损害可持续性。然而，一个更加多样化和低投入的种植系统可以实现与不那么多样化和高投入的系统相同的生产力，包括经济收益，同时大大减少环境影响。在这种情况下，选择更加多样化的种植系统将产生更高的生产力和更好的可持续性，农业生态系统也更加安全。由此，所谓农村生态安全就是指农业自然资源和生态环境处于一种健康、平衡、不受威胁的状态。在该状态下，农业生态系统能够保持持续生产力，不对环境造成破坏和污染，并能生产出满足人类需求、健康安全的农产品[②]。

（二）农村生态系统安全的价值功能

1. 农村生态系统的社会生态复原力功能

社会生态复原力为评估易受环境和经济冲击的小农农场的长期生产能力提供了一个有用的分析框架。研究人员经常将社会生态复原力定义为一个系统应对干扰和冲击的能力，并保留其基本组成部分和功能，以及学习和适应的能力[③]。复原力在生态科学中得到推广，但后来又扩展到社会科学中。这一概念已被改编为社会生态系统，以说明生态系统功能的差异和人类作用的反馈[④]。

农业生态系统代表了耦合的社会生态系统，其特点是各组成部分之间复杂的相互作用和反馈，包括生态系统服务和农村生计[⑤]。因此，社会生态复原力为联系食品系统的社会和生态层面提供了一个越来越普遍的框架[⑥]，推而广之，这一概念对于联系农业生态系统的营养和生态功能很有帮助。

农业生态系统的复原力是通过系统中行为者的能力实现的。因此，应对能力、适应能力和变革能力的概念都与恢复力有关。虽然所有这些能力都提供了实现系统恢复力的途径，但它们通过不同的机制发挥作用，并产生不同的结果。例如，当冲击不大且目标是保持系统稳定（即持久性）时，通常会采用应对能力，而当需要对系统进行增量调整以提高面对冲击的灵活性时，适应能力就很有用。当冲击或压力超过应对和适应能力所能承受的水平

① LÓPEZ-RIDAURA S, MASERA O, ASTIER M. Evaluating the sustainability of complex socio-environmental systems. The MESMIS framework[J]. Ecological indicators, 2002, 2(12): 135-148.

② HOY C W. Agroecosystem health, agroecosystem resilience, and food security[J]. Journal of Environmental Studies and Sciences, 2015, 5(4): 623-635.

③ CARPENTER S, WALKER B, ANDERIES J M, et al. From metaphor to measurement: resilience of what to what?[J]. Ecosystems, 2001, 4(8): 765-781.

④ BÉNÉ C, HEADEY D, HADDAD L, et al. Is resilience a useful concept in the context of food security and nutrition programmes? Some conceptual and practical considerations[J]. Food security, 2016(8): 123-138.

⑤ BAILEY I, BUCK L E. Managing for resilience: a landscape framework for food and livelihood security and ecosystem services[J]. Food security, 2016(8): 477-490.

⑥ JACOBI J, MUKHOVI S, LLANQUE A, et al. Operationalizing food system resilience: an indicator-based assessment in agroindustrial, smallholder farming, and agroecological contexts in Bolivia and Kenya[J]. Land use policy, 2018(79): 433-446.

时，变革性能力就会发挥作用，完全改变系统的性质。

2. 农村生态系统的生态功能

基本的生态系统过程，包括能量和养分的流动以及物种之间的相互作用，驱动着不同的生态系统功能。在积极状态下，这些功能中的每一个都能使农业生态系统长期保持土壤肥力和生产力。当处于消极状态时，农业生态系统的功能就会丧失。生态过程的发生部分是因为农民无法控制非生物和生物条件，但农民能够通过管理实践有意或无意地去改变许多农业生态系统的功能。过去的研究表明，对生态过程的有意管理，即所谓的“农业生态管理”，能够导致农业系统中理想状态或增加生产状态的复原力。换言之，农场管理策略有助于促进农业生态系统的功能和复原力。

农业生态管理措施，可以通过增强生物互动，提高养分循环，改善生态退化系统的作物养分吸收。例如，用覆盖作物增加作物轮作的多样性是一种可以改善多种生态系统功能的做法[①]。除其他功能外，豆科植物的覆盖物通过生物固氮和光合作用向土壤提供氮（N）和碳（C）。氮和碳元素的吸收能够增加土壤中生物可利用的养分，因为覆盖作物通常不被收割，而是在季节结束时作为“绿肥”被纳入土壤中。因此，这种农业生态做法已被证明可以增加内部养分循环和作为主要作物的养分供应，并有可能随着时间的推移提高生产力。概言之，在作物轮作中增加豆科覆盖作物会引入影响生态系统功能的额外的植物性状，有助于农业生物多样性（农业生物多样性）和作物功能多样性[②]。

3. 农村生态系统的营养功能

作为生态系统功能的延伸，DeClerck 等人提出，鉴于农业生态系统的主要目标是为人类的营养和健康生产食物，因此农业生态系统的营养功能应与生态功能一起衡量。尽管他们的研究提出了一个营养功能指标即营养功能多样性，但一套广泛的营养功能在评估农业生态系统的表现和复原力时却很少被考虑，营养功能也没有明确地与基本的生态功能相关。

农业生态系统的其他营养功能包括生产的农作物的数量、多样性和营养质量，以及维护遗传资源以改善单个农作物的性状和饮食多样性。重要的是，这些营养功能指标考虑的不仅仅是产量或生产力。自绿色革命以来，产量或生产力一直是评估农业生态系统绩效的主要指标。但将生产力作为农业生态系统的唯一目标会错误地使家庭食品安全和农村生计与关键的生态和营养功能产生冲突。

正如农场管理实践影响生态功能一样，它们也影响营养功能，包括作物的营养质量和增加饮食多样性的潜力，以及生产力。因此，生态功能会通过生产多样化的营养食品来影响农业生态系统向人们提供营养功能的整体能力。

农业生态管理经常需要对种植系统进行生态和营养方面的多样化管理。多样化的农场在植物物种之间以及植物和微生物之间有高水平的互动，这可以最大限度地提高农场的养分利用效率。当作物的养分利用效率（收获的总养分/输入的总养分）提高时，作物种类对养分的吸收量更大，这可以提高作物的营养质量。更高的养分利用效率也往往对应着通过

---

① BROOKER R W, KARLEY A J, NEWTON A C, et al. Facilitation and sustainable agriculture: a mechanistic approach to reconciling crop production and conservation[J]. Functional ecology, 2016, 30(1): 98-107.

② WOOD S A, KARP D S, DECLERCK F, et al. Functional traits in agriculture: agrobiodiversity and ecosystem services[J]. Trends in ecology & evolution, 2015, 30(9): 531-539.

径流、沥滤或其他途径的养分损失减少①。因此，这种管理方法对环境的可持续性以及农业生态系统中生产和消费的食物数量和质量（即营养产量）有直接影响。同时，重要的是要认识到最大化生态或营养功能的管理策略之间存在着权衡取舍，通常是偏向于短期的营养功能（例如，单季的作物产量或作物销售收入），而不是长期的生态功能（例如土壤有机物形成、碳储存和营养保留等）。

如果以覆盖作物的农场多样化为例，我们可以确定这种做法产生的生态和营养功能之间的具体联系。营养功能包括通过豆科植物固氮的养分输入支持作物产量，并增加其他养分的可用性，可以使作物的营养更加丰富，特别是酸性渗出物的溶解作用带来的土壤磷。减少土壤侵蚀也可能提高作物产量和养分可用性②。在资源匮乏的农业环境中，产量的增加可能会改善家庭粮食安全或提高粮食自给自足水平，或者如果农作物被出售，则对应着收入的增加。在这个例子中，农业生态系统的生态和营养功能都发生了变化，这说明农民管理决策所产生的相互作用可以产生农业生态系统的复原力。

二、农村生态系统安全的评估方法

特定生态系统的风险是由多种因素决定的，因此农村生态系统安全指数的构建需要考虑多维指标体系。构建农村生态系统安全指数的基本思想是构建多层次的指标体系。首先，最后一层各指标的值为加权平均值，该加权平均值作为上层对应指标的值；然后，将前一层不同指数的值加权取平均值，作为上层的指数值进行加权和平均。重复这一步骤，直到计算出最终指数。农村生态评价是一个复杂、多层次、多属性的系统，因此建立指标系统必须考虑多个维度和级别。在确定多级指标体系时，德尔菲法（DM）和层次分析法（AHP）是较为常用的方法之一。

（一）德尔菲法

首先制定原始的调查问卷，然后请专家和学者参与，就主要标准、次级标准和具体指标组成的适当而可靠的农村生态系统安全指数达成共识。德尔菲法被描述为建立共识方法中最合适的方法。该方法允许专家和学者就纳入指标体系的重大问题达成共识。该方法依赖的前提是，专家小组的集体意见比单个专家意见更丰富、更可靠。因此，德尔菲法的应用需要建立一个专家委员会，通过多轮磋商和筛选，对指数的内容达成共识。

具体可采用以下步骤来确保德尔菲法的正确应用。首先，通过电子邮件邀请该领域的若干位专家（说明调查的目的和整个过程的概况）。例如，有 34 位专家愿意参加研究。其中，参与德尔菲法研究的有 12 位乡村生态学专家、14 位乡村生态学和乡村发展领域的学者，以及 10 位参与乡村振兴项目的政府官员。所有参与者的经验都十分丰富，对该课题有深刻的认识。其次，参与者确定将指标纳入指标体系的筛选门槛。再次，将预选的若干指标和评分标准发给参与者。这一步首先是参与者的咨询和筛选。参与者被要求全面评估这

① ROBERTSON G P, VITOUSEK P M. Nitrogen in agriculture: balancing the cost of an essential resource[J]. Annual review of environment and resources, 2009(34): 97-125.

② VANEK S J, DRINKWATER L E. Environmental, social, and management drivers of soil nutrient mass balances in an extensive Andean cropping system[J]. Ecosystems, 2013(16): 1517-1535.

些指标，使用评分标准为每个指标打分，并对他们的分数提出意见。“我们向参与者保证他们的回答是隐私的、匿名的和保密的，以鼓励他们自由发表意见。”最后，向专家提供了总结报告，以便根据第一轮的反馈修改和调整他们的初始答案。总结报告中没有关于参与者身份的任何痕迹。重复第二步，直到达成共识。在第三轮结束时，达到阈值的指标被纳入指数系统。德尔菲法被证明是构建跨学科指数系统的一种有价值且可靠的方法。

（二）层次分析法

通过德尔菲法建立农村生态系统安全指标后，我们应用层次分析法来确定指标的权重。层次分析法是一种结构化的多标准决策（MCDM）方法，用于解决复杂的决策问题。它使用一个由目标、标准、次级标准和备选方案组成的多层次结构，为构建决策问题和评估替代解决方案提供了一个全面而合理的框架。层次分析法被认为是各种不同领域研究中最有效和最常用的多标准决策方法。这种方法还可以将定量和定性因素纳入决策方法。AHP 方法的核心必要措施是制定评估问题和创建层次结构。创建层次结构后，决策者可以对各组成部分进行排序，以评估它们在每个层次结构中的相对价值。在权重方面，各因素在每个层次上进行评估，并进行配对比较。层次分析法在多样化的情况下有多种应用，如选择决策、等级排序、优先级排序和资源分配。层次分析法的应用一般采用以下步骤：① 构建层次模型；② 建立成对比较矩阵；③ 确定层次权重系数，用数值分析法获得特征向量；④ 一致性检验。

三、农村生态系统安全的指标构建

（一）农村生态系统安全指标构建原则①

农村生态系统安全评价指标选择的基本原则如下：一是具有科学性原则，即指标的概念和物理意义必须明确，测定方法标准、统计计算方法应规则，要反映区域生态安全含义和实现的目标，并度量和反映区域复合系统结构和功能的现状及发展趋势。二是具有系统全面性和相对独立性原则，指标体系必须全面反映区域农业生态安全的主要特征、发展状况及其目标要求，层次分明，并尽可能避免指标间信息重叠。三是具有可行性和可操作性原则，指标设置应避免过于烦琐，涉及数据应真实可靠并易于量化，指标及其权重的设置要体现该区域农业可持续发展和生态安全建设的目标，以规范和引导该区未来发展的行为和方向。四是具有可比性和针对性原则，指标数据选取和计算采取通行口径与标准，保证评价指标与结果具有类比性质，其建立与选择应针对特定目标和区域发展面临的主要问题及其矛盾。

（二）农村生态系统安全指标体系构建

农村生态系统安全评价既要考虑绝对因素，也要考虑相对因素。评价指标的设置主要关注人民健康，促进经济生产发展和生态保护。还要考虑国情，符合区域农村实际情况，突出地方特色。通过综合大量关于农村环境污染与治理、农村发展与生态环境关系的文献，

① 吴国庆．农业可持续发展的生态安全研究[J]．中国生态农业学报，2003，11（2）：147-149．

遵循全面性、独立性、可操作性的原则，进行多轮分析和筛选。最后，从“食品安全”“生态生产”“生态安全”“生态维护”四个方面建立以下评价指标体系[①]，如表 5-2 所示。

表 5-2　农村生态系统安全评价指标体系

一 级 指 标	二 级 指 标
B_1 食品安全	C_{11} 粮食食品综合安全
	C_{12} 蔬菜食品的全面安全
	C_{13} 肉类食品的全面安全
	C_{14} 儿童营养食品的全面安全
	C_{15} 饮用水符合安全标准
B_2 生态生产	C_{21} 人均耕地面积
	C_{22} 施肥强度（千克/公顷）
	C_{23} 农药施用强度（千克/公顷）
	C_{24} 农用薄膜回收率（%）
	C_{25} 农作物秸秆回收利用率（%）
	C_{26} 牲畜粪便清除率（%）
	C_{27} 乡镇企业污水处理率（%）
	C_{28} 乡镇企业废气处理率（%）
B_3 生态安全	C_{31} 农村居民人均可支配收入（元）
	C_{32} 农村最低生活保障（元/人）
	C_{33} 居民基本医疗保险费率（%）
	C_{34} 每千人病床数量
	C_{35} 每千人医务人员数量
	C_{36} 农村道路密度（千米/平方千米）
	C_{37}PM2.5（千兆吨/立方米）
B_4 生态维护	C_{41} 森林覆盖率（%）
	C_{42} 人工造林面积（万亩）
	C_{43} 土地污染改善率（%）
	C_{44} 生活污水处理率（%）
	C_{45} 生活垃圾回收率（%）
	C_{46} 卫生厕所普及率（%）
	C_{47} 水利设施维护工程（M3）
	C_{48} 太阳能家庭普及率（%）

需要说明的是，多年来，食品安全一直是人们关注的问题。2008 年，天津、北京等一线城市开始对主要农产品市场的食品有害残留物进行抽查，并通过销售渠道对食用农产品质量进行监管。2009 年 2 月，中国颁布了第一部《中华人民共和国食品安全法》。2016 年前后，在中国所有三线城市的农产品市场建立了“智慧农户数据中心”，每天接受消费者的举报，或从一些摊位上随机抽取食品样品进行快速筛查。全国各类学校食堂也实行不定期

① XU W, XU F, LIU Y, et al. Assessment of rural ecological environment development in China’s moderately developed areas: a case study of Xinxiang, Henan province[J]. Environmental Monitoring and Assessment, 2021(193): 1-25.

随机抽查制度，追溯不合格食品的来源。但是，农村地区的农产品市场还没有实施食品抽检制度。因此，农村的食品安全只能凭感觉判断，农村往往是假冒伪劣食品的销售场所。多年来，中国几起重大的儿童食物中毒事件都发生在农村地区。因此，我们设定了农村食品安全的相应指标，包括以下方面。

（1）生态生产方面：农膜主要包括农作物育苗时用于覆盖土地的超薄塑料薄膜。它具有增温、保湿、除草等许多功能，但老化后易碎，难以去除。残留的地膜严重影响土地的通透性，阻碍植物根系的生长。如果被风吹到草地或水中，被鱼和牲畜吃掉，它们就会死亡。例如，新乡市的大部分土地受到一定程度的污染。首先，新乡地区地势较低，黄河的河床高于地面，地下水位较浅。另外，新乡地区春季雨水少，地表水蒸发量大，地下水中的盐分在地表积累，导致土地盐碱化严重。其次，由于长期过量施用化肥和农药，土壤中的氮、磷成分过高，大量有用的微生物被杀死。新乡市每年都会安排对一些重度污染的土地进行改良。主要是在农业技术部门的主持下，利用测土配方施肥技术或土壤改良技术实施土壤成分的改造。大约 2000 年前，农民一般把农作物秸秆带回家生火做饭。现在做饭基本上采用烧煤或煤气。政府呼吁农民把农作物秸秆变成有机肥料，但必须经过加工和发酵才能使用。许多农民家庭缺乏劳动力，直接在田间焚烧农作物秸秆。这不仅是对资源的浪费，也是严重的碳污染。近年来，农民焚烧农作物秸秆造成的碳污染已成为除工业外的第二大污染源。为了防止农民焚烧农作物秸秆，国家采取了卫星监测，一些地方政府还拨出专项资金对农民回收农作物秸秆进行补贴。

（2）生态安全方面：农村居民人均最低生活保障是指政府每年为农村特殊困难人群发放的最低生活保障金。城乡居民基本医疗保险是国家专门为城乡无工作单位的居民建立的一种医疗保险制度，属于社会福利的范畴。居民自愿申请并按一定标准缴纳医疗保险费（每年约 100 元），可享受 50%以上的住院费用。

（3）生态维护方面：农村水利设施维修工程是指对农村现有水库、沟渠、池塘进行维修、改造、清淤等工程。卫生厕所是指具有冲水功能、无残余粪便的厕所。

四、农村生态系统安全的对策建议

（一）保护农业生态基础①

农业生态系统的物质基础是水、土地、森林和植被资源。农业生态环境恶化的根本原因是这些基本的生态资源受到了严重的破坏。极端气候的变化或对这些生态资源的过度利用将导致当地生态资源被破坏或结构失衡。因此，有必要加强对基本生态资源的全面保护。农业基本生态资源的保护包括预防、控制和治理。防控的目标是尽量减少城市化和工业化对农业生态资源的侵蚀或破坏。特别是在一些生态脆弱的地区，必须在生态承载力的前提下严格控制城镇化和工业化的规模。同时，要大力推进低碳城市和低碳产业的发展，减少城市和工业发展对农业生态环境的污染。

农业生态治理包括农业生态修复和农业生态基础设施建设两个方面。中国必须在西部和其他生态脆弱地区，在农业生态被人类严重破坏的情况下，人为地恢复农业生态环境。

---

① DOU X. Agro-ecological sustainability evaluation in China[J]. Journal of Bioeconomics, 2022, 24(3): 223-239.

通过政府和社会的力量，对生态问题突出、整体生态影响较大的地区的生态环境进行人工修复。农业生态基础设施建设的重点是开展流域治理，加大投入。在有效保护流域水土资源的基础上，进行合理的开发和利用。

除了全面保护农业生态基础资源，还必须全面保护农业生物多样性，因为它是维持农业生态可持续性的生物物质基础。事实上，优良的农业生态基础资源和丰富多样的农业生物品种是维持农业生态可持续性的两大物质基础。由于生态资源的过度利用，许多农业生物已经消失，有些则受到严重威胁，即将灭绝。因此，全面保护优质农业生物的种质资源和基因库迫在眉睫。

（二）气候智能型农业技术开发利用

气候智能农业技术是体现在整个农业生产和管理过程中的一种生态农业技术。为了应对极端气候变化，必须加快发展和推广气候智能农业技术，因为它是提高农业生态可持续性的有效手段。目前，中国的气候智能农业技术还处于起步阶段，相关的基础和关键技术有待突破。因此，需要完善相应的技术创新体系，加强相关关键技术的研究和开发。

气候智能农业技术的应用和推广是另一个需要解决的问题，因为它面临着农民素质和资金投入两个棘手的问题。气候智能型农业技术推广的主体是农民，但由于农业部门的比较收入相对较低，大量高素质的农民不愿意从事农业生产和经营活动。气候智能农业技术的应用和推广需要一定的资金投入，但现阶段农业的投融资体制和机制还不健全，容易造成资金紧张。如何解决这些问题，将是中国未来面临的一个巨大挑战。

（三）完善农村生态系统服务

高度重视生态环境保护，完善生态系统服务，促进生态环境与移民减贫的协同作用。“十四五”期间，政府有关部门要高度重视生态环境保护，提升本区域生态系统服务价值，推动生态环境保护与精准扶贫社会发展协调发展[①]。

充分发挥废弃物处理、气候调节和环境净化作用，加大生物多样性和土壤肥力的维护力度。生物多样性提供了许多关键的生态系统服务和作用。这些服务在人类粮食安全和健康方面发挥着根本作用。促进生态系统的健康运作可确保农业的复原力，因为它在集约化以满足日益增长的粮食生产需求时，气候变化和其他压力有可能对授粉和虫害管理服务等某些功能产生重大影响。学习如何加强生态系统联系，促进复原力，减轻阻碍农业生态系统提供货物和服务能力的力量，仍然是一项重要挑战。农业生态系统管理者可以建立、加强和管理生物多样性提供的基本生态系统服务，以便努力实现可持续的农业生产。这可以通过遵循旨在提高生产系统可持续性的基于生态系统的方法的良好耕作规范来实现[②]。

保护基本农田，提高森林覆盖率，促进全面、协调、可持续发展。要采取必要措施，加强对广域基本农田（耕地）、土壤肥力和造林的保护，切实促进未来生态环境协调可持续发展、社会经济精准脱贫攻坚。

---

① SHUAI J, LIU J, CHENG J, et al. Interaction between ecosystem services and rural poverty reduction: evidence from China[J]. Environmental Science & Policy, 2021(119): 1-11.

② KAZEMI H, KLUG H, KAMKAR B. New services and roles of biodiversity in modern agroecosystems: a review[J]. Ecological indicators, 2018(93): 1126-1135.

五、农村生态系统安全现状：新乡市案例分析[①]

河南省的新乡市是中国中等发达农村地区的代表。新乡市的生态环境可以反映我国相当一部分农村的生态状况。

（一）新乡市农村生态安全评价结果

新乡市农村生态安全评价结果呈现北高南低特征。北部有少量山地和丘陵，大部分为平原。南部为黄河冲积扇平原，地势平坦，海拔低，交通便利，森林覆盖率大，区位优势明显。但是，新乡市的海拔较低。流经新乡的黄河河床比地面高很多，落差很小。地下水位较浅，容易形成土地盐渍化。历史上，新乡市南部的土地盐碱化十分严重，特别是封丘县和原阳县，被列入中国第一批贫困县。农作物的生长非常困难。虽然人均耕地很多，但粮食一直不够用，经济相对落后。长期以来，新乡人不断进行土壤改良，农业生产取得了很大进步。大约在 20 世纪 90 年代末，粮食已能自给自足，但总体发展水平在全国仍处于较低水平。由于辖区内存在经济差距，体现在基本卫生设施的投资有差距，生态保障也有很大差距。2019 年，新乡县和卫辉市农村生态安全评价指数低于 50%，渭滨区、原阳县接近 80%。总体而言，生态保障持续上升，农村生态安全评价指数从 2009 年的 44.01%上升到 2019 年的 75.33%。这说明新乡市重视居民的生态保护工作。虽然经济并不富裕，但他们仍然坚持逐步完善基本卫生设施的建设。

新乡市经济基础薄弱，生态环境治理起步较晚，因此整体生态安全评价较低。不同地区的食品安全状况差异明显。大部分地区的评价值都在 60%以上，略微超过标准。少数地区的评价值低于 50%，明显超标。目前，各辖区的生态生产评价结果并不差，基本都在 70%以上。主要原因是对三大指标采取了相对标准。例如，“人均耕地面积”的理想值是本辖区的最大值，而化肥施用强度、农药施用强度的理想值是本辖区的最小值。生态生产评价结果逐年上升，说明新乡市在发展经济生产的同时，一直在努力改善生态环境。各区之间在生态安全方面还存在较大差距，主要表现在农村居民人均可支配收入、农村居民人均最低生活保障、空气中 PM2.5 含量三个方面。另外，原阳县 2019 年人均 GDP 位居全市末位，但生态环境评价并不落后，特别是“农村居民人均可支配收入、农村居民人均最低生活保障”仍处于前几位。从纵向和横向来看，生态环境维护评价较低，主要原因是所有指标都采用绝对标准。新乡市的乡镇企业起步较晚，大部分企业规模小，技术水平低，缺乏配套的污染治理能力。与发达地区相比，仍有较大差距。但随着新乡市整体经济实力的逐步提高，生态环境指标也在明显改善。因此，影响新乡市生态环境的根本原因是经济发展不足。由于历史原因，河南省的高校比较少。没有“985”重点大学，只有一所“211”重点大学。几乎每年的高考录取率都是中国最低的。也就是说，河南省的年轻人上大学的机会相对较少，非农业的就业机会也较少。由于新乡的经济基础较差，创业困难，一方面，能考上外地大学的年轻人，毕业后很少愿意回新乡支持家乡建设，也不关心家乡的发展；另一方面，农

---

① XU W, XU F, LIU Y, et al. Assessment of rural ecological environment development in China’s moderately developed areas: A case study of Xinxiang, Henan province[J]. Environmental Monitoring and Assessment, 2021, 193(12): 1-25.

村很多年轻人都有高中学历，出去找临时工作很方便。特别是河南的保姆，分布在全国各地，因为文化素养高而受到欢迎。这种情况对新乡的发展是不利的。近年来，河南省经济发展迅速，整体经济实力已进入全国中上等水平。然而，新乡市虽然交通发达，信息灵通，但整体发展速度相对落后。据一些当地居民分析，新乡人过去可能习惯于艰苦的生活，胆小、保守，害怕承担风险。因此他们在投资和创业方面往往过于谨慎，有时会失去好机会。

（二）新乡市农村生态安全评价较低的主要原因

1. 乡镇企业发展缓慢

（1）经济总量规模小，县域发展不平衡。根据 2020 年河南省经济实力排名，河南省共有 152 个县级区，新乡市的 12 个县中有 8 个在 100 名之后。即使人均 GDP 在新乡市排名第一和第二的牧野区和新乡县，由于人口少，经济实力总量小，在河南省也只排在第 127 位和第 109 位，只有县级市长垣市排在第 15 位。此外，县与县之间发展不平衡的问题也很突出，经济强县与弱县的差距越来越大。2019 年，牧野区的人均 GDP 是原阳县的近 3 倍。县域经济发展不平衡，已成为制约整个城市平稳较快发展的瓶颈。

（2）产业结构有待优化，特色经济尚未形成。一是农业产业链短，加工水平不高。农产品深加工龙头企业数量少，规模小，难以形成“公司+农户”的有效整合发展业态，农产品不能得到全面增值，利润空间无法扩大。二是县域工业企业现代化程度低，规模效益不明显，许多小企业难以生存。近年来，许多企业取消或停产，影响了产值和增长位次。三是第三产业比重小，特色经济发展滞后，信息、物流、金融等现代服务业比重小。大量的农村劳动力在家里找不到工作，只能外出打工。许多村庄被“空心化”了。通常情况下，只有留守儿童和空巢老人。这不仅影响了地方财政收入，也严重影响了农村环境建设，如土地污染整治、水利设施维修等项目，而且由于缺乏劳动力，进展缓慢。因此，面对一些弱小的乡镇企业，不能达到治污标准，甚至造成严重污染，群众强烈希望保留，政府也没有心思去强制取缔。

（3）招商引资力度不够，经济外向度不高。例如，2016 年新乡市实际利用外资 4.9 亿美元，而郑州市 2016 年实际利用外资 7.38 亿美元，是新乡的 1.5 倍。招商引资水平低、方式少，已成为制约经济发展的重要因素。2016 年，新乡市的出口总额为 1.3 亿美元，郑州市的出口总额为 5.54 亿美元，是新乡市的 4.3 倍。主要原因是政府在“筑巢引凤”、营造投资环境方面做得不够，特别是政府对群众的宣传和引导不到位。

2. 农业科技信息传播和交流不足

21 世纪初，在中国最发达的江浙地区和广东沿海地区，农民在政府的支持下自发成立了各种农业专业技术协会，以交流经验，推广先进农业技术。后来，这些非政府的农业专业协会逐渐发展到全国各地。在许多农村地区，农村专业技术协会非常活跃。他们在组织新技术培训，推广新品种、联合防治病虫害，制定适合当地情况的肥料和农药使用标准，承诺遵守农药使用安全标准等方面发挥了重要作用。但是，新乡市农村发展不是很景气，专业技术协会缺乏资金支持，农村专业技术协会发展不完善，作用有限。特别是在发展生态生产、推广土特产种植、特色养殖等方面发挥的作用还不够。

3. 资源利用不足

新乡市地理环境优越，旅游资源丰富。

（1）八里沟、万仙山、白云寺等太行山南部自然风景旅游资源，具有雄、险、奇、秀的特点。

（2）具有以国家重点文物保护单位鲁王陵、比干庙、陈桥驿站为代表的文化历史旅游资源。

（3）以新乡县刘庄、东街，卫辉市唐庄，辉县市回龙村，获嘉县楼村等名村为代表的红色旅游线路。

（4）生态旅游线路以华北地区最大的国家级老黄河湿地鸟类自然保护区——新乡老黄河、河南省唯一的湿地生态型国家级自然保护区为代表。主要特点是风景优美，自然和谐。目前，只有一部分得到了开发。如果对其进行系统的开发和利用，不仅可以解决很多人的就业问题，产生经济效益，还可以直接改善新乡市的生态休闲环境。

第三节　近海海域生态系统安全

一、近海海域生态系统安全的科学内涵

（一）近海海域生态系统安全的定义

海洋为人类社会的存在和发展提供了极为重要的物质资源支撑和空间环境保障。目前，全球一半以上的人口生活在沿海地区，近海资源、环境和空间已成为支撑人类社会持续发展的重要物质基础。同时，近海又是地球表面不同圈层的交汇区，具有生产力高、生物丰富和生境多样性等特征，但也受到人类活动和气候变化等诸多因素的影响，生态系统相对脆弱，是全球海洋中最为敏感、最受关注的区域。近年来，近海生态系统出现显著变化，造成生态系统结构改变和功能退化，危及近海生态安全，也损害了近海生态系统所提供的服务及其对人类的福祉。近海生态安全是生态安全的重要组成部分，对近海生态安全的关注首先源于对近海生态系统功能、服务和价值的深入认识。近海海域拥有多样化的生境和丰富的生物多样性，通过不同生物种类之间以及生物与环境之间复杂的相互作用，使近海生态系统具有重要的功能（如碳、氮、磷等生源要素的物质循环、有机质合成和能量传递等），并为人类社会发展提供了供给、支持、调节和文化等多样化的生态系统服务①。近海海域生态系统安全是指近海海域资源、环境和空间能够持续为人类社会发展提供供给、支持、调节和文化等多样化的生态系统服务的健康和完整的状态。

沿海地区展示了陆地和海洋之间的区域特征。它们是环境保护的关键区域，也是容纳人口和经济活动的主要区域，因此容易受到其他类型土地的侵占。根据世界银行的数据，世界上 75%的大城市和 70%的工业资本和人口都集中在距离海岸线 100km 以内的沿海地区。近几十年来，中国的沿海地区经历了前所未有的发展。伴随着耕地或建设用地对生态

① 孙晓霞，于仁成，胡仔园．近海生态安全与未来海洋生态系统管理[J]．中国科学院院刊，2016，31（12）：1293-1301．

用地的占用，以及农业生产空间与生态安全空间错配水平的逐渐升高，沿海地区生态系统服务功能也开始日益下降[①]。

沿海地区的特点是生产力高、生物多样性和资源丰富，从经济发展和生态学的角度来看都是十分有价值的。然而，这些区域位于对人类活动和快速经济增长敏感的活跃地区，因此它们是脆弱的。近年来，随着工业化程度的提高和沿海经济的发展，沿海地区出现了一系列严重的问题，对人类和环境健康构成了安全隐患，包括资源利用效率低下，生态环境承载能力下降。《中华人民共和国国民经济和社会发展第十四个五年规划纲要》提出要加强海岸带综合治理，完善海岸线保护，探索海岸退缩线制度体系，确保自然岸线保存率不低于 35%。然而，由于沿海地区社会经济的持续发展，涉及利用海洋资源和空间的人类活动同步增加。这些都加剧了沿海地区生态功能的退化，资源破坏和环境污染加剧，湿地和自然海岸线减少。因此，有必要对沿海地区进行全面研究[②]。

（二）近海海域生态污染现状及原因

沿海水域的化学和生物特性确实容易受到土壤中可生物降解的稳定化合物的影响。1984 年印度使用了 500 万 t 化肥、55 000t 农药和 125 000t 合成洗涤剂。平均而言，每年这些物质中的 25%都会进入海洋。这些物质或多或少都是可生物降解的，但其他物质则不能降解。日积月累，它们对沿海海洋环境的影响会非常严重。

在海洋生态系统中，海洋生物面临许多方面的威胁，如过度开发、废物沉积、污染、外来物种和全球气候变化等。人类活动的影响是海洋生物面临的最主要威胁。通过模拟模型来预测污染对海洋生物的影响，需要考虑上述所有污染源。即使某种特定的污染物、废物处理场或栖息地的丧失在单独判断时可能是次要的，但其累积效应也可能是显著的。沿海污染的原因可能有很多。根据位置的不同，污染的范围各不相同。人类污染的主要来源可以分为陆源性污染、生产性污染、交通旅游性污染以及植物泛滥性污染等[③]。

二、近海海域生态系统安全的评估方法

生态安全评价方法主要有指标法、景观生态学、生态综合评价法和生态承载力法。这些方法的指导思想对生态环境的变化具有敏感性。生态安全是根据检测的生态环境变化的结果来确定的。然而，涉及环境和生物因素的指标多种多样，生态环境体系结构复杂，操作起来十分困难。因此，简化计算方法是有必要的[④]。

生态足迹通过将人们的资源消耗和废物产生与地球的再生能力进行比较，来评估人们对自然资源的利用程度。生态承载力也建立在资源承载力和环境承载力的基础上。生态足

---

① ZONG S, HU Y, ZHANG Y, et al. Identification of land use conflicts in China's coastal zones: from the perspective of ecological security[J]. Ocean & Coastal Management, 2021(213): 1-10.

② ZHOU J, WANG X, LU D, et al. Ecological security assessment of Qinzhou coastal zone based on driving force-pressure-state-impact-response model[J]. Frontiers in Marine Science, 2022(9): 1-11.

③ VIKAS M, DWARAKISH G S. Coastal pollution: a review[J]. Aquatic Procedia, 2015(4): 381-388.

④ LIU W, ZHANG L, ZHU J. Analysis of ecological security in Liaoning coastal economic zone[C]//2010 Second IITA International Conference on Geoscience and Remote Sensing.

迹和生态承载力都可用于分析生态安全在容量和压力方面的状况。

（一）生态足迹法

生态足迹计算包括生物资源消耗、能源消耗和贸易调整。在计算生态足迹指数时，资源和能源消耗通常可以被转换为六种类型的土地，即耕地、草地、林地、建筑工地、海洋（水）和化石能源。由于每类土地的生态生产力是不同的，为了计算生态足迹，必须对生产力面积进行转换。

（二）生态承载力法

生态承载力是指在一个特定的区域内，可供特定人口使用的土地和水的生态生产面积。一个环境中的生物物种的承载能力是指在环境中可获得的食物、栖息地、水和其他必需品的情况下，环境可以无限期维持的物种的规模。对于人类来说，更复杂的变量，如卫生和医疗，有时被认为是必要建制的一部分。

生态赤字是指一个地区的资源消耗和废物排放超过其生态系统所能提供的可持续生产力与自净能力的差值。从空间角度看，它反映了一个地区人口的生态需求足迹与该地区实际生态承载力之间的差距。简言之，一个地区或国家的生态赤字等于该地区生态承载力与生态足迹之间的差值。当一个地区的生态足迹超过其生态系统承载力时，就会出现生态赤字。相反，如果一个地区的生态承载力大于其居民生态需求，则存在生态盈余。存在生态赤字意味着该地区需要通过进口或利用自身生态资源弥补差额。与之相对的是，全球生态赤字无法简单依靠贸易获得补充。

三、近海海域生态系统安全的指标构建[①]

在构建生态安全重要性的评价指标体系时，需要从生态敏感性和生态系统服务功能重要性的角度进行综合评价。其中，生态敏感性是生态系统对内外因素综合作用引起的环境变化的响应程度，反映了生态失衡和生态环境问题的难度和可能性[②]。生态系统服务功能是指生态系统气候调节、环境净化、水源保持、水土保持、生物多样性保护等有利于人类生存和发展的生态环境条件和效果及其生态过程[③]。

我们选取土壤侵蚀敏感性和地质灾害敏感性来检验近海海域生态敏感性，如表 5-3 所示。根据五个主要致灾因素（即地质灾害的五个指标）确定地质灾害敏感性，以建立评价指标体系[④]。参考中华人民共和国自然资源部技术指南，将两个单独的灵敏度结果重新分类为四个等级。

---

① ZONG S, HU Y, ZHANG Y, et al. Identification of land use conflicts in China's coastal zones: from the perspective of ecological security[J]. Ocean & Coastal Management, 2021(213): 1-10.

② LI Y, SHI Y, QURESHI S, et al. Applying the concept of spatial resilience to socio-ecological systems in the urban wetland interface[J]. Ecological Indicators, 2014(42): 135-146.

③ YAN L, XU X G, XIE Z L, et al. Integrated assessment on ecological sensitivity for Beijing[J]. Acta Ecologica Sinica, 2009, 29(6): 3117-3125.

④ YANG Y K, WANG Y, CHENG X, et al. Establishment of an ecological security pattern based on connectivity index: a case study of the Three Gorges Reservoir Area in Chongqing[J]. Acta Ecol. Sin, 2020(40): 5124-5136.

表 5-3　近海海域生态敏感性评价指标体系

因　素	指　标	灵　敏　度			
		低 灵 敏 度	中等灵敏度	高 灵 敏 度	极高灵敏度
土壤侵蚀	年降雨量/mm	<244	244～400	400～600	>600
	土壤质地	砾石、沙子、粗砂、细砂	黏土、沙质土壤、壤土	沙质土、粉质黏土、壤土	砂淤泥、淤泥
	海拔/m	0～50	50～100	100～300	>300
	植被覆盖率/%	≥70	50～70	20～50	≤20
地质灾害	人类活动	林地、草原和水	耕地	未使用的土地	建设用地
	年降雨量/mm	<1400	1400～1500	1500～1600	>1600
	植被覆盖率/%	>70	50～70	20～50	<20
	海拔/m	0～300	300～600	600～1500	>1500
	坡度/°	0～10	10～15	15～20	>20
指数等级和分数		1	3	5	7

考虑数据可用性并参考中华人民共和国自然资源部技术指南，选择节水、水土保持和生物多样性维护三个功能来衡量生态系统服务功能。参考现有研究[1,2]，指数的选择和分类如表 5-4 所示。

表 5-4　近海海域生态系统服务功能重要性评价指标体系

因　素	指　标	重要性程度			
		一般重要性	中等重要性	高 重 要 性	极 其 重 要
节水	流域面积/km²	其他领域	30～7431	7431～13 375	13 375～33 719
	表面覆盖	农业和其他领域	草原	灌木	湿地和森林
水土保持	土壤侵蚀敏感性	低灵敏度	中等灵敏度	高灵敏度	极其灵敏
	土壤侵蚀强度	微温和	温和	强度	极端强度和强度
生物多样性保护	土地利用类型	建设用地	耕地、未利用地	草原、水	林地
	植被覆盖率/%	<20	20～50	50～70	>70
指数评分和评分		1	3	5	7

最后，在综合分析研究区生态安全重要性评价指标的基础上，采用生态安全等级指标来划分研究区生态安全空间。

四、近海海域生态系统安全的对策建议

（一）根据各沿海地区实际情况制定差异化发展政策[3]

未来要实现沿海省市经济增长与海洋生态环境的协调发展，需要根据各地区发展的实

① CHEN D Q, LAN Z Y, LI W Q. Construction of land ecological security in Guangdong Province from the perspective of ecological demand[J]. Journal of Ecology and Rural Environment, 2019, 35(7): 826-835.

② LI Y, LIU C, MIN J, et al. RS/GIS-based integrated evaluation of the ecosystem services of the Three Gorges Reservoir area(Chongqing section)[J]. Shengtai Xuebao/Acta Ecologica Sinica, 2013, 33(1): 168-178.

③ WANG Z, ZHAO L, WANG Y. An empirical correlation mechanism of economic growth and marine pollution: a case study of 11 coastal provinces and cities in China[J]. Ocean & Coastal Management, 2020(198):1-9.

际情况制定差异化发展政策。具体而言，对于系统性转移相对频繁的沿海省市，应提高生态水平，降低系统性转移速度，以稳定系统性转移。其中，辽宁应改变传统的产业发展模式和污染治理方式，大力发展绿色产业，消除结构性海洋污染；天津应鼓励污染治理新技术的研究、开发和应用，支持海洋生态环保工程中心等创新平台建设，提高海洋污染处置能力；河北要坚持源头治理，严格控制入海污染物总量，加强陆地、流域、海域综合治理；广东要开展海洋生态文明宣传教育工作，提高公众对海洋生态环境保护的自觉性和积极性，加快海洋生态文明建设；广西应加强泛北部湾海洋生态保护国际合作。以海洋生态环境保护为重点领域，建立国际合作机制，共同实施保护工程，实现经济发展与海洋生态环境的协调共生。对于系统性转移相对稳定的沿海省市，要在保持稳定发展的基础上，探索与其功能定位和发展基础相适应的经济和海洋生态环境均衡发展模式。其中，山东、江苏、浙江未来要突出海洋生态环境保护的主导地位，妥善处理稳增长与结构调整之间的关系，有计划、多维度规避金融和生态风险，逐步实现经济与海洋生态环境的共生发展。福建要积极融入“一带一路”建设，鼓励境外企业走出去。上海要加快建设全球海洋中心城市和海洋生态文明示范区。充分利用区位优势、创新优势、政策效益，实现科技支撑的经济和海洋生态环境的协调发展。海南要把海洋生态环境保护作为发展的基本前提，维护海洋生态底线。

（二）解决“土地竞争”问题，实现城市可持续发展①

（1）农业生产和建设活动的区域管理程度是根据不同地区最有可能或不太可能发生的环境问题的空间分布来确定的。根据相关研究，至少 4.01%的耕地区和 2.78%的建筑区，包括浙江中部、福建中北部、珠三角中部、广西中北部、渤海湾沿岸、浙江沿海，应坚持生态优先、绿色发展的理念，努力解决“争地”问题。要优先发展耕地生态功能，适当调整种植结构，发展现代观光农业和生态农业。同时，要鼓励该生态空间中的原有建设用地和农业生产用地有序退出。应禁止将此类空间非法转变为城市和农业空间。相比之下，87.40%的耕地区和 89.74%的建设用地区可以采取相对宽松的管理策略，这些地带主要位于研究区的近海侧。

（2）鉴于少数冲突分布在行政区域交界处，政府各部门应加强沟通，协调土地利用冲突。国家应给予省级政府更多的土地使用自主权，增强土地管理的灵活性。然而，由于各类土地利用冲突往往交叉分布在行政区域的交界处，当不同省（市）政府对相邻银行的同一类型土地利用冲突采取不同的管理措施时，实现最优管理效果具有挑战性。在沿海综合管理规划方面，应摒弃以往按行政区域划分沿海带的发展体制，形成省（市）际区域合作新模式。应遵循“顺应自然”的原则，协调沿海地区的陆地开发和海域利用，缓解沿海地区在未来城市发展中面临的生态风险。

（3）要综合考虑城镇用地目标，合理协调各类土地利用需求。要综合考虑“城市建设—农业生产—生态保护”三重土地利用目标，根据各区域海岸带的土地利用特点，实施符合区域特点的土地利用模式。但是，要整合、保护、巩固和恢复整个沿海地区生态空间

① ZONG S, HU Y, ZHANG Y, et al. Identification of land use conflicts in China's coastal zones: from the perspective of ecological security[J]. Ocean & Coastal Management, 2021(213): 1-10.

所需的各类资源，调整生态保护和相关方的利益关系，通过设计生态补偿机制来改善土地利用冲突是很有必要的。生态安全是21世纪人类面临的主要挑战之一。随着中国沿海地区经济的快速发展，沿海地区各类产业和人口加速聚集，沿海地区土地利用贡献将继续加剧。因此，在解决“土地竞争”问题时，政策制定者还应考虑生态空间的集中性和连续性，以便冲突地区的协调结果更加有效。无论城市化处于哪个阶段，政府都应高度重视环境保护和生态平衡，坚持统筹考虑、统筹落实、多措并举协调土地分配和承诺，促进沿海城市可持续发展。

（三）加快产业结构转型，提高沿海城市生态系统韧性①

沿海城市迫切需要加快产业结构转型，探索可持续发展道路，以增加路径容量，增强系统的安全性和稳定性。沿海城市的“应对”措施在促进经济发展、提高人民生活水平方面具有显著效果，但这些措施不能有效驱散污染物，维护自然环境。因此，沿海城市需要调整“响应”的功能方向，以减少污染物排放，加强生态环境的维护，增强生态安全体系的支撑能力。

此外，随着生态系统脆弱性的日益增强和海洋灾害的日益频繁，生态安全体系应具有更多的冗余性，这将增强生态安全体系的应急能力，保障其可持续发展。因此，沿海城市应升级现有生态保障体系网络，扩大渠道容量，调整体系结构，以应对经济社会发展。具体而言，沿海城市应注重优化应对措施的实施绩效，以提高污染物消散能力、维护自然环境、发挥“影响”到“响应”的积极影响，完善灾害应急响应措施。

五、近海海域生态系统安全现状：钦州湾海岸带案例分析②

（一）钦州湾海岸带生态安全评价结果

基于2011—2020年的数据，对钦州湾海岸带生态安全进行了综合评估。DPSIR框架下其海岸带生态安全的基本演变情况如下：钦州湾海岸带生态安全综合指数从2011年到2020年呈现波动上升的趋势。近10年来，生态安全指数最低为2014年的0.361，最高为2018年的0.648。2016年后，钦州湾海岸带的安全状态连续从预警（即较危险）变为较安全状态。

（二）各指数评估结果分析

利用权重衡量各评价指标对钦州湾沿海地区生态安全的重要性。权重越大，影响越大。根据权重分配的结果，影响力最大的10个指标从大到小依次是：沿海地区重大海洋灾害损失>生活垃圾无害化处理率>海洋垃圾密度>排污口达标率>人口密度>海水产品总产量（捕捞和养殖）>水体重金属综合污染指数>海平面变化量>化肥施用强度>海水富营养化指数。

---

① NATHWANI J, LU X, WU C, et al. Quantifying security and resilience of Chinese coastal urban ecosystems[J]. Science of the Total Environment, 2019(672): 51-60.

② ZHOU J, WANG X, LU D, et al. Ecological security assessment of Qinzhou coastal zone based on driving force-pressure-state-impact-response model[J]. Frontiers in Marine Science, 2022(9): 1-11.

这些指标是造成钦州湾海岸带生态环境变化的主要原因。下面从 DPSIR 的五个主要方面进行分析。

（1）社会经济驱动力（D）指数。2011—2020 年，钦州湾海岸带驱动力指数的变化有波动，并趋于稳定。不断上升的钦州驱动力指数从 2011 年的 0.097 上升到 2013 年的 0.140，2015 年下降到 0.038，然后从 2016 年的 0.103 略微开始波动，到 2020 年的指数为 0.103。在整个生态安全评价体系中，驱动力占 18.50%；最低比例（8.00%）出现在 2015 年。这一结果表明，驱动力指标对钦州湾海岸带生态安全的贡献程度是不断变化的。驱动力指标前 10 个加权个体占 20%，影响着生态安全。2011—2020 年，第三产业总产值、城镇居民人均可支配收入、人口密度、海产品（渔业和水产养殖业）总产值分别增长 169%、56%、422%和 17%。2011—2020 年，工业产值与 GDP 和人均水资源的比率分别下降 37%和 52%。这表明，人口、人类活动和海产品需求的增加在促进沿海地区经济发展的同时，也给环境和资源带来了压力。

（2）社会压力（P）指数。压力指数从 2011 年的 0.144 缓慢下降到 2014 年的 0.060，但从 2015 年的 0.134 急剧上升到 2017 年的 0.189。然后，在 2019 年下降到 0.128，在 2020 年逐渐上升到 0.144。压力标准层的所有指标均为负值。因此，2014 年海岸带生态系统大多处于压力状态，主要影响指标是海水富营养化指数和海洋垃圾密度。海水富营养化指数和海洋垃圾密度从 2011 年到 2020 年分别增加了 26%和 333%。这两个指标在这 10 年间都达到了峰值，说明随着经济的快速发展，人类对海岸带的影响程度也在密集地增加。压力指数从 2015 年开始逐渐上升，在 2017 年达到峰值。这一结果表明，在此期间压力指数得到改善，主要是由于海水富营养化指数和施肥强度明显下降。2017 年，海水富营养化指数和海洋垃圾密度分别比 2014 年下降 65.54%和 80.76%。2018—2020 年，压力指数呈现缓慢上升趋势，主要是由于国内游客数量的增加。2017 年接待国内游客约 2571.18 万人次；2020 年，接待国内游客数量增长 50.73%。10 年来压力指数占比最大的是 2017 年的 32%，说明整个 2017 年综合指数受压力影响最大。近年来，沿海公园和国家级红树林自然保护区的建设吸引了大量的游客，2011—2020 年游客和海洋垃圾密度分别增加了 400%和 333%。

（3）海洋资源状态（S）指数。从 S 指数的角度来看，2011—2020 年，变化趋势波动较大，幅度较大。2013 年最高状态指数为 0.097，2017 年最低状态指数为 0.028，呈现出约 71.1%的下降，主要是因为海水重金属污染指数为负值指标。2013 年，最低指数为 0.21，表明海水是清洁和安全的。尽管如此，该指数在 2017 年达到最高的 1.29（轻度污染），这表明海水开始受到污染。由叶绿素 a 显示的初级生产力的含量变化很大，从 2013 年的 3.79μg/L 到 2017 年的 5.79μg/L。该指标的比率越高，海水富营养化的情况越严重。2020 年的状态指数相对较低，主要是因为微型底栖动物多样性指数从 2017 年的 2.17 下降到 2020 年的 0.39。总体而言，状态指数在海岸带生态安全评价体系中占的比例较低（约 10%），说明对生态安全评价的影响较小。

（4）海洋环境影响（I）指数。海洋环境影响指数是评价海岸带生态安全的一个关键指标，其年际变动受多因素影响。统计数据显示，该指数在 2014 年和 2017 年较其他年份低，分别仅为 0.096 和 0.119，而其他年份均维持在 0.15 左右。主要原因是 2014 年沿海地区遭遇两次强台风及一次水质污染事件，造成重大海洋灾害损失高达 30.4 亿元。由于灾害损失权重最大，为 0.08，拖累了 2014 年的指数值。据历史资料显示，当年钦州地区经历了台风

"Rammasun"和"Kalmaegi"登陆。此外，2017 年海平面上升幅度最大，较 2011 年增加 55.5%。加之当年空气质量下降 11.59%，共同导致指数偏低。需要注意的是，该指数在生态安全评价体系中平均权重高达 27%，对海岸带生态安全评价影响重大。综上，海洋环境影响指数主要受极端气候事件和海洋环境变化的影响，是评估海岸带生态安全状态的一个关键指标。

（5）社会经济响应（R）指数。2011—2020 年，响应指数呈现波动上升的趋势，但在 2018 年出现了突出的增长，主要是由于排污口达标率和一般公共预算支出（如节能环保）出现了大幅增长。由于排污口达标率在 2018 年达到最高值，响应指数与 2016 年相比增加了 32.94%。由于政府加大了对节能环保的投入，一般公共预算支出在 2018 年达到峰值，投入 1.87 亿元。2015 年以来，生活垃圾处理率达到 100%，说明钦州沿海地区和城市对生态环境保护的重视程度得到加强，所采取的措施取得了明显成效。总体来看，2018 年海岸带生态安全评价体系中，响应指数占比最多，为 30%，其他年份占比约为 18.67%。

（三）与其他地区的比较分析

钦州湾是一个半封闭的，以工业、农业和旅游业为主导产业的海湾。近年来，随着沿海工业的快速发展和人类活动的不断增加，钦州的海岸带正面临着各种严重的威胁，如水质下降、过度捕捞和收获、生物多样性丧失等。此外，世界各地的海岸带面积都在急剧减少，海岸带的功能也在不断恶化，造成了相当大的生态和经济损失。人口增长、城市化以及对资源、交通和能源的竞争，都给海岸带带来了上升的压力[①]。钦州湾海岸带的综合指数及与其他地区的比较结果来看，三亚市、大亚湾、粤港澳和钦州海岸带的综合指数趋于良好发展态势，主要得益于国家海洋生态环境保护政策，如《中华人民共和国海洋环境保护法》和"十三五"规划中保护海洋生态环境保护的内容等。钦州湾的综合生态指数低于其他地区，主要是地理原因。其他调查区位于公海，而钦州湾位于内湾，水动力相对较弱，加上钦州湾内多条河流的输入，导致钦州沿海地区的生态环境相对较差。

本章小结

城市生态系统安全、农村生态系统安全与邻近海域生态系统安全是生态系统安全的重要组成部分。城市生态系统安全是指通过对城市内部关键节点、斑块、廊道与生态网络的优化调控，保障城市生态系统服务供给－需求的动态平衡以及各种服务之间的协调共生，实现城市生态系统功能的可持续发展的状态。农村生态系统安全是指农业自然资源和生态环境处于一种健康、平衡、不受威胁的状态。在该状态下，农村生态系统能够保持持续生产力，不对环境造成破坏和污染，并能生产出满足人类需求、健康安全的农产品。近海海域生态系统安全是指近海海域资源、环境和空间能够持续为人类社会发展提供供给、支持、调节和文化等多样化的生态系统服务的健康和完整的状态。

随着对生态安全理论的研究日益增多，出现了许多生态安全评估方法，如指标法、景

---

① CHEN M H, CHEN F, TANG C J, et al. Integration of DPSIR framework and TOPSIS model reveals insight into the coastal zone ecosystem health[J]. Ocean & Coastal Management, 2022, 226(7): 1-13.

观生态学、生态综合评价法和生态承载力法等。这些方法的指导思想对生态环境的变化具有敏感性。涉及环境和生物因素的指标多种多样，生态环境体系结构复杂多变，因此，简化计算方法是十分必要的。相应地，生态安全评价指标体系的构建需要符合科学性、系统全面性、相对独立性、可行性、可操作性、可比性以及针对性等原则。

生态安全格局的构建应以满足人类需求为导向，以解决生态环境问题为着力点，实现生态系统服务供需的动态平衡，实现人类生存、发展与生态环境的协调发展。

思考题

1．如何理解国土空间生态安全的科学内涵？
2．国土空间生态安全的评估方法有哪些？优缺点各是什么？
3．国土空间生态安全评价指标体系的构建原则有哪些？
4．国土空间生态安全的保障机制如何构建？

第六章

突发状况背景下的生态安全

学习目标

✧ 理解突发环境事件及生态安全的定义、两者的关系；

✧ 掌握我国水污染存在的问题和应对措施；

✧ 了解土壤污染的主要来源及类型；

✧ 熟悉我国土壤污染的现状及治理措施；

✧ 理解生态政治化的概念；

✧ 了解生态政治化对国际关系的影响（理论和实践层面）。

导言

当今世界，突发环境事件不断发生，造成某一区域内的人员伤亡、财产损失，严重威胁了该区域的经济、政治稳定。突发环境事件不利于维护我国生态安全，容易引起社会公共安全治理问题，阻碍了人与自然和谐相处的进程。鉴于它的突发性和偶然性，在新时代，我们要坚持可持续发展战略，加大对突发环境事件的应急处理与预测，以更好地保护人民群众和生态环境。为了深入学习该主题，本章列举水污染、土壤污染问题进行案例分析。通过学习我国水污染、土壤污染的现状、存在的问题，找出相应的应对措施，践行可持续性发展的要求，有利于维护我国的生态安全及人民健康。

随着全球生态问题的日益严峻、全球经济和生态相互依赖程度的加深，生态政治化逐渐成为各国关心的主题。在理论层面，生态政治化影响了国家安全理论、国家主权理论、国际关系互动理念；在实践层面，环境外交兴起，各国纷纷制定政策来验证生态政治化对国际关系的影响，并探究环境外交中存在的问题。当然，面对这一兴起的问题，无论是理念还是实践层面，各国都有很长的探索之路要走。

第一节 突发环境事件与生态安全

一、突发环境事件及其基本概念

环境事件是指由于违反环境保护法律法规的经济、社会活动与行为，以及意外因素的影响或不可抗拒的自然灾害等原因，致使环境受到污染，人体健康受到危害，社会经济与人民群众财产受到损失，造成不良社会影响的突发事件。突发环境事件是指突然发生的造成或者可能造成重大人员伤亡、重大财产损失和对全国或者某一地区的经济、政治和社会稳定构成重大威胁和损害，有重大社会影响的涉及公共安全的环境事件。根据国务院办公厅 2015 年颁布的《国家突发环境事件应急预案》，以突发环境事件的发生过程、性质和机理为划分标准，突发环境事件主要分为三类：突发环境污染事件、生物物种安全环境事件和辐射环境污染事件[①]。

在生产生活中，突发环境事故不可避免，所以需要尽量通过生态应急的方式进行处理，以降低损失，减少危害，更好地保护环境安全。之所以要重视突发环境事故中的生态应急保护，是因为突发环境事故对环境造成的伤害会给社会公共生活带来危害，也可能会对普通民众的生命健康和财产安全造成威胁，从而影响社会的可持续发展。

突发环境事故不仅会对环境造成损害，破坏生态系统，还会对人们的生产生活带来负面影响，从而影响整个社会，甚至阻碍社会发展。应对生态灾难，保护生态安全，既是实现可持续发展战略的要求，又是成功实施社会公共治理的需要。

为面对新时代的新发展格局，我国提出了创新、协调、绿色、开放、共享的新发展理念，同时坚持可持续发展战略。在过去，我国一些地方的政府和组织为了发展经济，不惜破坏生态环境，只看到了眼前短暂的经济利益而忽略了长远的可持续发展的生态效益，从而造成严重的环境问题，如水土流失造成了土地荒漠化，工业排污造成大气、水体和土壤严重污染等。然而，随着我国经济不断发展以及环保意识的普及，越来越多的企业选择保护而非破坏环境，并且逐步采取措施修复那些因发展经济而被破坏和污染的地方。

突发的环境事故通常会对生态环境造成较大的伤害，如某些有毒的工业废水意外排入河流中，就会直接伤害该生态系统，例如河流水体、动植物等，同时对与河流相通的地下水系、流域土壤等也会带来潜在危害。若是该河流具有农业生产灌溉或居民生活供水功能，则相关危害就更大了，成了当地社会公共秩序的不稳定因素[②]。

2023 年 8 月 24 日，日本政府在反对声中正式启动福岛第一核电站核污染水排海。按计划，接下来的 17 天，东京电力公司将每天排放约 460 吨核污染水，之后逐渐增加排放量。由于福岛沿岸拥有世界上最强的洋流，从排放之日起 57 天内，放射性物质将扩散至太平洋大半区域，10 年后蔓延全球海域。积年累月排放的氚等放射性物质总量惊人，其对流域内

① 张玲，朱玉霞．浅析我国突发环境事件频发的原因[J]．广东化工，2012，39（8）：105-106.

② 张玲，朱玉霞．浅析我国突发环境事件频发的原因[J]．广东化工，2012，39（8）：105-106.

环境和生物的长期影响无从准确评估，不确定性就是最大的风险之一。

由此可见，突发环境事故很容易引发区域甚至全球性社会公共安全治理问题，若是没有得到妥善处理，则可能引发公共安全事件。加强对突发环境事故的生态应急处理，不仅能够保护环境，同时也能更好地保护受事件影响的社会民众，防止他们的正当生态利益与社会权益受到损害。

二、突发环境事件对生态安全的影响

我国一度选择粗放型经济增长方式，致使我国长期存在生态污染与环境恶化问题，进一步导致我国境内突发环境事故频频发生。以中国工程院院士魏复盛为代表的有关专家指出：环境恶化已经成为制约我国经济发展、影响社会稳定、危害公众健康的一个重要因素，为防止环境问题威胁中华民族的生存和发展，必须迅速将环境安全提升至与粮食安全、国防安全以及能源安全同等重要的地位，并通过制定、启动相关应急机制，弥补事故所暴露出来的生态安全软肋①。

突发环境事故对我国生态安全的影响主要在于可持续发展和社会公共治理两个方面：在可持续发展战略中，人与自然环境的和谐相处非常重要，过去我国一度为了经济发展而过度消耗生态，造成环境事故频发，近年来我国逐渐注重对生态安全的保护，然而，尽管我国的生态环境日渐改善，但由于突发环境事故具有偶然性，是无法完全预估和避免的，且事故一旦产生，又势必会对我国的可持续发展生态安全造成破坏，所以我国必须加强生态安全事故应急保护，减轻环境事故造成的危害后果，也是可持续发展的现实需要②。在社会公共治理方面，突发环境事故通常会带来较大的现实伤害，很容易引发社会公共安全治理问题。因此，加强应对突发环境事故不仅是为了保护环境，也是为了更好地保护受事故影响的普通人民群众，使他们的合法社会利益不受影响③。

第二节　突发生态事件案例研究：以水污染为例

一、突发水污染现状

水资源问题是当今世界最受关注的焦点问题之一。我国是一个干旱、缺水严重的国家。我国的淡水资源总量为 28 000 亿 m^3，占全球水资源的 6%，仅次于巴西、俄罗斯、加拿大、美国和印尼，名列世界第六位。但是，我国的人均水资源量只有 $2300m^3$，仅为世界平均水平的 1/4，是全球人均水资源最贫乏的国家之一。然而，中国又是世界上用水量最多的国家。仅 2002 年，全国淡水取用量达到 5497 亿 m^3，大约占世界年取用量的 13%，是美国 1995

---

① 李佳鹏．环境突发事件暴露生态安全软肋[N]．经济参考报，2006-01-09（6）．

② 刘新平．居安思危抓演练 未雨绸缪保平安：遵义红花岗区开展 2021 年生态环境突发安全事故应急演练[J]．环境与生活，2021（10）：9．

③ 陈李喆．突发环境事故中生态应急保护策略探索[J]．皮革制作与环保科技，2022，3（14）：49-51.

年淡水供应量 4700 亿 m^3 的 1.2 倍。

近年来，水污染事故屡见不鲜，如 2005 年松花江水污染事件、2012 年广西龙江镉污染事件，以及运输原油、农药、化肥的船只泄漏等。无论是大型的还是小型的水污染事件，都会对生态环境安全造成威胁和破坏。同时，也展现出水污染事件的以下特点。

水污染事故最主要的特点是它的不确定性。丁贤荣在文章中指出不确定性主要有以下几个方面。[①]一是事件发生的时间和空间具有不确定性。例如，运输船舶的失事以及沿岸污染物容器破裂等事件何时何地发生难以预料。二是污染源的不确定性。即使知道了事故发生的时间、地点，但对事故中释放的污染物类型、数量一时也难以确定，而这些数据恰恰是水污染模拟分析的基本参数。[②]三是事故发生地的水域性质具有不确定性。水域的水流状态直接影响污染物的扩散方式与速度，水域不仅有江河湖海之分，还有洪水、潮汐、风浪等瞬时水文变化，即使在同一河段，仅岸别不同，水流性质差异就很大。四是受害对象的不确定性。由于各种水域开发利用的方式及程度各不相同，同等规模和程度的污染事故造成的污染危害千差万别。张羽在其文章中指出，水污染事故具有三个明显特征，分别是：风险源的不确定性、风险受体的易损性和风险评估的即时性。

突发水污染事故具有不确定性、危害紧急性、需快速有效响应性等特点。事故可能会在短时间内迅速影响供水系统，导致停水事件，并经由蔓延、转化、耦合等机理严重影响城市生态系统，进而引发复杂的社会问题，成为威胁饮用水源地安全的首要因素。因此，制定切实可行的预防措施是当务之急。

二、突发水污染存在的问题

第一，我国目前还没有针对突发水污染事故的专门立法，也没有具备法律效益的相关协议，所以缺乏从法律法规层面解决应对突发水污染事件时的区域分割与部门分割问题的法律依据。[③]与此同时，由于没有在对应的流域设立处理和解决突发水污染事件的专门领导机构或者常设性机构，因此缺乏对应流域内应对突发环境事故的统一协调指挥。

第二，社会经济快速发展与工业的迅速发展，使水污染的成因与表现形式多种多样。由于水污染事件的发生具有不确定性，而且目前拥有的水污染事件应急处理预案是一成不变的，并没有做到具体情况具体分析，使现有应急预案的作用十分有限，难以应对以后更为复杂的危机。同时，许多部门只是单纯地制订了方案，并没有建立起完善的应急管理体制，不会根据实际情况对预案进行调整，直到危机到来才凸显各种问题。最后，相关部门并没有建立应急预案演练系统，使理论浮于表面，其有效性和可操作性有待考证，这一点又体现了应急预案的局限性，加之各部门之间缺乏交流和沟通，在实施应急预案时可能出现其他不确定的情况。[④]

第三，突发水污染事件时常发生，无论是 2005 年松花江水污染事件，还是 2007 年太湖水污染事件，都应该引起我们的重视。但是，从整体来看，我国应急处置技术目前仍然

---

① 丁贤荣，徐健，陈永，等. GIS 与数模集成的水污染突发事故时空模拟[J]. 河海大学学报（自然科学版），2003（2）：203-206.

② 张羽，张勇，杨凯. 基于时间特征指数的水源地突发性污染事件应急评估方法研究[J]. 安全与环境学报，2005（5）：82-85.

③ 袁海英，李娜. 重大突发性水污染事件应对机制研究[J]. 法学杂志，2010，7（31）：100-102.

④ 叶智，刘俐，龙平，等. 突发性水污染事故应急监测技术探讨[J]. 资源节约与环保，2017（2）：53-54.

不够完善，缺乏能够处理突发水污染产生前、爆发后危机的专业技术人才，也缺乏相应的技术和设备。[①]目前，我国的应急处置技术取得了一定的发展，但是仍然相对薄弱，缺乏一定的研究基础，在处理突发水资源污染中仍然存在很多问题。

第四，我国没有对突发应急事件相关知识进行社会宣传教育，所以国民的风险防范意识较弱，缺乏应急处理能力，这样一来老百姓在应对突发环境事件与应急管理方面上参与意识薄弱。政府部门始终是这类事件的主体，政府未成立相关机构来完成对单位和个人的普及宣传工作，由此导致社会群体对于此类事件了解不够，缺乏参与度。虽然政府部门资源丰富，有着相对完善的设施以及相应的组织体系，但是面对突发水污染事件，仅仅依靠政府的力量是不够的。[②]因此，要建立完善的社会参与机制，使社会群众都参与进来，才能够更加快速有效地解决此类事件，维护生态安全。

三、突发水污染应对策略

突发水污染事件具有极大的不确定性，其危害和影响程度大，社会舆论关注度高，[③]若处理不当，可能危及供水安全，引发重大社会问题。[④]因此，我们应该从以下几个方面采取措施。

首先，完善相关法律法规是预防和处理突发水污染事件的重要保障。应制定水污染事件的法律责任追究机制，改进突发水污染事故责任界定与经济赔偿的相关法律法规，增强对于企业的管理，严格检查运输化学品、农药等具有污染性物质的船只。Vinton W. Bacon 等人在文章中提出美国加州通过立法来解决水污染问题，取得了有效成果。[⑤]

其次，突发水污染事件的发生有些时候是由于防范意识的缺失，思想上没有重视导致的。为了减轻突发水污染事件对环境的损害，要培养相关人员对于突发水污染事件的相关知识的了解，提升他们的危机意识，做到居安思危，防患于未然。通过宣传教育，使相关人员了解事故发生的特点以及造成的危害，提升对于突发水污染事件的防范意识。

再次，人才是第一资源。当前，我国对于研究突发水污染事件的人才培育还不够，政府应当正确利用社会资源，积极培育和引进专家人才，有关部门可以组成专家系统，形成专业的指导团体，帮助企业和政府制订科学有效的应急预案，在事故发生前可以进行更精准的预测，在事故发生后能够更科学地指导应急预案的实行，防止造成更大损失。

最后，不断加大科技的投入，使突发事件的防治有强有力的技术支撑。根据流域突发性水污染事件应急处置的需要，进一步加强复杂河网污染物监测技术、污染物输移扩散规律、水质模型及预警预报关键技术、应急处置技术等基础研究，加强关键技术和高新技术的开发与应用，加快科技创新，为流域突发水污染事件应急处置提供坚实的科技支撑。水环境突发事件的环保技术包括生物操纵技术、水生植物处理技术、土壤—植物处理技术、

① 张晶晶．我国突发水污染事件应急处置技术与对策研究[J]．中国资源综合利用，2019，10（37）：116-118.

② 吴娜．浅谈突发环境事件应急管理现状及建议[J]．广东化工，2019，11（46）：147-148.

③ 刘丹，黄俊．流域突发水污染事件应急能力体系建设[J]．人民长江，2015，19（46）：71-74.

④ 水利部水资源管理中心．突发水污染事件应急处置技术手册[M]．北京：中国水利水电出版社，2015：108.

⑤ BACON V W，GLEASON G B，WALLING I W. Water quality as related to water pollution in California[J]. Industrial & Engineering Chemistry，1953，45（12）：2657-2665.

氧化塘处理技术、河道直接净化技术、人工湿地技术、曝气增氧技术等。一旦爆发水环境突发应急事件，需要采取针对性强的环保技术或者若干种环保技术结合的方式，保障水环境安全。[①] 张晓建[②]讨论了典型污染案例的起源以及对这些事故的应急反应。未来几十年，中国的饮用水供应将受到环境污染事故的威胁。因此，我国必须改变发展模式，加强环境保护立法和管理，提高应急能力。

第三节　突发生态事件案例研究：以土壤污染为例

一、土壤污染的来源及主要类型

近几年发生的“镉大米”“重金属蔬菜”等与人们生活健康息息相关的事件，使土地污染问题受到了广泛的关注。“关于土地污染问题，第二次全国土地调查结果表明中重度污染耕地大体在5000万亩”，这是2013年12月30日国新办发布会公布的数字，[③]可见我国目前的土壤污染情况不容乐观。[④]

土壤污染除直接污染以外，其他污染也有可能是土壤污染的来源。[⑤]首先，土壤污染60%的来源是工业，污染渠道主要是废水、废气和固体废弃物。其次，来源于农业，大约占30%，主要是由于过度施用化肥、农药，秸秆燃烧，大量畜禽类粪便和生物残体处理不当等造成的。再次，来源于交通运输，约占6%，主是要由机动车尾气的排放、汽油中的抗爆剂以及运输过程中各种有毒物质的挥发导致的。最后，来源于人们的日常生活，约占4%，污染渠道使生活垃圾的产生量大，降解速度慢，降解过程中产生的有毒有害物质使城郊地区堆积场所的土壤直接受到污染并对大气和地下水造成间接污染。

土壤污染的类型是多种多样的，主要有以下四种类型。首先是有机物污染，它的形成主要是由于有机物成分进入土壤，形式主要有农药施用、污水灌溉、污泥和废弃物的土地处置和利用，以及污染物泄露等。[⑥]其次是重金属污染，主要是各种工业的“三废”排放、农药化肥的滥用，生活垃圾和尾气排放也是一些重金属的来源。[⑦]再次，放射性污染物也是土壤污染的主要来源，土壤环境中放射性污染物质有天然来源和人为来源，天然来源主要指存在于地表圈（土壤、岩石）、大气圈和水圈中的放射性核素，主要由铀系、钍系、氚等组成。人工放射性核素的主要来源是土壤人工放射性废物以及核爆炸等产生的放射性尘埃，重原子的核裂变等。[⑧]最后是病原微生物污染物，主要是指包括含病原体的人畜粪便、生活

① 周龙．论加强突发环境事件应急管理的措施[J]．资源节约与环保，2021（10）：134-136.

② ZHANG X J，CHAO C，PENG F，et al．Emergency drinking water treatment during source water pollution accidents in China: origin analysis, framework and technologies[J]．Environmental Science & Technology，2011，45（1）：161.

③ 陈阳．土壤污染“家底”初步公开[N]．中国经济导报，2014-01-04（2）.

④ 赵金艳，李莹，李珊珊，等．我国污染土壤修复技术及产业现状[J]．中国环保产业，2013（3）：53-57.

⑤ 齐力，梅林海．工业经济增长与环境污染的关系研究[J]．生态经济，2008（8）：149-153.

⑥ 陈浩．中国耕地土壤污染问题研究简析[J]．黑龙江农业科学，2012（9）：49-52.

⑦ 齐美富，桂双林，刘俭根．持久性有机污染物（POPs）治理现状及研究进展[J]．江西科学，2008（1）：92-96.

⑧ 李玉双，胡晓钧，宋雪英，等．城市工业污染场地土壤修复技术研究进展[J]．安徽农业科学，2012，10（40）：6119-6122.

污水、垃圾、工业废水、医院污水的污染，如果直接施用这些人畜粪肥和污水灌溉或利用其进行施肥，就会使土壤带有病原微生物。[①]

二、土壤污染的现状

第一，土壤污染的修复大都采用挖掘、填埋等处理技术，土壤的生物修复技术及气相抽提技术等仍处于研究阶段，尚未系统化、工程化地开展，土壤污染修复的技术支撑较弱。[②]一旦发生土壤污染，单纯依靠切断污染源的方法很难将其修复，但其他治理方法不但成效较慢，而且所需成本相对较高，耗时也相对较长。

第二，土壤污染具有隐蔽性和长期性，因此，土壤污染的治理工作需要长时间可持续性的监督来保障。目前，土壤污染的监管能力较弱，相关的法律不完善、落实不到位，预防治理的难度较大，加上相关部门存在责任划分与细化不到位、责任交叉的现象，影响了土壤污染防治的效率。

第三，不合理的农业生产方式加上施用了错误的种类或剂量的农药化肥等，都会使土壤污染问题更加严重。某些农药或化肥常含有汞、砷等重金属，过量投加会导致耕地土壤重金属累积。[③]常见的磷肥中镉含量较高，长期过量施用会严重影响耕地土壤质量。有机肥长期施用也会产生土壤重金属累积，李可等[④]通过田间试验研究发现，土壤重金属镉、铬、铜、锌和砷的全量随鸡粪有机肥施加量的增加而增大，出现明显的累积现象。污泥农用是当前城镇污水处理厂污泥资源化处置的手段之一，污水厂污泥富含氮、磷和有机质，进行农业利用可实现农作物增产，但可能导致污泥中重金属形态的变化和重新释放，产生二次污染。Schnoor Jerald 也持同样的意见，他在文章中指出：根据美国地质调查局的初步结果，经过处理的生物固体含有多种低浓度的有机污染物，通过径流流向土壤和水。[⑤]同时，农用地膜使用未回收部分难以自然降解，地膜生产过程中常加入含有镉、铅等的热稳定剂，这些微量重金属释放到土壤中的速度较慢，但也可能造成重金属污染。

三、土壤污染应对策略

首先，土壤污染防治及修复是一项系统性工作，包含学科较多，不仅包含化学、环境工程，而且涉及物理学、微生物学，需多项学科协作分析。[⑥]国家应积极鼓励科研机构在防治技术上进行创新，选取典型的土壤污染区域，积极探索执行有效的防治模式，给予相关科研机构政策支撑，落实一批典型的土壤污染防治修复项目。加大对工矿源头污染的治理力度，强化废弃矿山综合整治和生态修复。

其次，相关部门要积极联合起来建立土壤污染的监管体系，使有关单位采取有效措施

---

① 贾怀东，连威．“有毒土地”敲响环境警钟[J]．上海企业，2012（8）：43-45．

② 农工界别小组．建立国家土壤污染重点监管单位清单制度[J]．前进论坛，2022（11）：31．

③ 刘星华．浅谈耕地土壤重金属污染及治理思路[J]．皮革制作与环保科技，2022，20（3）：114-116．

④ 李可，谢厦，孙彤，等．鸡粪有机肥对设施菜地土壤重金属和微生物群落结构的影响[J]．生态学报，2021（41）：4827-4839．

⑤ JERALD L S. Australasian soil contamination gets attention[J]. Environmental Science & Technology, 2004, 38(3): 53A.

⑥ 鲁秀国，过依婷．重金属污染土壤钝化修复技术研究[J]．应用化工，2018，7（47）：1473-1477．

治理防范土壤污染并公开其执行情况，各部门之间也要互相监督。为了更好地交流与监督，可以建立土壤治理数据库，实现各部门之间的数据共享，更快更准地对土壤污染进行治理。同时，重点单位部门应建立有毒有害物质排放年度报告制度、土壤隐患排查制度，落实自行监测等相关责任。

再次，众所周知，我国土壤污染防治形势严峻，土壤污染面积大，污染状况复杂多变，污染深度不同。耕地土壤重金属污染治理周期长、难度大，治理过程所耗资金巨大[①]。2008年，原环保部印发了《关于加强土壤污染防治工作的意见》[②]，提出了“谁污染，谁治理”的原则，然而在我国经济快速发展的背景下，亟需建立更为全面的土壤污染治理资金保障体系。2020 年 2 月，多部委联合印发了《土壤污染防治基金管理办法》[③]，规范了土壤污染防治基金的资金筹集、管理和使用。我国应积极吸收借鉴日本、美国等发达国家对于土壤污染治理的先进经验，建立起适应发展需求的资金保障模式。

最后，有关部门应该根据土壤受污染的严重程度，进行分类、分级的土壤污染风险管控，不断提高耕地质量管控的系统化、精细化和信息化程度。相关部门要遵循因地种植的理念，实行“一类一策”管控，对于优先保护类耕地，应加强土壤质量动态监测，严防严控污染输入；对于安全利用类耕地，应加强土地运作管理，科学进行耕地调理修复；对于严格管控类耕地，应采用“修复—休耕—退耕”的治理思路，同时对受影响的种植户进行资金补偿。

第四节　生态安全对国际关系的影响

一、生态政治化概述

生态安全对国际关系的影响从生态或环境问题政治化开始。20 世纪 60 年代，环境保护意识就开始在国际关系领域产生影响。随着全球经济和生态相互依赖程度加深以及跨边界生态问题日益严峻，生态问题的政治化与全球化日趋明显，尤其是 1972 年的联合国人类环境会议后，生态问题在国际关系领域正式确立了自己的地位，生态环境与安全由一般的环境问题上升为政治问题、由一国的政治问题上升为国际关系问题。于是，生态国际关系理论应运而生。生态政治学者们在批判传统国际关系两大主流理性方法的基础上，发展出了生态国际关系理论。生态问题进入政治领域并且引起世界各国的广泛关注：首先是国际关系理论，使既有的理论体系产生“裂缝”，而后开始在外交关系层面影响国际关系中的生态安全保护实践。

---

① 池芳春．耕地污染治理的资金问题思考[J]．陕西农业科学，2016（62）：102-104.

② 环境保护部．关于加强土壤污染防治工作的意见（环发〔2008〕48 号）[Z/OL].（2008-06-06）[2023-01-29]．https://www.mee.gov.cn/gkml/hbb/bwj/200910/t20091022_174598.htm.

③ 财政部，生态环境部，农业农村部，等．关于印发《土壤污染防治基金管理办法》的通知[Z/OL].（2020-02-28）[2023-01-29]．https://www.mee.gov.cn/xxgk2018/xxgk/xxgk10/202002/t20200228_766623.html.

二、生态政治化对国际关系理论的影响

环境问题进入国际政治领域到生态安全成为国家安全的一部分，在这个过程中，生态政治化首先在国际关系理论层面开始被讨论。

（一）对国家安全观的影响

生态政治化使国际社会对安全问题的认识有了新的变化，生态安全成为国家安全的延伸。世界各国都认识到，只有把生态安全上升到国家安全的高度，才能唤醒全民的生态保障意识。生态政治化冲击了传统的国家安全观，生态安全作为一种新的国家安全被纳入各国安全体系。最早在理论上将环境引入安全概念和国际政治范畴的学者是美国著名的环境问题专家奈斯特•R. 布朗，他早在 1977 年就提出要对国家安全加以重新界定。[①]

生态问题对国家安全的威胁可区分为直接威胁和间接威胁。直接威胁中以“跨疆界污染转移”最为典型，它是指污染物质经大气、水体甚至食物链从一国到另一国的流动，这将导致各种形式的物质环境退化，包括上游国家工业排污导致下游国家饮用水污染；上风向国家工业烟尘飘入下风向国家形成酸雨，砍伐森林导致水土流失影响到邻国农业等。此类污染可以通过破坏别国正常的社会生存方式来动摇其政治框架，达成对该国国家安全的威胁。另一方面，环境退化以及生态系统承载力下降等生态问题还可能造成区域性的资源短缺，短缺的结果要么是紧缩消耗，要么是争夺资源，从而引发军事冲突，间接形成对国家安全的挑战。[②]

更为严重的是，生态恐怖并不限于对个别国家安全的影响，往往扩展为对全球安全的挑战。现代生态恐怖——臭氧层破坏和全球温室效应，对安全的影响必然是全球性的，因为大气以及其中的臭氧层是全球生态系统中的重要环节，其影响不可能仅限于个别的地理区域。所以，尽管其他的环境安全挑战只影响某个特定区域，因全球环境变化造成的世界性的安全挑战依然要所有国家共同应对。[③]

在传统的国家安全观中，政治安全和军事安全是重心所在，这是由主权国家原则以及国际体系的无政府状态所决定的。然而，当代全球生态环境问题的凸显却对传统的国家安全观造成了冲击，环境安全作为一种新的国家安全进入了各国的安全体系。[④]

（二）对国家主权观的影响

在国际政治中，国家安全与主权密不可分，环境问题的跨界性、全球性特征对传统的安全观产生冲击，因此，生态意识也必然会对传统国家主权观念产生影响。

主权的绝对性与环境的跨界性产生冲突。传统的国家环境主权原则认为，国家无论大小、贫富、强弱，都有权平等参与环境领域的国际事务，对于本国范围内的环境问题拥有国内的最高处理权和国际上的自主独立性；主权国家对其境内环境和资源的利用是主权国

① LESTER R B．Redefining National Security[J]．Worldwatch Paper，1997（14）：36-40.
② 屠启宇．论生态意识对国际政治领域的重大冲击[J]．世界经济与政治，1994（5）：36.
③ 屠启宇．论生态意识对国际政治领域的重大冲击[J]．世界经济与政治，1994（5）：36.
④ 范俊玉．当代生态环境问题的政治影响及其应对[J]．中州学刊，2009（2）：4.

家内部事务，是主权的象征，具有排他性质，无论国家的行为导致什么样的环境资源破坏，国际社会都不应该干涉。[①]但是随着生态的政治化，国际社会开始对这种国家主权观提出挑战。由于生态问题（尤其是气候问题）无边境（无主权）的特质，导致世界上任何一个国家或地区的生态变化必将影响相邻国家和地区，甚至影响全球的生态环境，最终造成全人类利益的损害。所以人类的生态问题已超出了一国范围，成为一个国家间的相互依存问题。各国的环境活动息息相关，并为彼此的环境行为及后果付出代价或取得收益。因此人类的生态环境问题不再是某个国家或政府的单一行径，而是需要通过国际立法、国际合作及国际协调才能得以解决的。[②]资源环境属于自然实体，在空间上遵循自然分布规律，受自然因子、地质、地貌、光、温、水、热的影响，具有边界上的模糊性、渐变性，吸收反馈的跨区域性。而行政边界划分属人文现象，具有确定性，国家间、省区间都有明确的边界。将自然界覆合在世界政治地图上，资源环境才有了国籍，也就产生了资源环境的国家主权观。而自然反馈活动、扩散活动并未因国界而停止。资源环境保护与国家主权观的不整合由此而产生。正是这种不整合、不协调，使国家主权所含的对内统治权、对外独立权在环境保护领域既不完整又不明确，这也是环境外交活动中对主权观有如此大的分歧，造成如此大冲击的主要原因。[③]各国都必须在生态环境中生存，所以在应对全球生态问题上是不可分割的“共同体”。生态问题没有国界，维护全球生态环境，必须依靠长期、广泛的国际合作，各国政府责无旁贷。在此局面下，国际社会在生态问题上的传统主权观和利益得失评估体系受到严重冲击。国际关系学者不得不以一种新的态度评估各国在面临生态问题时的责任和利益，寻求超越传统威斯特伐利亚体系的狭隘国家主义观念的新主权观念，呼吁国家共同应对全球生态问题治理难题，以维系人类共同生活的地球家园。[④]

国家在新的全球生态危机面前要么显得太大，要么显得过小：所谓“太大”，是指它无法设计和承担各种各样的具体的可持续发展的任务，只能从下面、从基层、从各个地方逐渐实现；所谓“过小”，是说国家无法应对跨国界的生态问题，后者经常是由国际组织和非政府组织（NGO）处理的。[⑤]

不少西方国家将全球环境污染归咎于发展中国家错误的发展政策，以维护全球生态平衡为借口，提出资源利用、环境保护国际化。由此它们更进一步地提出“主权限制论”“主权分割论”“主权共享论”，强调环境资源无国界，要对发展中国家主权加以限制，蛮横要求发展中国家在发展经济时必须首先考虑环保，否则不予合作，甚至加以制裁。而发展中国家则认为发达国家是借环保之名企图控制它们的自然资源，干涉它们的内政，侵犯它们的主权。主权的敏感性与脆弱性使发展中国家固守国家主权的绝对排他性和独立性，主权纷争是导致国际紧张局势的潜在因素。[⑥]

20 世纪中后期，生态环境问题已经被普遍认为是一个跨国界的、全球性的政治问题。在这一时期，国际关系理论的两种主要理性主义方法都趋向于把环境问题作为一个“新的

① 王晓梅．全球环境问题对国际关系的影响[J]．当代世界，2008（5）：42.

② 赵春珍．生态国际关系理论的当代价值与反思[J]．前沿，2013（18）：34.

③ 屠启宇．从环境外交看国家主权观的发展[J]．社会科学，1993（8）：27.

④ 赵春珍．生态国际关系理论的当代价值与反思[J]．前沿，2013（18）：34.

⑤ 王逸舟．生态环境政治与当代国际关系[J]．浙江社会科学，1998（3）：15.

⑥ 王茂涛，彭庆刚．环境安全及其对当代国际关系的影响[J]．安徽农业大学学报，2000（3）：44.

问题领域”置于既存的理论框架中，而没有提出一个新的分析框架或规则。无论新建构现实主义还是建构现实主义在很大程度上都将环境问题视为“低级政治”，而新自由主义趋向于运用政权处理跨边界和全球的环境问题。从总体上说，主流的理性主义方式没有深入讨论制度理论，其首要研究目的是观察、解释和预测国家的跨国行为，提出有助于改进环境制度效度的实际改革。于是，生态政治理论学者们开始了对新现实主义、新自由主义等西方主流思想的全面批判和反思，生态国际关系理论也随之进入了勃兴时期，人类对于生态环境问题国际化的认识和探索日益成熟。[①]

从国家行使管理权的角度看，生态环境遭到破坏而引起的全球性危机加深，给各国政府提出众多难题，其中不少涉及国家主权，威胁到原有的统治能力。在世界各个地方，尤其是比较发达的地区，到处能够听到所谓加强“全球村居民”之间合作的呼声，其中最强烈的吁求来自“绿党”、新社会运动、各国政府及民间的环保机构、反核组织、各种专门的国际组织。到目前为止，各国对于这种势头抱有一种矛盾心理：当涉及生态保护、难民安置、水资源分享等仅仅具有技术工艺层面的国际交流与合作时显得更为慷慨大度，主动出让一部分曾经属于主权范围下的权利和权力；而一旦触及国家安全、军事和政治利益等比较敏感的领域时，最典型的如国际核监督、资源信息等，国家的主权意识便会增强，极力避免主权受到损害。相应地，在行动上也变得比较谨慎，甚至有敌意。[②]

围绕《防止全球气候变暖公约》，由于一些国家的能源消耗和有害物排放大大超支，它们认为限制温室气体排放量的规定会给工业造成不合理的负担，因而多方阻挠甚至反对公约的通过。为此，一种折中观点应运而生，认为环境是全世界的公共财产，各国都有废气排放权，可依据某种原则给各国设立废气排放限制范围，超过排放量限额的国家可以从其他国家购买排放权。欧共体就积极支持这一方案，称应将到废气排放量控制在一定水平，并表示欧共体要作为一个整体来达到目标，即让废气排放量低的德国与排放量高的西班牙、葡萄牙之间相互抵消，以实现欧共体在整体上不超标。这实际上就是一种排放权交易，其基础就是否认主权的绝对性，将主权机动化，进行主权的有偿让渡。[③]

总之，从全球主义者角度看，生态环境危机造成的一个国际结构性的变化是，国家的传统权利及权力在淡化，而国际社会的共同责任在加强，影响在扩大；变化的特点是从最低限度的合作目标，朝建立国际规则和承担更大责任的方向演进，朝改善及改造国家内部的组织功能的方向演进，朝形成共同的星球意识的方向演进。这是一个前所未有的主权弱化的时代。[④]环境问题的日益尖锐和影响的日益深入大大促进了国际关系的绿化，极大丰富了传统国际政治内涵。[⑤]

但是，国家主权的必要淡化并不意味着国家主权的削弱，恰恰相反，是增加了各国政府的责任，即要在充分理解本国政策的国际影响的基础上，采取适当的手段，有效地行使国家主权。新主权观所呈现的这种自我调节性将更有利于问题的协调解决，对维护国家利

---

① 赵春珍．生态国际关系理论的当代价值与反思[J]．前沿，2013（18）：36.

② 王逸舟．生态环境政治与当代国际关系[J]．浙江社会科学，1998（3）：15.

③ 屠启宇．从环境外交看国家主权观的发展[J]．社会科学，1993（8）：26.

④ 王逸舟．生态环境政治与当代国际关系[J]．浙江社会科学，1998（3）：17.

⑤ 王义桅．环境问题对国际关系的影响[J]．世界经济与政治论坛，2000（4）：47.

益也更有价值。[①]

（三）国际关系运行机制转变

首先，环境安全上的多元行为主体的涌现使传统的政府一元决策机制被打破，向“政府制定、民间介入、国际影响”三元决策机制转化。参与机制成为国际关系的重要特点，表现在国际层面上，是指各国平等共同参与国际事务将在实施环境安全战略中变为现实，因为弱小民族和发展中国家也将能够影响整个系统的平衡；环境组织如各国绿党、绿色和平组织、地球之友等异常活跃，它们的参与吹“绿”了国际关系；在环境安全问题上，国际社会往往对一国的决策施加影响，监督各国在环境安全事务中的举措。国际环境问题的产生与尖锐化还推动了各种非政府间组织的建立与兴起，以及国际社会主体的多元化，这对传统上把民族国家视为行使保护环境职责的唯一单位提出了挑战，国家成为与非政府组织以及整个国际社会一道合作的对象。二战以后，随着环境问题的重要性日益显著，非政府组织和政府间国际组织大力推动有关国家在环境领域建立各种各样的国际体制来规范国家行为，调整各国在特定环境问题领域的关系。越来越多的环境问题被纳入国际环境条约的调整范围，环境条约的缔约国的数量越来越多，环境条约所规定的环境保护水平也越来越高。与此同时，最主要的全球性组织——联合国的角色与作用也受到了全球环境危机的巨大挑战。以环境问题为主要表征的全球性问题成为推动联合国改革的强大反面动力。如何协调各国与联合国、联合国与区域组织及非政府组织在解决全球环境问题上的关系是国际社会主体面临的巨大挑战。[②]

其次，协调机制是国际环境关系的运行主轴。面对人类的“极限”，霸权地位、领导者形象弱化、军事作用下降。国际环境关系上的分歧很难用武力解决，只能以“协调”方式去解决和重构。[③]

再次，国际关系的动力机制随之改变，传统的权力追求和安全目标不再适合当今国际社会，科技、生态等因素成为国际关系发展的新动力。[④]

三、生态政治化对国际关系实践的影响

外交作为国际关系的主要处理方式之一，生态安全进入国际关系理论之后，也必然会通过环境外交体现在国际关系实践中。环境问题不仅对国际政治理论带来了巨大的挑战并且直接改变着各国的对外政策，未来的国际社会中环境外交的地位将不断上升，对国际关系的发展和演变将产生积极的推动作用。[⑤]环境外交的发展既反映了人类对保护生存环境的共同利益的认识的增强，也凸显了不同利益之间的矛盾，需优化利益主体之间的协调机制。[⑥]

---

① 屠启宇．从环境外交看国家主权观的发展[J]．社会科学，1993（8）：27.

② 王义桅．环境问题对国际关系的影响[J]．世界经济与政治论坛，2000（4）：47.

③ 王茂涛，彭庆刚．环境安全及其对当代国际关系的影响[J]．安徽农业大学学报，2000（3）：43.

④ 王茂涛，彭庆刚．环境安全及其对当代国际关系的影响[J]．安徽农业大学学报，2000（3）：43.

⑤ 阎世辉．当代国际环境关系的形成与发展[J]．环境保护，2000（7）：17.

⑥ 孙林．活跃的“环境外交”[J]．世界知识，1992（9）：18.

国际环境外交因此蓬勃发展。从规模和范围看，当今国际社会的环境外交具有真正的全球性。世界绝大多数国家和地区积极参与环境外交，170 多个国家和地区设立了专门的环境机构；环境外交涉及的内容极其广泛，不仅涉及所有全球性环境问题，而且涉及和平、发展等全球性政治、经济、军事问题；与此同时，环境外交的规模不断扩大，层次不断提高。在两次世界环境大会中表现突出的“走廊外交”“论坛外交”“非政府组织外交”等形式极大丰富了传统外交形式和内涵，促使着国际关系的变革。[①]

以上论述表明，生态政治化导致国际关系的理论与实践都发生了巨大的变化。在理论层面，从生态进入国际关系领域以来，就得到很多学者的青睐，生态国际关系理论的研究不断深入。国家安全理论、国家主权理论、国际关系互动理念等理论对国际关系中的生态安全产生重要影响。在实践层面，主要从环境外交出发，具体分析环境外交或气候外交的发展与演变、不同国家的环境外交政策来进一步验证生态政治化对国际关系的影响，并探究环境外交中存在的问题。

总而言之，目前的生态安全领域的国家关系研究已经覆盖了理论与实践两个层面的多样内容，并且已经认识到生态政治化的本质问题。但现有成果与有效应对生态问题的巨大需求相比，仍然有进一步研究的必要和空间。在国际关系理论层面，目前只是解释了传统的国际关系理论与生态问题的冲突原因，但是并未形成较为完备的生态国际关系理论体系。在国际关系实践层面，根据环境问题的不断发展，相关研究逐渐从广义的环境外交，聚焦到气候外交和海洋外交等，但还应当进一步细化对于环境外交政策的研究，注重对环境外交政策背后的政治目的分析，以及生态安全泛化或者环境殖民主义等带来的负面影响和具体的应对方式。简而言之，在国际关系中处理生态安全，关键在于如何把握主权让渡范围和方式。

本章小结

近年来，突发环境事故的数量不断上升，不仅对环境造成伤害，破坏生态系统，还会给人们的生活、生产带来一定的负面影响，从而影响整个社会，阻碍社会发展。因此，加强应对突发环境事故，既是国家实现可持续发展的需要，又是国家实施社会公共治理的需要，有利于更好地保护受事件影响的社会民众，防止他们的正当生态利益与社会权益受到伤害。本章通过案例分析详细地介绍了突发环境事件对生态安全的威胁。通过学习我国的水污染、土壤污染现状及存在的问题，制定出相应的措施，以维护生态安全。

生态政治化深刻影响了当代国际关系，导致国际关系的理论与实践都发生了巨大的变化。在理论层面，从国家安全理论、国家主权理论、国际关系互动理念等方面论述生态政治化的影响；在实践层面，产生了环境外交，各国针对相应的生态问题制定对外政策，践行人类命运共同体的理念。但对于这一新兴的概念，仍有进一步研究的空间，在理论和实践层面有待探究。简而言之，在国际关系中处理生态安全，关键在于如何把握主权让渡范围和方式。

---

① 王义桅．环境问题对国际关系的影响[J]．世界经济与政治论坛，2000（4）：47．

重视生态安全，重视生态政治化对国际关系的影响，积极践行环境外交，是尊重可持续性发展的表现，也是当代外交议程中的重要部分。

思考题

1. 为了最小化对生态安全的危害，个人、国家应如何应对突发环境事件？
2. 根据水污染和土壤污染的案例分析，简述应对类似突发环境事件的逻辑。
3. 因核污染水排放所导致的区域性环境问题，应如何处理？
4. 论述生态安全对国际关系的影响。

“双碳”背景下的生态安全与评估

学习目标

✧ 掌握“双碳”目标下生态文明建设的机遇与挑战；
✧ 掌握生态安全的评价方法与评估体系；
✧ 掌握生态安全评价方法的具体应用。

导言

习近平主席在2020年第七十五届联合国大会上宣布提高中国自主贡献力度，将采取更有力的政策与措施，力争二氧化碳排放在2030年实现“碳达峰”，2060年实现“碳中和”，这两个目标简称“双碳”目标。为了实现“双碳”目标的国际承诺，习近平强调“要把碳达峰、碳中和纳入生态文明建设整体布局”。那么，“双碳”背景下的生态安全面临着哪些挑战？我们应该如何应对“双碳”背景下生态安全带来的挑战？

资源消耗和环境污染会严重制约经济可持续发展的能力，环境问题引发人民群众的不满也会影响到社会稳定。党的十八大以来，在习近平生态文明思想指引下，中国生态文明建设取得了举世瞩目的历史成就，但是工业化和城市化的快速推进引发的生态安全压力依然不容忽视。生态系统是人类文明起源、传承和发展的载体。随着全球经济、社会的发展，区域生态安全也成为国家和地区生态安全的重要组成部分。那么，生态安全的构成要素有哪些？生态安全的评价方法有哪些？我们该如何评价某一特定区域的生态安全状况？

第一节　“双碳”背景下的生态安全

一、“双碳”目标的提出背景

二氧化碳等温室气体浓度创历史新高，将引发气温升高、冰川融化、海平面上升、水温升高等一系列气候和环境变化。特别是这些增加的热能提供给空气和海洋巨大的动能，更容易引发大型或者超大型台风、飓风、海啸等自然灾害，进而造成全球的经济损失（约占 GDP 的 5%）[①]。世界卫生组织早在 1986 年就预言：如果气候持续变暖，到 21 世纪初，原只在南半球落后地区流行的多种热带疾病将蔓延至北半球，每年将有 5000 万～8000 万人染上热带疾病。换句话说，如果全球变暖的趋势得不到有效控制，人类将会面临更多非本土传染病发病和死亡的威胁。图 7-1 展示了 1990—2019 年全球主要国家的碳排放总量变化。可以看出，2005 年以前，美国一直是二氧化碳排放最多的国家。主要原因是第二次世界大战结束后经过十几年的恢复调整与加速发展，20 世纪六七十年代全球各个国家的经济都进入了普遍繁荣阶段，美国经济增长甚至出现了一个被西方经济学家称为“黄金时代”的时期。而此时，各个国家的碳排放总量也呈现出稳步上升的现象，该阶段美国的碳排放总量也是位居世界首位的。1990—2000 年，中国、印度等新兴市场国家快速成长，在此阶段中国和印度两个国家的碳排放也处于稳定增长状态。21 世纪以来，中国和印度等发展中国家加速推进其工业化和城市化进程，需要消耗大量能源，在图 7-1 中也可以看出，中国和印度两国的碳排放不断攀升。值得一提的是，2001 年 12 月中国加入世贸组织，这一事件大大提高了我国对外开放的程度，并渐渐使我国成为世界工厂。此后，2002—2013 年大约 12 年的时间，中国的碳排量从 38.1 亿 t 激增到 99.4 亿 t，几乎是之前的 3 倍，并于 2005 年超越美国成为全球最大的碳排放国。2013 年后中国碳排放的增速显然已经缓慢下降，而印度的碳排量还在保持高速增长的状态，并且已经超过了英国和日本。而西方发达国家已基本完成其工业化运动，其产业也逐渐趋于高级化、合理化，此时美国、英国和日本的碳排放已经走向缓慢下降阶段。

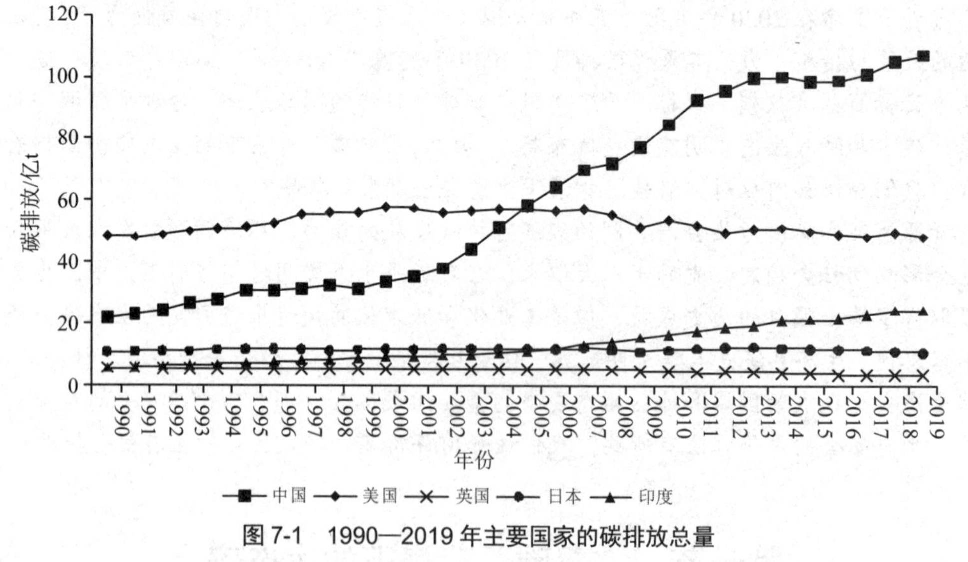

图 7-1　1990—2019 年主要国家的碳排放总量

数据来源：世界银行。

碳排放带来的系列问题已经引发了世界各国的广泛关注。尽管种种历史证据表明，早期完成工业化的发达国家应该对人类绿色低碳转型承担更大的责任。然而，值得注意的是，

① STERN N, STERN R. The Economics of Climate Change[J]. American Economic Review, 2007(2): 1-13.

经过改革开放40多年来经济的飞速发展，中国已成为仅次于美国的第二大经济体，全球影响力也在不断攀升。作为全球最大的发展中国家，中国同样不能置身事外。并且，历史经验揭示了只有坚持绿色可持续发展才能适应自然规律。同时，中国社会主要矛盾已经转化为人民日益增长的美好生活需要和不平衡不充分的发展之间的矛盾，绿色生态环境是美好生活需要的重要内涵和必然选择。因此，降低碳排放不仅仅是我们作为大国的一种责任担当，更是符合人民对美好生活向往的基本要求。

基于上述背景，习近平主席在2020年第七十五届联合国大会上宣布提高中国自主贡献力度，将采取更有力的政策与措施，力争二氧化碳排放在2030年实现"碳达峰"，2060年实现"碳中和"，这两个目标简称"双碳"目标。从概念内涵看，"碳达峰"和"碳中和"中的"碳"均是指以二氧化碳为代表的温室气体，"碳达峰"指碳排放达到峰值后进入平稳下降阶段，"碳中和"则是指一定时间内全世界（或一个国家、地区）直接或间接产生的温室气体排放总量通过植树造林、节能减排等形式抵消而实现的二氧化碳零排放的过程，两者统称为"双碳"目标。

二、碳减排的主要历程

长期以来，中国政府都非常重视生态环境问题，并且致力于能源节约和减少污染物排放。我们的主题已经从"节能减排"逐渐演变至"低碳发展"，然后过渡到如今的"双碳"时代。在低碳发展阶段，具体政策如下。

（1）调整能源结构。煤炭等一次能源在使用过程中会产生大量的污染与碳排放。因此，提升非化石能源占比、注重一次能源的清洁使用成为关键工作。2016年，国家发改委、国家能源局发布《能源生产和消费革命战略（2016—2030）》，提出了非化石能源消费比重由2020年的15%提升至2030年的20%，并且到2050年提升至50%的目标，"煤炭清洁高效开发利用"也被列入面向2030年国家重大项目。大力优化能源结构，主要是提升非化石能源在总能源消费中的占比。优化能源结构是实现"双碳"目标的根本途径。2020年12月，全国能源工作会议提出加快风电光伏发展，进一步提升新能源存储和消纳能力。《2030年前碳达峰行动方案》将能源绿色低碳发展转型作为重点任务，并且提出要推进煤炭消费替代和转型升级、加快建设新型电力系统、合理调控油气消费、大力发展新能源。《中共中央国务院关于完整准确全面贯彻新发展理念做好碳达峰碳中和工作的意见》（以下简称《意见》）提出，2030年非化石能源消费比重达到25%左右，2060年非化石能源消费比重达到80%以上，同时明确需要加快构建清洁低碳安全高效的能源体系，严格控制化石能源消费，不断提高非化石能源消费比重。

（2）碳交易与绿色金融成为降碳的重要市场手段。2017年，国家发改委印发《全国碳排放权交易市场建设方案（发电行业）》，正式启动全国碳排放交易体系建设工作。截至2020年8月，我国碳排放交易试点省市碳市场共覆盖钢铁、电力、水泥等20多个行业，累计成交额超过90亿元。目前，我国在碳排放权交易市场试点基础上，于2021年7月启动了发电行业全国碳排放权交易市场上线交易，预计可覆盖全国40%的碳排放[①]。绿色金融为降碳

① 秦秀梅．推动碳市场建设国资委从哪些环节入手[J]．国企，2021（15）：11.

工作提供助力。2016 年，人民银行、财政部等七部委联合印发的《关于构建绿色金融体系的指导意见》，提出了我国第一个较为系统的绿色金融发展政策框架。我国在绿色金融产品与政策工具等领域取得了诸多进展，到目前已经围绕绿色债券、绿色股票、绿色信贷、绿色保险、绿色基金与碳金融等建立了多层次的绿色金融市场，并匹配了相应的政策支持，是全球首个构建起较为完善的绿色金融政策体系的国家。实现“双碳”目标需要依托低碳技术的突破性进展，政府应该加强对低碳技术的扶持。2020 年，中央出台《中共中央关于制定国民经济和社会发展第十四个五年规划和二〇三五年远景目标的建议》，提出在“十四五”期间必须要坚持绿色低碳发展原则，完善绿色低碳技术的研究与应用。

（3）政策以“双轮驱动”为主要特点，政府与市场并重。政府方面，主要通过严格控制约束高耗能高排放行业的发展，倒逼产业结构优化升级。能耗双控政策要求政府对新增能耗 5 万 t 标准煤及以上的“双高”项目加强技术性指导，对不符合要求的项目进行严格把关，并且不予提供信贷支持。在有效政策的影响之下，水泥、钢铁等多个行业被要求限产、限电甚至停产，其中水泥行业受限产政策的影响，导致多地水泥市场价格出现明显波动。在工业领域，《意见》指出将对扩建钢铁、新建、水泥、电解铝、平板玻璃等项目严格落实产能等量或减量置换，出台煤化工、煤电、石化等产能控制政策。高耗能、高排放项目准入标准的提高同时也帮助了各行业控制产能，解决了企业产能过剩问题，起到了优化整体产业结构的功能。在市场方面，进一步完善财税价格政策、投资政策、碳排放市场等市场化机制，以此推动碳减排工作。在投资方面，依靠政府引导构建低碳相关的投融资体系，加大对“双碳”相关绿色低碳投资项目的扶持力度，给市场为主体的绿色低碳投资项目增添活力。在财税价格政策方面，以加大对绿色低碳产业发展、技术研发的财政投入为主要手段，广泛推行绿色采购制度，助力企业高效生产绿色低碳产品和开发技术；研究碳减排相关税收政策，实行税收优惠，助推绿色低碳经济发展；强化价格的约束引导，严禁对“双高”行业实施电价优惠以提升其生产成本，加大差别电价等政策的执行力度以体现价格的激励作用。同时，碳交易是核心的市场调节机制，通过优化配置碳排放资源，为排放实体提供经济激励，以低成本完成碳减排目标。目前，电力行业已率先被纳入全国碳交易市场，向其发放碳排放配额，未来化工、建材、钢铁等高耗能行业也将逐渐进入。碳市场机制有利于淘汰落后产业，实现产业优化升级，也能够倒逼企业使用新能源，减少对碳排放权的需求，从而达到节能降碳的效果。

三、“双碳”背景下生态安全面临的挑战

为了实现“双碳”目标的国际承诺，习近平总书记强调“要把碳达峰、碳中和纳入生态文明建设整体布局”[①]。生态安全同样也是生态文明建设的重中之重。生态安全作为人类生存发展最基本的安全需求，是经济社会可持续发展的“最后一道防线”，从根本上关系到民族安全、社会稳定和国家兴亡[②]。但是历经几十年粗放型的经济增长模式，资源约束、环境恶化等问题日益突出。诚如习近平总书记所提出的，中国“生态文明建设正处于压力叠

① 施正荣．将碳达峰、碳中和纳入生态文明建设整体布局[J]．世界科学，2021（8）：33.

② 金瑞庭．低碳经济视角下保障我国生态安全的总体思路[J]．中国经贸导刊，2015（18）：64-65.

加、负重前行的关键期”[①]。具体而言，“双碳”背景下推进生态安全建设还存在如下问题需要克服。

（1）能源结构偏煤，清洁能源占比较少。中国是世界上最大的煤炭消费国和生产国。2020 年我国煤炭在能源总消费的占比中超过 50%，远高于同期世界平均水平（29%）。石油作为我国第二大能源，其消费比重也在不断增加。2021 年，中国石油产量为 3696 万桶，位居世界第六。而水能、风能、太阳能、核能等清洁能源作为一种新型能源还处于开发阶段，在国内并没有大规模地生产使用。以 2020 年为例，我国能源消费一共为 49.8 亿 t（标准煤），其中煤炭消费为 28.3 亿 t，占总消耗量比重 56.8%。究其原因是煤炭的存储量较大，并且煤炭对社会较多行业的发展和运转都起到了至关重要的作用。中国经济快速发展离不开大量廉价能源，相对于其他能源，煤炭有一定的价格优势，然而单位煤炭产出的碳排放也是最多的。以发电为例，产生单位发电量燃烧煤炭带来的碳排放是石油的 1.3 倍。因此，以煤炭为主的能源结构必然会导致碳排放的增加。

清洁能源主要指水电、风电、核电、太阳能，以下我们统称为清洁能源。2007 年国家能源局发布了《煤炭产业政策》，明确指出实施节约优先的发展战略，加快资源综合利用，按照减量化、再利用、资源化的原则，综合开发利用与煤共伴生资源和煤矿废弃物。至此，煤炭的消费总量在我国逐渐稳定、不再攀升，并且煤炭的消费占比持续下降。而随着我国新能源政策的不断推行，清洁能源的占比以较快的速度在持续增加中。即便如此，与西方发达国家相比，我们的清洁能源占比依旧很低。清洁能源的开发与存储仍是我们面临的难题。

（2）产业结构偏重。不少理论和实践均表明，在应对全球变暖缓解气候变化的过程中，产业结构是影响碳排放的关键因素[②]。不同的产业类型对能源的需求程度存在差异，第二产业中存在很多高耗能高污染的行业（采矿业、制造业、建筑业），其对能源的需求最大，也是碳排放的主要来源部门。而第三产业主要包含服务业和科学研究技术服务等行业，因此对能源的需求较少，是比较清洁的部门。目前我国仍处于工业化中后期发展阶段，粗放型的经济发展模式并没有得到有效改变。以 2018 年为例，中国第二产业占比为 39.7%，是美国的 2.1 倍、英国的 2.2 倍、法国的 2.3 倍、日本的 1.4 倍。而相对来说比较清洁的第三产业，中国还远不如西方发达国家占比高。

（3）能源强度偏高。国际能源总署将单位产出的总能源消耗定义为能源强度。能源强度越低，能源效率就会越高。中国目前的经济增长依赖于能源消耗，碳排放总量预计将会继续增加，想要在短时间内达到绝对意义上的碳排放量减少并不现实。因此，为了处理好经济增长与碳排放之间的关系，提高能源效率显得尤为重要。换句话说，提高能源效率是事关 2030 年中国能否顺利达到碳减排目标的重要保障。为此，中国在提高能源效率和降低碳强度方面做出了巨大努力。例如，中央政府宣布在“十一五”（2006—2010 年）和“十二五”（2011—2015 年）期间，将能源强度（单位 GDP 能耗）分别降低 20%和 16%。尽管在政府和企业的共同努力下，中国能源强度有一个较大的下降幅度。然而，与美国、英国、法国和日本等发达国家相比，中国的能源强度还相对偏高。以 2018 年为例，中国的能源强度是美国的 2.1 倍，英国的 4 倍，法国的 2.6 倍，日本的 2.5 倍。横向对比发达国家来看，

① 习近平．推动我国生态文明建设迈上新台阶[J]．求是，2019（3）：4-19.

② 孙丽文，李翼凡，任相伟．产业结构升级，技术创新与碳排放：一个有调节的中介模型[J]．技术经济，2020（6）：1-9.

中国的能源强度还有较大的下降空间。

（4）经济发展与生态安全难以协同推进。在推进碳减排与生态安全的道路上，不仅要满足人民对美好生活和友好环境的需求，同时还要兼顾经济稳定增长，这对长期沿用粗放型增长模式的中国来说是非常困难的。为了实现经济绿色低碳增长，中国政府通过大力推动供给侧结构性改革和系列的环境法规以淘汰粗放型增长模式所带来的过剩产能和高耗能高污染企业。虽然该方法在一定程度上减少了资源过度消耗问题，同时也大大缓解了生态环境的压力，然而，这些方法也带来了一系列的经济问题①。众所周知，我国碳排放的主要来源是发电与供热、制造与建筑、交通运输，这三部门的碳排放量约占我国碳排放总量的90%。然而，这三大部门却是不少地方政府的主要财政来源②。比如说，新疆、内蒙古、山西的财政收入就与采矿业密切相关；内蒙古、山东、江苏等省份的财政收入与发电和制造业不可分割。随着“双碳”目标的推进，地方政府随之也会指定相关规则来严格限制碳排放，这必将提高上述行业的成本，从而减少经济效益，甚至会危及相关行业的就业，从而影响社会稳定性。

四、“双碳”背景下推进生态安全的策略

“双碳”目标的实现路径不可避免地要求我们尽一切力量降低碳排放，目前关于碳减排的有效方式主要包括以下几点。

（1）发展清洁能源。我国为发展清洁能源做出了相关的努力，先后出台了多部法律，但我国清洁能源在发展过程中还缺乏相应的质量监督认证系统，没有相关的技术标准和政策扶植。这直接制约了我国清洁能源的产业化发展。因此，现阶段我国首先要制定相关的扶持性政策，大力支持和鼓励清洁能源的开发和利用，不断扩大清洁能源在我国能源结构中的比例，同时扩大清洁能源的应用领域。最后，我国清洁能源的发展与发达国家相比存在着明显的劣势，如我国清洁能源的研发和应用水平都远远落后于世界发达国家。因此，我国应该积极参与到清洁能源的国际合作与竞争中去，加强与清洁能源技术强国之间的合作与交流，加快对我国急需的先进技术和设备的引进，学习其他国家的长处，借鉴其发展的经验和教训。

（2）优化产业结构。关于优化产业结构，首先我们可以根据我国低碳产业的发展阶段和特点，明确重点方向和主要任务，当前应着重推动节能环保、新能源和装备制造业等新兴战略性产业。其次，中国人口众多，劳动力就业压力大，工资水平相对较低，因此从近期来看，我国劳动密集型的加工产业具有相对的竞争优势。但是从长期来看，随着技术水平及信息化水平的提高，我国应该发展以高新技术为载体的新兴产业作为自身的优势产业，并逐步提高自身的竞争力。最后，中国应更多地从积极参与国际分工的角度考虑产业结构调整问题，在充分利用国际分工比较优势的基础上，扬长避短，有选择、有重点地发展我国在区域甚至是全球中具有竞争优势的产业，同时也要积极探索低碳产业合作新模式，切实提高低碳产业的质量和水平③。

---

① 刘海英，蔡先哲．推进“双碳”目标下生态文明建设的创新发展[J]．新视野，2022（5）：121-128．

② 石婷，班远冲，刘志媛，等．基于“双碳”目标的生态文明建设升级路径研究[J]．环境科学与管理，2022（5）：139-143．

③ 金瑞庭．低碳经济视角下保障我国生态安全的总体思路[J]．中国经贸导刊，2015（18）：64-65．

（3）推广绿色生活方式。绿色生活方式指通过倡导居民使用绿色产品，倡导民众参与绿色志愿服务，引导民众树立绿色增长、共建共享的理念，使绿色消费、绿色出行、绿色居住成为人们的自觉行动，让人们在充分享受绿色发展所带来的便利和舒适的同时，履行好应尽的可持续发展责任的方法，实现广大人民按自然、环保、节俭、健康的方式生活。人类既是环境问题的制造者，同时又是环境问题的受害者。推广绿色生活方式的必要性在于从源头保护生态环境，减少污染的成本。虽然现阶段我们在推广绿色生活方面的工作进展得比较顺利，并且取得了不错的成效，但是当前我们还面临绿色生活相关政策保障薄弱、绿色生活推广进程缓慢、绿色教育体系构建落后等问题。参考西方发达国家的国际经验，在推广绿色生活方面，我们还有很多工作要做。以美国为例，全美有接近 80%的高校为学生开设一门或者多门与环境相关的必修课，主要目的是让学生在课程中学习如何解决周边地区存在的环境问题，并且支持他们成立环境组织以及开展绿色环保活动。在法律法规保护方面，美国也制定了很多有关绿色消费的补贴政策，尤其是关于新能源消费的税收优惠和补贴，除此之外，德国和日本也有相关的补贴政策。因此，在推广绿色生活方面，我们还可以加强与环境相关的知识教育以及制定更健全的法律法规督促民众形成绿色生活的习惯。

（4）协同推进环境保护和经济增长。当前中国的发展面临外在环境和内在条件均发生着巨大变化的情形，想要实现经济发展与环境保护协同推进，必须要进一步加强生态文明法治建设，推进生态文明体制改革，从根本上为经济发展和环境保护提供制度保障。首先，我们应该做的是深化自然资源资产产权制度改革，理清自然资源的权利、责任与利益之间的关系，把产权主体明晰与其保护修护责任以及可持续开发的权利紧密联系在一起，以此杜绝为追求经济发展盲目开采自然资源的行为。其次，需要加快生态补偿机制立法的系统性建设①。可以加强科学化、市场化和多元化的生态补偿制度建设，明确界定各相关利益主体的补偿内容责任和相关标准，从科学视角来制定生态保护主体和受益者的权利义务，加快完善健全生态补偿机制的法律体系并推进立法系统性建设。例如，不少清洁技术的开发需要占用企业很大一部分的研发成本，然而该技术具有非常显著的正外部性，这时政府可以通过补偿机制帮其承担一部分费用，有效缓解企业的生产成本，从而大大提高企业对环境保护的积极性。并且，在国家补偿机制实施的基础上还需要进一步完善地方政府的补偿制度，提升地方对生态环境保护与“双碳”的重视程度。由于各区域经济发展存在不平衡的现象，在进行生态补偿时可以综合考虑被补偿者的生态贡献程度和地区经济发展水平。最后，在制定“生态补偿”相关法律的过程中，应该注重明确补偿范围、补偿标准、补偿依据。

第二节 生态安全评价方法与评估体系

一、生态安全评价标准

生态安全是指生态系统的健康和完整情况。它是人类在生产、生活和健康等方面不受

① 刘海英，蔡先哲. 推进“双碳”目标下生态文明建设的创新发展[J]. 新视野，2022（5）：121-128.

生态破坏与环境污染等影响的保障程度，包括饮用水与食物安全、空气质量与绿色环境等基本要素。健康的生态系统是稳定且可持续的，在时间上能够维持它的组织结构和自治，以及保持对胁迫的恢复力。反之，不健康的生态系统，是功能不完全或不正常的生态系统，其安全状况处于受威胁之中。生态安全评价是生态安全研究的一个重要领域。根据其研究对象的范围不同，我们可以将生态安全评价分为三个层次，即区域生态安全评价、国家生态安全评价和全球生态安全评价。区域生态安全主要是指在一定时空范围内，人类活动和自然的干扰下，区域内的生态环境条件以及所面临的生态安全问题不会对人类的生存和可持续发展构成威胁。区域生态安全评价主要是对一个区域内生物的活动给生态环境、人体健康和社会经济带来的影响以及人类的活动对环境和生物带来的影响进行评价分析。国家生态安全评价则是指某些重大的生物安全问题对全国范围的经济发展、国民健康和生态环境带来的影响进行评价。行业性的、区域性的生态安全问题的发展扩大也可能变成全国性的问题。全球生态安全评价指对全球生态系统和环境状况进行评估和分析，以确定全球生态系统的稳定性、可持续性和脆弱性，并预测和预警可能存在的生态风险和环境问题。全球生态安全评价更多地关注国家之间或跨境民族之间在发展机遇、资源分配、生态维护和灾害治理等方面的国际公正问题。不管是哪一个层面的生态安全评价，我们都应该遵循如下标准。

（1）目的性：能够反映生态环境安全质量的优劣程度，特别是可以衡量生态环境功能的变化。

（2）层次性：评价标准应该能充分反映生态安全所涉及的层次差异。

（3）可操作性：评价过程所需要的数据可获得性强并且易于表述。

（4）充分性：评价标准能够充分反映生态安全及环境受影响的范围和程度。

（5）可持续性：评价标准要符合可持续发展思想的本质，不仅要满足当代人的需求，还要不危害后代人的利益。

迄今为止，对生态安全并没有明确的标准，但是我们可以从如下几个方面进行选择。

首先是国家、行业或者地方规定的标准。国家已发布的环境质量标准，如土壤环境质量标准、辐射环境质量标准、渔业水质标准（GB 11607－89）以及地面水、海水水质标准等。行业标准指行业发布的环境评价规范、规定、设计要求等。地方政府颁布的标准和规划区目标、河流水系保护要求、特别区域的保护要求（如绿化率要求、水土流失防治要求）等均是可选择的评价标准。

其次是背景值或本底值。以工作区域生态环境的背景值和本底值作为评价标准，如区域植被覆盖率、区域水土流失本底值、生物生产量、生物多样性等。

再次是类比标准。以未受人类严重干扰的相似生态环境或以相似自然条件下的原生自然生态系统作为类比标准；以类似条件的生态因子和功能作为类比标准，如类似生境的生物多样性、植被覆盖率、蓄水功能、防风固沙能力等。类比标准须根据评价内容和要求科学地选取。

最后是科学研究已判定的生态效应。通过当地或相似条件下科学研究已判定的保障生态安全的绿化率要求、污染物在生物体内的最高允许量、特别敏感生物的环境质量要求、人口密度等，均可作为评价的标准或参考标准应用①。

① 董险峰，丛丽，张嘉伟．环境与生态安全[M]．北京：中国环境科学出版社，2010.

二、生态安全评价指标

构建生态安全评价指标体系实际上是将生态安全中的抽象问题进行实例化和具体化的过程，科学地选择评价指标是客观评价生态安全的基础，对同样的问题选择不同的指标来度量评价对象可能会得到不同的评价结果。因此，客观、科学、合理且全面地筛选生态安全评价指标是评价过程中尤为关键的一步。现阶段应用比较广泛的生态安全评价指标体系主要包括：压力—状态—响应（PSR）、驱动力—状态—响应（DSR）、驱动力—压力—状态—暴露—响应（DPSER）、驱动力—压力—状态—影响—响应（DPSIR）、状态—隐患—响应（SDR）①。

PSR 评价指标体系中的 PSR 分别指代压力、状态和响应。具体来说，压力指人类的经济和社会活动对环境的影响，具体包括人类对资源的索取、物质消费和生产活动过程中所产生的污染物排放对环境造成的破坏，例如人口密度、公路密度、城市建成区面积、废弃物的排放等。状态指特定时间阶段的环境状态和环境变化情况，包括生态系统与自然环境现状、人类的生活质量和健康状况等，例如人均用电量、人均水资源拥有量、人均 GDP、人均绿地等。响应指社会和个人如何行动以阻止、减轻、恢复和预防人类活动对环境的负面影响，以及对已经发生的不利于人类生存发展的生态环境变化进行补救的措施，例如生活垃圾处理率、工业固体废物利用率、环保投资等。由于 PSR 模型具有灵活性和综合性等特点，可以全面且系统地反映一个地区或者国家人口发展与资源利用和社会经济发展目标之间的相互依存和制约的关系。因此，PSR 评价体系已经成为评估一个国家或地区生态环境状况的主要框架之一。此后形成的众多评价指标体系也是在 PSR 评价体系的基础上衍生而来的。例如联合国可持续发展委员会在 PSR 评价体系的基础上提出了 DSR 评价体系，欧洲环境署提出了 DPSIR 评价体系，联合国联农组织提出了 DPSER 评价体系。

上述评价指标体系系统中各因素间的逻辑关联存在差异，且特征各异，因此在应用时需要根据评价对象的不同灵活选择合适的评价指标体系。具体来说，PSR 模型通过建立人类活动与生态系统的相互影响和相互作用的关系，从环境压力来源的角度分析生态安全的现状，具有比较强的系统性。该方法适用于空间变异较小、空间尺度较小、影响因素较少的区域生态安全评价。该方法的局限性是不适用经济和社会指标的评价。除此之外，压力指标和状态指标之间的逻辑联系并非总是必然，它会受到多种复杂因素的影响，但是该评价指标体系过于强调人类活动对生态环境的影响，而忽视了大自然本身的影响，因此该评价结果存在一定的片面性。DSR 评价指标体系在 PSR 评价指标体系的基础上进行了部分改进，其将 PSR 评价指标体系中的压力指标替换成了驱动力指标，目的是适应制度、经济和社会等新指标的加入。虽然 DSR 模型考虑了制度、经济和社会等驱动力因子与生态环境之间的因果关系，但是该方法依然没有彻底解决生态环境状态和驱动力指标之间没有必然逻辑联系的缺陷。并且，对于响应指标和驱动力指标的界定也存在一定的模糊性。DPSER 评价体系是从人类需求和生态系统服务功能的角度出发，将污染物排放单独列入一个模块，重点强调人类生活需求与生态环境压力之间的关系。该方法的局限性在于框架的线性结构

① 曹秉帅，邹长新，高吉喜，等. 生态安全评价方法及其应用[J]. 生态与农村环境学报，2019（8）：953-963.

不能清楚准确地解释所有过程的复杂特征，并且指标的分类也尤为困难。除此之外，DPSER评价体系较多关注人类因素给环境带来的负面影响，忽略了自然灾害对生态安全的影响。DPSIR 在 PSR 评价体系的框架下增加了影响和驱动力指标，该方法是对 DSR 评价指标体系的进一步细化，它从系统分析的角度以简化系统内部因果关系为思路，更为全面地评价人类社会生产经营活动与生态环境之间的相互关系。该方法的不足之处是指标之间的线性因果关系过度简化了实际情况，各子系统之间的非线性关系研究还有待提高。SDR 评价指标体系在PSR指标体系的基础上增加了人类活动隐患的非短期影响和生态安全自然灾害因素的影响，可以反映生态安全不确定性因素的动态影响。但是不同区域的生态安全隐患与安全状态的时空演变机理有所不同，不能套用同一套研究模式。表 7-1[①]汇总了各种生态安全评价体系的适用性以及局限性。

表 7-1　常用的生态安全评价指标体系

评价体系名称	适　用　性	局　限　性
压力—状态—响应（PSR）	适用于空间变异较小、空间尺度较小、影响因素较少区域的生态安全评价	不适用经济和社会类指标；不适用人类活动作用超过自然环境承载能力的自然灾害；无法确定生态安全隐患及不确定的威胁因素；过于简化各因素间的因果关系，忽视了系统本身的复杂性
驱动力—状态—响应（DSR/DFSR）	在 PSR 框架基础上考虑了来自经济、社会等驱动力因子与生态环境之间的因果关系	没有解决生态环境状态与驱动力指标之间没有必然逻辑联系的缺陷；响应指标和驱动力指标的界定存在一定的模糊性
驱动力—压力—状态—暴露—响应（DPSER）	从生态系统服务功能与人类需求的角度出发，将污染物暴露单独列为一个模块，着重强调人类需求与生态环境压力的接触暴露关系	框架的线性结构不能很清楚地解释所有过程的复杂特征；指标分类较为困难；更多考虑了人类因素造成的环境问题，而忽视了自然灾害
驱动力—压力—状态—影响—响应（DPSIR）	在PSR框架基础上添加了驱动力和影响指标，能够准确描述系统的复杂性和相互之间的因果关系；能够揭示经济活动及其环境间的因果关系	容易低估复杂的环境和社会经济方面固有的不确定性和因果关系的多样性维度
状态—隐患—响应（SDR）	在PSR框架基础上增添了生态安全自然灾害因素的影响及人类活动隐患的非短期影响；能够反映生态安全不确定性因素的动态影响	生态安全隐患存在时空尺度差异，不能套用一般研究模式

三、生态安全评价指标权重

指标权重的确定方法包括主观赋权法、客观赋权法及两者相结合的方法。主观赋权法是指基于决策者的偏好和知识经验，通过按照重要性程度对各个指标进行比较、赋值并计

① 曹秉帅，邹长新，高吉喜，等．生态安全评价方法及其应用[J]．生态与农村环境学报，2019（8）：953-963.

算其权重。主观赋权法的代表性方法包括德尔菲法、层次分析法等。客观赋权法是指基于各个评价方案指标值客观数据差异确定各指标权重的方法。客观赋权法的代表性方法有熵权法、主成分分析法等。下面逐一介绍。

德尔菲法又称为专家法，该方法的特点是集中专家的经验知识，确定各个评价指标的权重，并在不断地反馈修改中得到满意的答案。德尔菲方法的步骤如下。

第一步，选择专家。选择合适的专家对评价结果的合理性有至关重要的意义。通常情况下，要选择本专业领域中既有深厚的理论知识储备也有丰富的实际工作经验的专家10～30人，并征询专家本人的同意。

第二步，将待定权重的几个指标和有关资料以及统一的确定权重的规则发送给指定的专家，让专家独立地给出各个指标的权数值。

第三步，收回结果并计算各个指标的均值以及标准差。

第四步，将计算的结果以及补充资料返回给各位专家，要求所有专家在新的基础上再一次确定权重。

第五步，重复第三步和第四步，直到各个指标权数和均值的离差不超过预先给定的标准为止，也就是各个专家的意见基本趋于一致，以此时各个指标的权数均值作为该指标的权重。

德尔菲法的优点是：可以充分发挥各位专家的作用，集思广益；能避免专家受会议气氛、权威和潮流等因素的影响；让专家有足够的时间来查询资料，对需要回答的问题进行深入的思考，从不同方面佐证自己的意见；专家可以不用考虑自尊心受影响，通过仔细的思考，在调查表反馈信息的启发下修改或者修正自己的意见。该方法的缺点是：过程比较复杂，花费时间较长；专家有知识的局限，即专家往往从本专业的角度来考虑问题和评估对象，难免带有专业的局限乃至偏见；因为缺乏情报资料和历史数据，专家的评价、预测是建立在直观而不严格的数据基础之上的，所以结果往往是不稳定、不集中、不协调的；因为专家的匿名性，受邀专家互不知情，也就是说专家之间是不会直接交流的，这会造成缺乏评估尺度的一致性，而且对调查对象的评估角度和评估标准也会有所不同。

层次分析法简称AHP，该方法是指将与决策总是有关的元素分解成目标、准则、方案等层次，在此基础之上进行定性和定量分析的决策方法。该方法是美国运筹学家、匹茨堡大学教授萨蒂于20世纪70年代初，在为美国国防部研究“根据各个工业部门对国家福利的贡献大小而进行电力分配”课题时，应用网络系统理论和多目标综合评价方法，提出的一种层次权重决策分析方法。该方法的优点是：简洁实用，既不单纯追求高深的数学，又不片面地注重行为、逻辑、推理，而是把定性方法与定量方法有机地结合起来，使复杂的系统分解，将人们的思维过程系统化、数学化，把多目标、多准则又难以全部量化处理的决策问题化为多层次单目标问题，通过两两比较确定同一层次元素相对上一层次元素的数量关系后，进行简单的数学运算。该方法的另外一个优点是所需要的数据信息少。层次分析法主要从评价者对评价问题的本质、要素的理解出发，比一般的定量方法更讲求定性的分析和判断①。

熵权法是一种客观赋值方法。在具体使用的过程中，熵权法根据各指标的变异程度，

① 庞雅颂，王琳．区域生态安全评价方法综述[J]．中国人口·资源与环境，2014（S1）：340-344．

利用信息熵计算出各指标的熵权，再通过熵权对各指标的权重进行修正，从而得到较为客观的指标权重。按照信息论基本原理的解释，信息是系统有序程度的一个度量，熵是系统无序程度的一个度量。根据信息熵的定义，对于某项指标，可以用熵值来判断某个指标的离散程度，其信息熵值越小，指标的离散程度越大，该指标对综合评价的影响就越大，如果某项指标的值全部相等，则该指标在综合评价中不起作用。因此，可利用信息熵这个工具，计算出各个指标的权重，为多指标综合评价提供依据。熵权法的优点是：能深刻反映指标的区分能力，确定较好的权重赋权更加客观，有理论依据，可信度也更加高，算法简单，实践性强，不需要其他软件分析。熵权法的缺点是：无法考虑指标与指标之间的横向影响，对样本依赖性大；随建模样本变化，权重也会发生变化，可能导致权重失真，最终结果无效。

主成分分析法主要是依据降维的思想，将多元化的指标逐步转化为少量综合性指标，即对应的主成分。各个主成分在保证信息不重复的情况下，将大部分信息准确直观地反映出来。在多元化的变量充分考虑的前提下，把复杂多变的因素进行归纳总结进而形成主成分指标，将复杂的问题简单化，处理得到的结果也更具科学性与有效性。

上述方法均有自己的优点和局限性，在实际应用中应该根据具体研究对象和需求进行选择。

四、生态安全评价方法

随着生态安全重要性的提升，如何评价生态安全也成为大家关注的热点，因而产生了系列的生态安全评价方法。现阶段存在较多的生态安全评价方法，但是并没有统一的标准和模式，评价指标也没有明确的规定。不管采用何种指标或方法，都应该体现评价过程的客观性、科学性以及可度量性的原则，指标数据的采集也应该做到精准可靠。总体来说，根据生态安全评价模型的预测、解释、推断功能分类，生态安全评价方法可以分为数学模型评价法、生态模型评价法、景观生态模型评价法、数字地面模型评价法和计算机模拟模型法这五类。下面将逐一介绍。

（一）数学模型评价法

数学模型评价法包含综合指数法、灰色关联度法、模糊综合法、物元评价法等。综合指数法是将各个指标进行加权求和，即将每一项归一化处理后的指标数据与其对应的权重值相乘来表示各个指标的得分，然后将各个指标得分相加，得到评价区域的生态安全指数，从而实现定量化评价。该方法的优点是：体现了生态安全评价中的整体性、综合性和层次性。该方法的缺点是：将问题简单化，难以反映系统本质。灰色关联度法是根据灰色系统理论，通过筛选、比较参考序列并计算各因素之间的关联度，从而对灰色系统发展态势进行量化分析。该方法克服了常见数理统计量化方法的局限性，对系统参数要求不高，适用于尚未定性的生态安全系统。物元评价法是由事物、特征和事物特征的量值共同组成的三元组。按其主要分析步骤可划分为确定生态安全物元、确定事物经典域与节域物元矩阵、确定待评价物元和关联函数及关联度以及综合关联度的计算等过程。该方法有助于从变化的角度识别变化因子，具有较好的直观性，但关联函数形式确定不规范，通用性有待提高。

模糊综合法是以模糊数学为基础，应用模糊关系合成原理，将一些边界不清、不易定量的因素定量化并进行综合评价的一种方法。该方法即能确定指标权重，又能计算多指标综合评价数值。模糊综合法充分考虑了生态安全系统内部关系的错综复杂性及模糊性，克服了传统数学模型方法结果单一性的缺陷，但在模糊隶属函数的确定及指标参数的模糊化过程中会掺杂人为因素，从而丢失有用信息[①]。

（二）生态模型评价法

生态模型评价法的代表性方法是生态足迹法。生态足迹法可以综合考虑到地区之间的差异，并且利用不同消费活动的内在联系将计算结果高度整合在一起，该方法主要适用于较大范围区域内环境承载力的评价。1992 年，William 首次提出生态足迹，并将其定义为在现有技术条件下，指定的人口单位内（一个人、一个城市、一个国家）需要多少具备生物生产力的土地和水域，来生产所需资源和吸纳所衍生的废物。生态足迹通过测定现今人类为了维持自身生存而利用自然的量来评估人类对生态系统的影响。生态足迹的基本思路主要是通过比较区域自身的生态能力（生态承载力）与供给区域发展所必需的生态需求（生态足迹）的差值，以此来评价区域生态安全状态的优劣。比如说，某地区的粮食消费量可以转换为生产这些粮食所需要的耕地面积，该地区所排放的二氧化碳总量可以转换成吸收这些二氧化碳所需要农田、草地或森林的面积。因此它可以被形象地理解成一只负载着人类以及人类所创造的农田、铁路、工厂、城市等的脚踏在地球上时留下的脚印大小。它的值越高，说明人类对生态的破坏就越严重。当人类对资源的消耗处于自然生态系统的承载范围之内时，说明自然生态系统是安全的，人类社会的发展也是可持续的；假如一个地区的生态足迹超过了当地的生态承载力，那么该地区的生态系统就处于危险状态。生态足迹法的优点是：可比性强、简洁直观、易于理解。该方法的缺点是：覆盖内容相对较少、目标单一，过于强调人为因素而弱化自然等其他环境因素的贡献。

（三）景观生态模型评价法

景观生态模型评价法是通过研究某一区域一定时间段内的生态系统类群的格局、特点、综合资源状况等自然规律，以及人为干预下的演替趋势，揭示人类活动在改变生物与环境方面作用的方法。该方法主要适用于土地—植物生态系统安全的评价，并借助空间结构分析及功能与稳定性分析来评估。从景观尺度评价城市或某一区域的生态安全状况是景观生态学与城市生态学的重要任务之一，掌握生态安全的变化以及景观退化的规律和作用机制是政府进行科学决策以及宏观调控的前提与基础。

（四）数字地面模型评价法

数字地面模型评价法主要是应用 3S 技术（全球定位系统、地理信息系统、遥感技术）为区域生态安全研究提供现代空间信息技术支持。全球定位系统是一种以人造地球卫星为基础的高精度无线电导航的定位系统，它在全球任何地方以及近地空间都能够提供准确的地理位置、车行速度及精确的时间信息。地理信息系统是在计算机软硬件系统支持下，对

---

① 曹秉帅，邹长新，高吉喜，等. 生态安全评价方法及其应用[J]. 生态与农村环境学报，2019（8）：953-963.

整个或部分地球表层（包括大气层）空间中的有关地理分布数据进行采集、存储、管理、运算、分析、显示和描述的技术系统。遥感技术是从远距离感知目标反射或自身辐射的电磁波、可见光、红外线，进而对目标进行探测和识别的技术。数字地面模型评价法着重反映区域生态安全特征，该方法将遥感信息提取技术与计算机建模软硬件设施技术相结合，可以充分地利用遥感技术提供快速更新的、从微观到宏观的各种形式数据的信息优势与地理信息系统强大的数据管理和空间分析功能，并将区域各因素系统化，从而构成一套完整的分析体系来综合评价区域生态安全状态。如果该模型可以和全球定位系统有效结合在一起，将会形成区域层面上具备评价、预测并且可以预警的生态安全模型，这也将是生态安全研究中功能最全面且最有应用前景的理想工具。

（五）计算机模拟模型法

该方法利用计算机模拟技术可快捷分析处理大量数据的优点，改进生态安全预警研究中以静态评价为主流方法的缺陷，动态模拟生态安全在时空中的变化过程，对生态安全预警具有理论指导价值和实际意义。最具代表性的计算机模拟模型法是系统动力学法和径向基函数（RBF）神经网络模型法。前者以结构—功能模拟为特点，从实际存在的系统运行规律出发描述及预测可能发生的现象，通过建立生态安全中所有影响因素因子间的反馈关系，形成一个完整的系统，从而模拟预测各因子的变化趋势，进而达到预警的目的。RBF神经网络模型法是以函数逼近理论为基础构成的一类前向网络，能够以任意精度逼近任意非线性函数，具有自学习和自适应能力，能够快速寻找优化解，对提高预测的准确性和时效性具有重要意义[①]。

第三节　生态安全评估案例

一、评估目的与意义

北京作为中国的首都，除享有极高的政治地位外，其经济繁荣程度也不容置疑。2003—2021 年，北京的地区生产总值由 3663 亿元增加到 40 269 亿元，人均生产总值从 3.2 万元增加至 18.4 万元。与此同时，北京的常住人口也保持着较高的增加速度，截至 2021 年年底，北京市的常住人口已经突破 2189 万人，其中外省人口占据 38.1%。人口规模的扩大会推动经济社会的发展及文化繁荣。但是，过度的集聚也会带来一系列负面影响，甚至会出现一些不利于人类居住和生存的情况。根据中国天气网统计，北京一年中大约有一半时间是雾霾天，而重度雾霾时间也有一个多月。此外，在城市化和工业化的快速推进中，北京市的房地产、汽车、生物医药等产业在初期的发展过程中，发展模式比较粗放，产生了大量固体废弃物、工业废水等，且存在污染物排放不达标的情况，再加上生活污水和垃圾处理不严格，严重威胁到了当地的生态安全。生态环境的恶化会给经济生产和人民生活带来

① 曹秉帅，邹长新，高吉喜，等．生态安全评价方法及其应用[J]．生态与农村环境学报，2019（8）：953-963.

诸多不良影响，甚至会影响社会的和谐稳定。

目前，北京市人口快速扩张带来的负面影响除了资源的过度开采和环境污染，还有城市人口大量涌入所带来的住房和科教文卫发展滞后，以及交通资源紧张等问题。针对上述社会环境和自然环境问题，北京市政府也提出了系列应对措施，实施各项污染防治重大工程，促进产业发展，不断对改善生态环境状况和经济发展质量提出新要求。同时，在建设京津冀生态环境支撑区，构建京津冀区域生态空间安全格局的要求下，北京市更有必要做好环境保护的示范工作。

随着生活水平的提高和环保意识的增强，人们越来越倾向于将用水质量、空气质量等自然环境因素纳入城市的居住环境，而不是单一地看重城市的经济发展水平。因此，想要维持一个城市的可持续发展，生态环境因素也应该被纳入考察范围，自然系统和经济社会系统的协调发展才是理想的城市居住环境。现阶段北京市的生态安全问题已经引起了不少居民的关注。对北京市经济发展过程中引发的系列经济社会和自然环境问题进行综合评估并提出相应的解决措施刻不容缓。

二、评估对象介绍

在评估北京市的生态安全状况前，我们有必要从自然系统和经济社会系统这两个方面详细介绍北京市的生态安全现状，也为后面的评价指标构建提供参考基础。北京市的自然系统状态可以从大气安全、水安全、人居环境安全等方面进行展开。回顾北京市的经济发展之路，粗放型的发展模式对北京市生态环境尤其是大气环境造成了严重的影响，煤炭燃烧排放的氮氧化物和硫氧化物不断威胁着空气质量。最近几年，北京市频频出现的雾霾天气极大地困扰着居民的日常工作和生活。种种迹象表明，空气质量问题已经成为北京市环保治理的挑战之一。空气中各种污染物的超标会损伤人们的呼吸道健康，致使染上呼吸道疾病，除此之外，大气污染物的排放还会通过其他渠道影响用水质量。反映大气安全的指标一般包括二氧化硫浓度、二氧化氮浓度、PM2.5 排放量、空气质量好于二级的天数等。上述指标都有很强的代表性，基于数据可得性原则，我们使用二氧化硫浓度、二氧化氮浓度来反映大气安全现状。

从图 7-2 可以看出，2004—2020 年，北京市二氧化硫浓度和二氧化氮浓度在整体上呈下降趋势。仔细观察后我们会发现，二氧化氮浓度在 2007—2014 年有过短暂的上升，2005—2006 年二氧化硫浓度也是不降反升。2004—2007 年是污染物下降速度最快的时期，2008—2014 年污染物下降最慢。对比分析发现，二氧化硫排放的治理成效优于二氧化氮，2020 年北京市二氧化硫的浓度约为 2004 年的 1/20，2020 年北京市的二氧化氮浓度约为 2004 年的 1/3。相比之下，二氧化硫浓度的下降速度远远高于二氧化氮。

北京市属于温带半干旱、半湿润季风气候区，水资源主要来源于天然降水，其特点是：降雨时空分布不均，年际丰枯交替。一年中降水主要集中在汛期 3 个月，占全年的 75%。年际丰枯连续出现的时间一般为 2～3 年，最长连丰年 6 年，连枯年达 12 年。水源地主要分布在境外和北京市郊区，水质水量受上游地区影响，加大了水资源保护和管理的难度。随着生产规模的扩大以及居住人口的激增，北京市的企业和居民对水资源的需求也日益增加。在需求增加的情况下，降水总量却变少了。2022 年以来（2022 年 1 月 1 日—5 月 30

日，下同），全市平均总降水量为49.3mm，比常年同期（1991—2020年平均值，75.4mm，下同）减少35%，这进一步强化了水资源的稀缺性。与此同时，工业废水和生活污水的排放如果得不到控制还会污染地下水和地表水，甚至对居民的饮用水安全产生重大影响，威胁到企业生产及居民生活健康。反映水环境的指标一般包含水资源总量、人均水资源拥有量、工业废水排放量和水体中化学物质含量等。其中，水资源总量和人均水资源拥有量反映了水资源的存储现状，工业废水排放量和水体中化学物质含量反映了水资源的污染情况。基于数据可得性和代表性原则，我们使用人均水资源拥有量和工业废水排放量作为衡量水资源现状的指标。

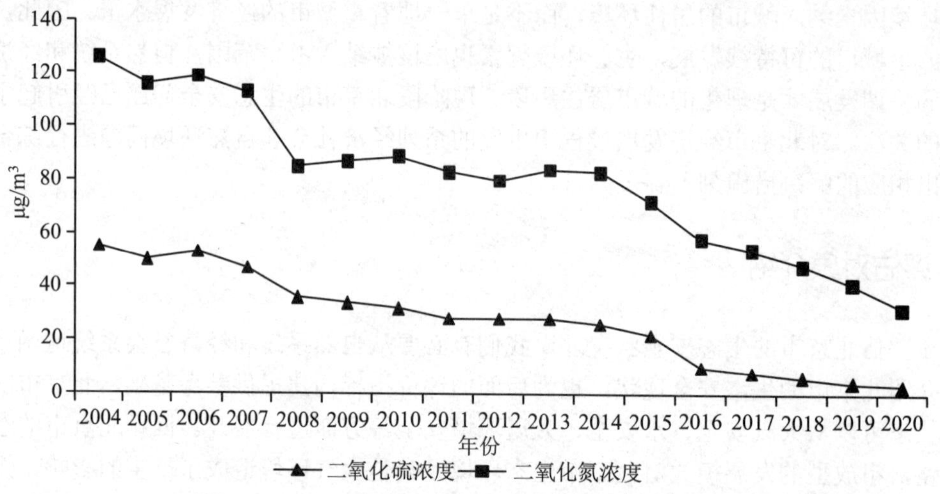

图7-2　2003—2020年北京市大气污染物浓度变化图

数据来源：国家统计局。

从图7-3可以看出，2004—2019年，北京市的工业废水排放量总体呈下降趋势，2004年是工业废水排放量最多的一年，该年总排量为1.3亿t，2019年是工业废水排放量最少的一年，该年总排量为7716万t。2004—2008年是工业废水排放量下降速度最快的阶段，2008年以后工业废水排放量在一个比较稳定的范围内波动。和全国其他城市相比，北京市的工业废水排放量总体偏多，还需要进一步控制。和工业废水排放量不同的是，人均水资源拥有量一直处于波动的状态。2008年是北京市人均水资源最多的一年，该年人均水资源量为206m^3/人；2014年是北京市人均水资源最少的一年，该年人均水资源拥有量只有95m^3/人。我国人口占世界20%，可拥有的水资源量却仅占世界6%，人均水资源量仅为世界平均水平的1/4，被联合国列为13个贫水国之一。而北京市的人均水资源拥有量仅为全国人均占有量的1/7。按照国际公认标准，人均水资源拥有量低于500m^3/人则属于极度缺水状态，显然北京市目前的人均水资源拥有量正处于该状态。

人口密度的增加会直接或间接地影响城市居民的生活质量，出现交通堵塞、教育资源稀缺等公共资源不足的问题。反映城市居住环境的指标一般包括交通、住房、绿化、基础设施建设等。下面以绿地面积和城市建设用地作为代表性指标来客观评价北京市的人居环境现状。结合图7-4可以看出，北京市建成区面积已经由2004年的1182平方千米增加至2019年的1469万平方千米。建成区面积是指城市行政区内实际已成片开发建设、市政公用设施和公共设施基本具备的区域。建成区面积的扩大意味着城市功能的不断完善，可以有效缓解人口激增的压力，减少现有人口密度。和城市建成区面积相比，绿地面积同样也在增加，并且其增加速度更快，2004 年绿地面积仅为 4.9 万公顷，而 2019 年则增加至 8.9 万公顷，约为 2004 年的两倍。城市园林绿地面积一般指用作园林和绿化的各种绿地面积，包括公共绿地、居住区绿地、单位附属绿地、防护绿地、生产绿地、道路绿地和风景林地面积。城市绿地可以减少不良人居环境对健康的伤害，如缓解空气污染、噪声和城市热岛效应等环境压力；对人群生理健康具有促进作用，如提供舒适空间来提高居民户外活动的频率；有利于人群心理健康的恢复，如减缓精神压力和缓解精神疲劳。总之，城市绿地面积可以提高人居环境质量。

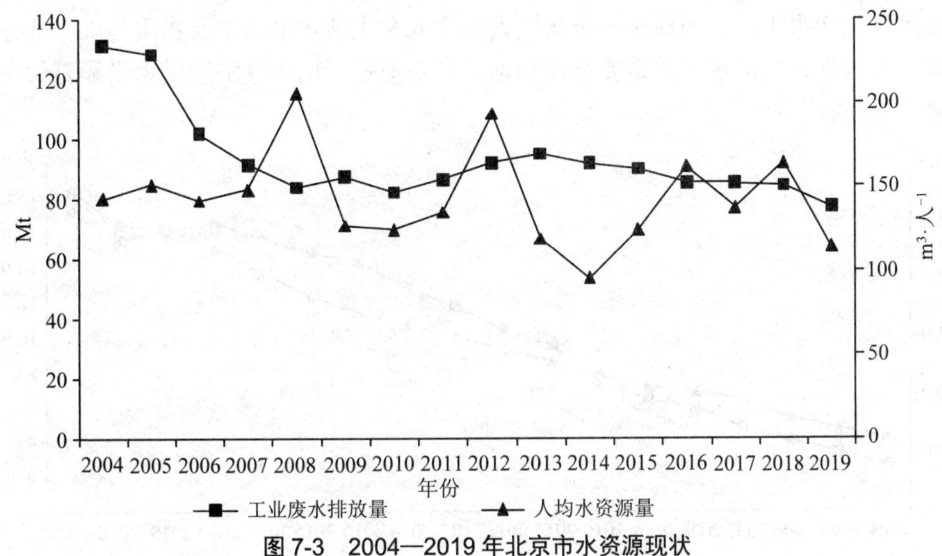

图 7-3 2004—2019 年北京市水资源现状

数据来源：国家统计局。

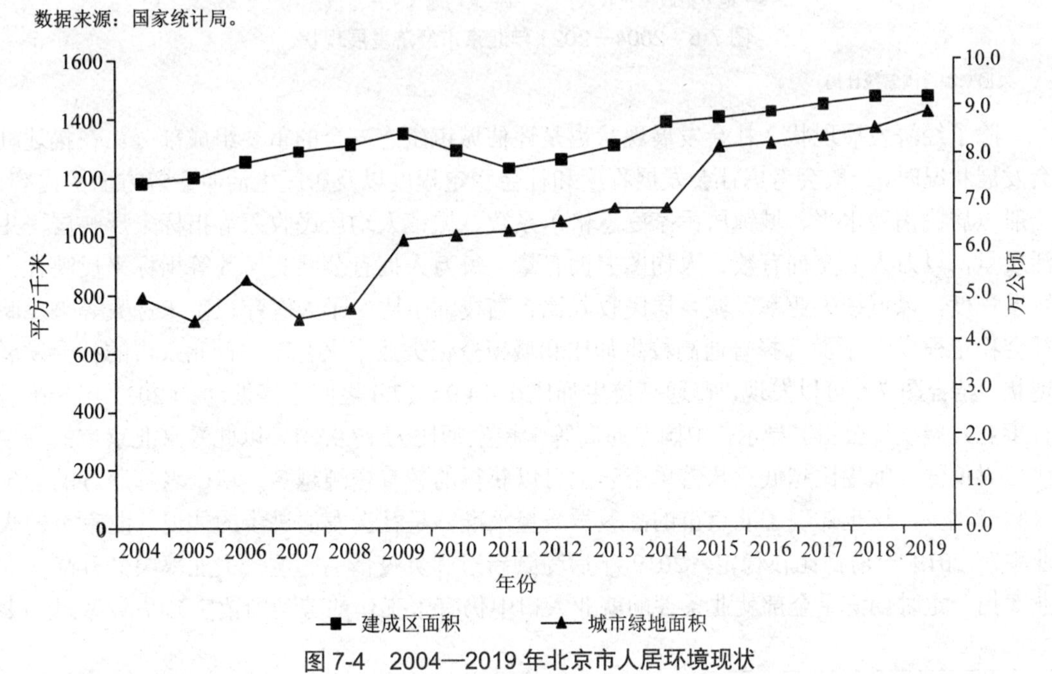

图 7-4 2004—2019 年北京市人居环境现状

数据来源：国家统计局。

在分析经济发展现状时一般用经济发展总量、人均 GDP、人均可支配收入、政府的财政收入和科技发展现状等指标来综合评估某地区的经济发展水平。下面以人均 GDP 和财政收入这两个指标来简单回归北京市近几年的经济发展现状。结合图 7-5 可以发现，2004—2021 年不管是地方财政收入还是人均 GDP 都在保持相同的增长趋势。2004 年北京市的财政收入仅为 0.8 千亿元，2021 已增长至 5.2 千亿元。地方财政收入是指地方政府为了履行其职能、实施公共政策和提供公共物品与服务需要而筹集的一切资金的总和。财政收入高，也可以从侧面反映当地企业的营业能力，是当地经济繁荣的一种表现。2004 年北京市的人均 GDP 仅为 4.2 万元，2021 年已增长至 18.4 万元。人均 GDP 虽然不能直接等同于居民的人均收入和生活水平，但构成了一国居民人均收入和生活水平的主要物质基础，是提高居民人均收入水平、生活水平的重要参照指标，也是衡量某地区经济发展水平最有代表性的指标之一。

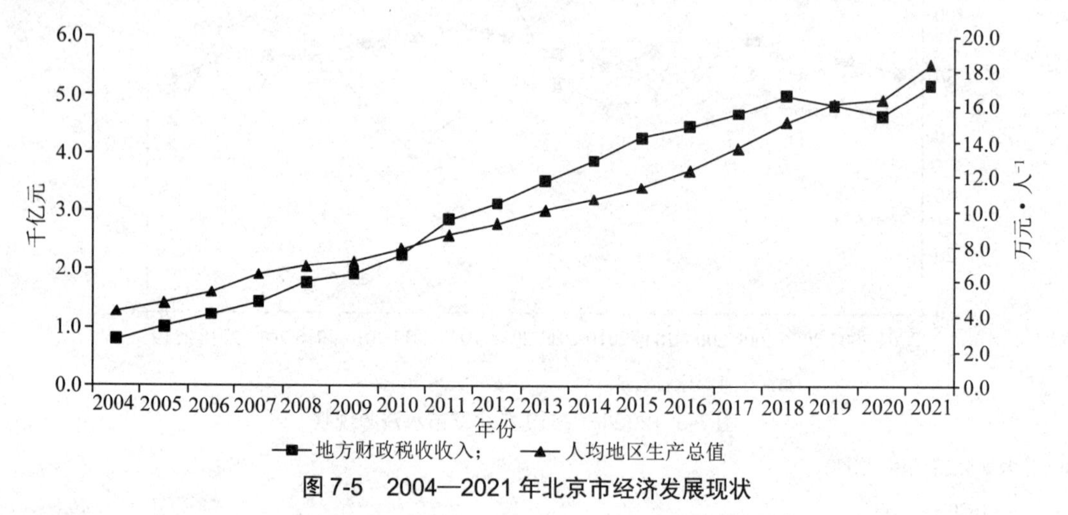

图 7-5　2004—2021 年北京市经济发展现状

数据来源：国家统计局。

除了经济发展现状，社会发展现状也是评估城市生态安全的重要组成部分。在描述社会发展状况时，一般会考虑社会发展程度和社会稳定程度以及居民生活质量等方面的内容，一般以居民消费水平、城镇居民家庭恩格尔系数、城镇人均居民收入等指标来反映居民生活质量，以万人公交拥有数、人均图书拥有量、每万人拥有公共厕所数等指标来反映社会发展程度，以城镇失业率、城乡居民收入比、高校师生比、千人医疗卫生床位数等来反映社会稳定程度①。下面选择普通高校生师比和城镇登记失业率来客观评价北京市的社会发展现状。结合图 7-6 可以发现，普通高校生师比在 14.9～17.4 之间不停波动。《2021 年全国教育事业发展统计公报》显示，中国普通高等学校生师比为 17.9∶1，以此看来北京市的师生比相对偏低。师生比越低意味着单个学生可以获得的教育资源越多，单个老师服务的学生人数就越少，这也体现了北京市的高教学质量水准，是社会发展进步的体现。北京市的失业率在 2019 年前都比较稳定，2019 年后受到新冠肺炎疫情的影响，失业率突然升高（失业率指一定时期满足全部就业条件的就业人口中仍有未工作的劳动力数字）。失业率过高会

① 杨雪梅. 基于 PSR 模型的河北省城市生态安全评价研究[D]. 石家庄：河北科技大学，2020.

影响社会的稳定性，应引起有关部门的重视。

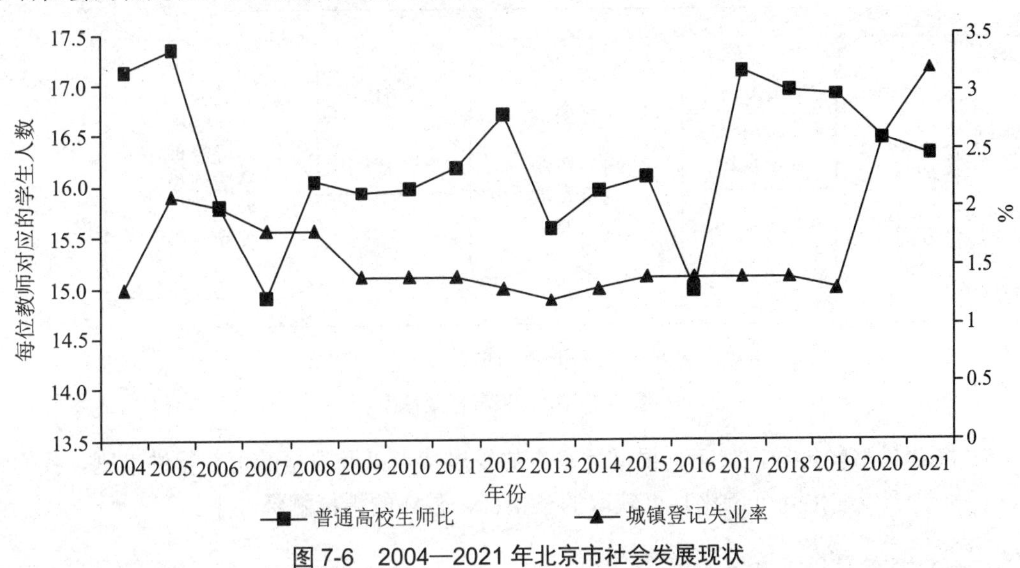

图 7-6 2004—2021 年北京市社会发展现状

数据来源：国家统计局。

总体来说，北京市的自然环境和生态环境都处于一个不错的状态，污染物的排放如二氧化硫、二氧化氮和工业废水都在不断降低，人均 GDP、地方财政收入、建成区面积、绿地面积都在稳步增加。需要注意的是，北京市人均水资源拥有量欠低，以及新冠肺炎疫情影响下城镇失业率较高。上述现状分析为后文的科学评估埋下了伏笔，同时也给指标构建提供了部分参考价值。

三、评价指标体系构建

为了准确、全面、系统地评价北京市生态安全水平的变化，选择合适的模型构建科学合理的评价指标体系至关重要。考虑到生态系统的多样性、层次性和系统性等特点，在选取评价指标时，应当综合考虑各方面的因素构建评价指标体系，但从评估方法的准确性和可操作性角度出发，所建立的指标体系也不能过于庞大，应该尽量减小评估过程中的复杂性。此处在 PSR 模型指导框架下构建北京市生态安全评价指标体系。

根据 PSR 模型中自然系统与经济社会系统相互作用的逻辑关系，城市生态安全系统中应当包含以下三个层次的内容：① 生态安全压力层，该层包含来自自然系统和经济社会系统所面临的压力，如土地扩张、人口增长、工业发展、环境污染、经济增长等压力，由这些压力引发了安全问题。② 生态安全状态层，该层指在生态安全压力下引起自然系统和社会经济系统状态的改变，包含自然环境、资源能耗、经济发展、社会发展等方面的基础状态。③ 生态安全响应层，当人类社会面临生态安全压力时，会采取措施保护自然系统和经济社会系统，以恢复环境质量或者防止环境恶化。对基础状态改变做出的响应通常分为环境响应、经济响应、人文社会响应[①]。PSR 模型的具体框架如图 7-7 所示。

① 杨雪梅．基于 PSR 模型的河北省城市生态安全评价研究[D]．石家庄：河北科技大学，2020．

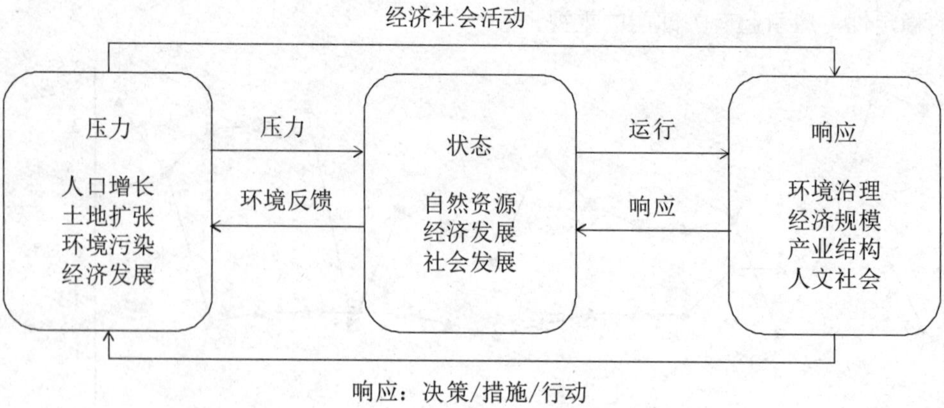

经济社会活动

压力
人口增长
土地扩张
环境污染
经济发展

压力
环境反馈

状态
自然资源
经济发展
社会发展

运行
响应

响应
环境治理
经济规模
产业结构
人文社会

响应：决策/措施/行动

图 7-7　PSR 指导框架模型

在 PSR 模型的指导框架下，根据北京市的发展特点以及数据的可获得性准则，我们将上述指标进一步细化为可量化且可获取的子指标，具体的指标解释如下。

（一）生态安全压力层

1. 人口压力：人口密度

人口密度表示单位土地面积的人口数量。该指标可以反映城市空间的实际人口负荷，单位土地面积人口数量的增加或者减少将会影响区域生态安全。人口密度过高，意味着居民的生活空间受到较大的限制，对生态环境的压力也越大。

2. 土地压力：人均道路面积、城市建成区面积

人均道路面积表示城市人口人均占用道路面积的大小，以城市道路总面积与城市人口总数之比表示，最能综合反映一个城市交通的拥挤程度，同时也反映了城市道路供给情况。城市建成区面积表示城市行政区内实际已成片开发建设、市政公用设施和公共设施基本具备的区域。上述指标均是城市发展过程中给土地带来的压力。

3. 环境压力：二氧化硫排放量、工业废水排放量、二氧化碳排放量

北京市环境污染物排放主要包括二氧化硫、氮氧化物、工业烟尘、工业废水等。基于数据可获得性和指标的代表性准则，我们选取了二氧化硫排放、工业废水排放作为环境压力指标。二氧化碳虽然不是污染物，但是在双碳目标下，我们不得不尽一切努力降低碳排放，二氧化碳排放如果得不到有效控制会给“双碳”目标的如期实现带来巨大压力。

4. 经济社会压力：财政收入、城镇失业率

财政收入是政府部门在一定时期内所取得的货币收入。财政收入的多少反映了当地政府的收入水平。财政收入的减少会增加政府所面临的经济压力，这也会加重当地生态安全压力。城镇失业人数是指在 16 岁及以上，有劳动能力，在调查期间无工作，当前有就业的可能并以某种方式在寻找工作的人数。城镇失业人数的增加会威胁社会的稳定，从而给生态安全带来压力。

（二）生态安全状态层

1. 资源状态：人均能源消费量、人均水资源拥有量

目前，我国的能源消耗以煤炭为主，此处的人均能源消耗量也是指人均煤炭消耗量，该指标与资源状态相反，是逆向的。人均水资源拥有量体现了可利用淡水资源的稀缺性。人均水资源拥有量越多，表示生态安全状态越好。

2. 环境状态：城市绿地面积

城市绿地面积指用作园林和绿化的各种绿地面积。城市绿地面积反映了居民居住环境的优劣，城市绿地面积越多，意味着该区域生态安全状态越好。

3. 经济社会状态：人均 GDP、人均可支配收入

人均 GDP 指人均国内生产总值，该指标反映了区域经济规模。人均 GDP 越多，表示该区域的经济发展水平越高，与之对应的生态安全中的经济状态越好。人均可支配收入指个人收入扣除向政府缴纳的个人所得税、遗产税和赠与税、不动产税、人头税、汽车使用税以及交给政府的非商业性费用等以后的余额。人均可支配收入反映了居民物质生活水平的高低，该指标同样也是经济社会状态的表征。

（三）生态安全响应层

1. 环境响应：生活垃圾处理率、工业固体废物利用率

生活垃圾处理率和工业固体废物利用率反映了居民对生活环境的破坏压力所做出的响应措施。

2. 经济响应：第三产业占比总产值、环境污染治理占比 GDP 比重

第二产业中包含较多高污染高耗能的行业，而第三产业则多是清洁型行业。北京市曾经以第二产业为主，在后续的发展中逐渐调整为以第三产业为主导的城市。产业结构的优化转型反映了经济系统的响应状态。环保投资占比 GDP 可以体现出决策者对于生态安全的重视程度，同时也是经济响应层面的重要指标。

3. 人文社会响应：每万人在校大学生人数、每万人专利发明量

每万人在校大学生人数和每万人专利发明量分别是北京市人力资源和科技创新能力的体现，优质的人力资源和先进的科创水平是城市可持续发展的重要保障，该指标也是文化教育和科创领域对城市生态安全的响应。

各层指标汇总后如表 7-2 所示。在 PSR 框架指导模型下，我们共采用了 19 个子指标来评估北京市的生态安全状态。其中包含 8 个压力要素层指标，具体为人口密度、人均道路面积、城市建成区面积、二氧化硫排放量、工业废水排放量、二氧化碳排放量、财政收入、城镇失业率。状态要素层指标有 5 个，具体为人均能源消费量、人均水资源拥有量、城市绿地面积、人均 GDP、人均可支配收入。响应要素层指标有 6 个，具体为生活垃圾处理率、工业固体废物利用率、第三产业占比总产值、环境污染治理占比 GDP 比重、每万人在校大学生人数、每万人专利发明量。人口密度、二氧化硫排放量、工业废水排放量、二氧化碳排放量、城镇失业率、能源消费量为逆向指标，其余均为正向指标。

表 7-2　北京市生态安全评价指标体系

目标层	准则层	指标编号	指标层	指标方向
生态安全评价指数	压力要素层	L1	人口密度	逆向
		L2	人均道路面积	正向
		L3	城市建成区面积	正向
		L4	二氧化硫排放量	逆向
		L5	工业废水排放量	逆向
		L6	二氧化碳排放量	逆向
		L7	财政收入	正向
		L8	城镇失业率	逆向
	状态要素层	L9	人均能源消费量	逆向
		L10	人均水资源拥有量	正向
		L11	城市绿地面积	正向
		L12	人均 GDP	正向
		L13	人均可支配收入	正向
	响应要素层	L14	生活垃圾处理率	正向
		L15	工业固体废物利用率	正向
		L16	第三产业占比总产值	正向
		L17	环境污染治理占比 GDP 比重	正向
		L18	每万人在校大学生人数	正向
		L19	每万人专利发明量	正向

（四）指标权重确定

在指标体系确立后，需要确定各个指标的权重。一般将确定指标权重的方法分为两类：一类是以专家的经验为基础，通过主观判断的方式得到权重的主观赋权法，一般有层次分析法、德尔菲法等。主观赋权法被运用得较早且相对成熟，但不同的专家由于经验差异，看重的方面有所不同，因此确定权重时主观性过高，导致结果因人而异，客观性较差。另一类是客观赋权法，根据评价对象的指标值运用统计学方法来计算出权重，常用方法有主成分分析法、熵值法、均方差决策法等。客观赋权法通过计算将指标数值对评价对象的影响程度表现在权重里，它考虑到评价指标的实际值所包含的信息，具有一定的科学性。不同的人对城市生态系统的认识不同，而且城市生态系统具有动态性与系统性特征，利用主观赋权法通过经验判断得到的指标权重结果极易因人而异，因此选择生态安全评价中最常见和使用最多且具有客观性的熵值法来确定城市生态安全评价指标的权重。熵值的大小代表着所选择的评价指标的离散状态，离散度越大，该指标对研究对象的最终评价结果的影响程度越大，相应指标的权重就越大。利用熵值法确定指标权重的步骤如下。

第一步，由于各指标量纲不一致，为了便于计算比较，采用归一法分别对各个指标进行标准化处理。上述指标存在正向指标和逆向指标，这两种指标的标准化方式存在差异。具体来说，正向指标的标准化公式为

$$X'_{ij} = \frac{X_{ij} - \min(X_j)}{\max(X_j) - \min(X_j)} \tag{7-1}$$

逆向指标的标准化公式为

$$X'_{ij}=\frac{\max(X_j)-X_{ij}}{\max(X_j)-\min(X_j)} \tag{7-2}$$

式（7-1）和式（7-2）中，X_{ij}为i样本中j指标的值，$\max(X_j)$为指标j中的最大值，$\min(X_j)$为指标j中的最小值。

第二步，求出第i个样本中第j项指标占该指标的权重P_{ij}，P_{ij}的计算公式为

$$P_{ij}=\frac{X_{ij}}{\sum_{i=1}^{m}X_{ij}} \tag{7-3}$$

第三步，求出评价指标的熵值e_j，e_j的计算方法为

$$e_j=\frac{-1}{\ln m}\sum_{i=1}^{m}P_{ij}\ln P_{ij} \tag{7-4}$$

第四步，求出评价指标的差异化系数g_j，g_j的计算方法为

$$g_j=1-e_j \tag{7-5}$$

第五步，求出评价指标的熵权w_j，w_j的计算方法为

$$w_j=\frac{g_j}{\sum_{j=1}^{n}g_j} \tag{7-6}$$

第六步，计算第j项指标的最终权重，即

$$Z_j=\sum_{i=1}^{n}w_j\times X'_{ij} \tag{7-7}$$

以2004—2019年北京市数据为基准，运用熵值法对标准化后的数据进行处理，计算出各指标层的权重如表7-3所示。

表7-3 北京市生态安全指标权重

目标层	准则层	指标编号	指标层	指标权重
生态安全评价指数	压力要素层	L1	人口密度	0.057
		L2	人均道路面积	0.049
		L3	城市建成区面积	0.053
		L4	二氧化硫排放量	0.052
		L6	工业废水排放量	0.054
		L7	二氧化碳排放量	0.055
		L7	财政收入	0.052
		L8	城镇失业率	0.055
	状态要素层	L9	人均能源消费量	0.048
		L10	人均水资源拥有量	0.054
		L11	城市绿地面积	0.052
		L12	人均GDP	0.052
		L13	人均可支配收入	0.052
	响应要素层	L14	生活垃圾处理率	0.056
		L15	工业固体废物利用率	0.051
		L16	第三产业占比总产值	0.057
		L17	环境污染治理占比GDP比重	0.049
		L18	每万人在校大学生人数	0.051
		L19	每万人专利发明量	0.050

从北京市生态安全指标权重的计算结果可以看出，压力要素层指标按照对生态安全综合指数影响程度的大小排序为：人口密度>二氧化碳排放量=城镇失业率>工业废水排放量>城市建成区面积>二氧化硫排放量=财政收入>人均道路面积。对于如何减轻生态安全的压力，首先应该考虑减少人口密度，在人口大大超载的情况下，环境会变得非常脆弱。在这种情况下，高密度人口的“累加效应”会变得极为突出，即如果是破坏环境的行为，就是数以千万计的人次的累加，这样的累加量必然是十分巨大的，会造成非常严重的环境问题。北京市因其飞速发展的经济水平吸引了不少外来人口，然而人口数量过高所带来的负面影响也逐渐显现，要减少北京市的生态安全压力，我们应该重点关注该市的人口密度。

状态要素层指标按照对生态安全综合指数影响程度的大小排序为：人均水资源拥有量>城市绿地面积=人均 GDP=人均可支配收入>人均能源消费量。在改善生态安全状态方面，首先要考虑人均水资源拥有量。水是人类及其他生物繁衍生存的基本条件，是人们生活不可替代的重要资源，是生态环境中最活跃、影响最广泛的因素，具有许多其他资源所没有的、独特的性能和多重的使用功能，是工农业生产重要资源。虽然北京市的水资源占有量并不算少，但是人均水资源拥有量却处于极度缺乏状态，要改善北京市的生态安全状况，我们应该重点关注如何提高北京市的人均水资源拥有量。

响应要素层指标按照对生态安全综合指数影响程度的大小排序为：第三产业占比总产值>生活垃圾处理率>工业固体废物利用率=每万人在校大学生人数>每万人专利发明量>环境污染治理占比 GDP 比重。在提高生态安全响应方面，首先要考虑的是产业结构，第二产业中包含较多高污染高耗能行业，而第三产业则多为清洁型行业。提高第三产业占比总产值，优化产业结构，可以从源头上较少污染保护环境，进而提高生态安全指数。

四、评估结果与分析

生态安全的评估方法包括数学模型、生态模型、景观生态模型、数字地面模型、计算机模拟模型。各种模型的代表性方法如表 7-4 所示，每种方法都有其优缺点和适用性。在实际的城市生态安全评价过程中，还应考虑研究对象的特点和数据特点，根据取长补短的原则，有针对性地选用评价方法。本书选择综合指数法作为北京市生态安全评价方法，该方法可以将压力、状态和响应三个层次的内容综合起来，以指数值的方式表现城市生态系统的整体安全水平，并展现其综合发展水平与变化趋势。综合指数法是生态安全评价中使用最早且应用最广泛的评价方法之一，其基本原理是在构建了层次分明且合理的指标体系的基础上，用数学方法进行标准化（无量纲化）处理，运用线性加权模型、乘数评价模型、代换法等不同的形式最后转化为综合指数模型。

表 7-4　生态安全评价方法汇总

评 价 模 型	代表性方法
数学模型	综合指数法、层次分析法、模糊综合法、灰色关联法、物元评判法、主成分投影法
生态模型	生态足迹法
景观生态模型	景观生态安全格局法、景观空间邻接度法
数字地面模型	数字生态安全法
计算机模拟模型	系统动力学法、BP 神经网络模型法、RBF 神经网络模型法

综合指数法的计算步骤如下。

第一步：原始数据的标准化。此步骤在前面指标权重的确定时已做介绍，此处不再赘述。

第二步：计算各个要素层的指数值。将标准化后的指标数据值与相应指标的权重相乘并求和可以得到压力指数值 $F(p)$、状态指数值 $F(s)$、响应指数值 $F(r)$。具体计算方法如下

$$F(x_i)=\sum_{j=1}^{n}Z_jX'_{ij} \tag{7-8}$$

式中，$F(x_i)$为样本 i 的指数值，Z_j 为指标 j 的权重，X'_{ij} 为样本 i 中 j 指标的标准化数值。根据指标层的划分，上述公式可以计算出压力指数值 $F(p)$、状态指数值 $F(s)$、响应指数值 $F(r)$。压力指数值、状态指数值和相应指数值均为正向指标。压力指数值越大，说明生态安全面临的人口、土地、环境和经济的压力越小；状态指数值越大，说明生态安全所处的自然资源、经济发展和社会发展状态越好；响应指数值越大，说明人类对生态安全做出的环境治理、产业结构调整、人文响应力度越大。根据各个指标权重的计算结果，求出了2004—2019 年北京市的生态安全指数，具体数值如表 7-5 所示。压力指数值 $F(p)$、状态指数值 $F(s)$和响应指数值 $F(r)$三者之和即为综合指数值（ECI），它反映了生态系统的整体安全水平。ECI 的取值范围为 0～1，ECI 越接近于 1 说明生态系统状态越好，ECI 越接近于 0 说明生态系统状态越差。

表 7-5 2004—2019 年北京市生态安全指数测算结果

年 份	压力指数值 $F(p)$	状态指数值 $F(s)$	响应指数值 $F(r)$	综合指数值（ECI）
2004	0.104	0.031	0.094	0.229
2005	0.149	0.032	0.172	0.352
2006	0.121	0.043	0.179	0.343
2007	0.146	0.044	0.161	0.351
2008	0.186	0.084	0.158	0.428
2009	0.223	0.067	0.149	0.439
2010	0.194	0.073	0.131	0.398
2011	0.225	0.091	0.125	0.441
2012	0.243	0.130	0.161	0.534
2013	0.269	0.108	0.184	0.561
2014	0.281	0.108	0.197	0.586
2015	0.290	0.153	0.139	0.582
2016	0.335	0.186	0.186	0.707
2017	0.361	0.192	0.188	0.741
2018	0.363	0.222	0.175	0.760
2019	0.370	0.213	0.170	0.753

在进行生态安全评估之前需要确定生态安全等级的划分标准，然后根据评价结果将不同的生态安全指数值划分为不同等级。在等级标准的划分上，没有统一标准，相关研究对生态安全的划分方法不尽相同。总体来说，综合指数越接近 1，生态安全度越高，也就是

越安全；综合指数越接近 0，生态安全度越低，即不安全。具体的划分标准如表 7-6 所示。结合表 7-5 的计算结果和表 7-6 的生态安全等级划分可以发现：2004—2007 年北京市的生态安全状态属于较不安全；2008—2015 年北京市的生态安全状态属于临界安全；2016—2019 年北京市的生态安全状态属于较安全。

表 7-6　生态安全等级划分

等　级	综合指数取值范围	描　述	安全状态
Ⅰ	0.8<ECI<1	生态安全处于理想状态，生态系统结构完整，自然资源环境拥有较强的可再生能力，生态问题不显著，人际关系处于和谐的状态	安全
Ⅱ	0.6<ECI≤0.8	生态安全基本满足社会经济生活，人际矛盾较为和缓，基本实现可持续发展，自然灾害发生频率较低，生态功能尚好，在一般干扰下可恢复	较安全
Ⅲ	0.4<ECI≤0.6	自然生态系统基本功能齐全，但生态功能有所衰退，偶有生态灾害发生，人际关系出现不协调	临界安全
Ⅳ	0.2<ECI≤0.4	生态功能退化，生态环境受到较大破坏，自然生态系统与社会经济发展方向不大一致，人际矛盾较为突出	较不安全
Ⅴ	0<ECI≤0.2	生态安全急需得到重视，生态环境遭受严重破坏；生态系统缺失，处于崩溃边缘，人际矛盾尤为突出	不安全

为了更好地展示 2004—2019 年北京市生态安全的变化趋势，我们将上述指数值进行整理后画出了生态安全评估指数趋势图。根据图 7-8 可以看出生态安全综合指数在 2004—2019 年这段时间里整体呈上升的态势，这说明北京市的生态安全状态一直在朝好的方向改进，这主要是因为在该阶段北京市的财政收入、人均 GDP、人均可支配收入等正向指标都在持续增加，煤炭消费量、工业废水、二氧化硫排放量等逆向指标在减少。

从压力指数方面来看，只有 2005—2006 年和 2009—2010 年的压力指数是降低的，其余年份均是增加的。压力测算指标包含人口密度、人均道路面积、建成区面积、二氧化硫排放量、工业废水排放量、碳排放量、地方财政税收、城镇登记失业率。2005—2006 年正向指标人均道路面积下降较多，而逆向指标二氧化硫和二氧化碳排放量增加较快，故而导致 2005—2006 年的压力指数有所下降。2009—2010 年逆向指标人口密度增加过快，而正向指标人均道路面积变少，故而导致 2009—2010 年的压力状态指数降低了。

从状态指数方面来看，2004—2019 年北京市的状态指数整体呈上升趋势，细致观察后我们会发现，状态指数在 2008—2009 年和 2012—2014 年是降低的。状态测算指标包含煤炭消费量、人均水资源量、城市绿地面积、人均 GDP 和人均可支配收入。上述年份状态指数下降的主要因素是人均水资源拥有量的减少。

从响应指数方面来看，2004 年响应指数仅为 0.094，2019 年响应指数增至 0.170，总体来看响应指数确实提升了不少。但是和压力指数以及状态指数对比来看，响应指数却是增加速度最慢的，并且响应指数的变化一直处于不太稳定的状态。响应测算指标包含生活垃圾无害化处理率、一般工业固体废物利用率、第三产业占比总产值、环境污染治理占 GDP 比重、每万人在校大学生人数和每万人专利发明量。造成响应指数增加缓慢且变化不稳定的主要因素是北京市的工业固体废物综合利用率和环境污染治理占 GDP 比重这两个正向指标一直处于波动状态，在不少年份内这两个指标是逐年降低的。

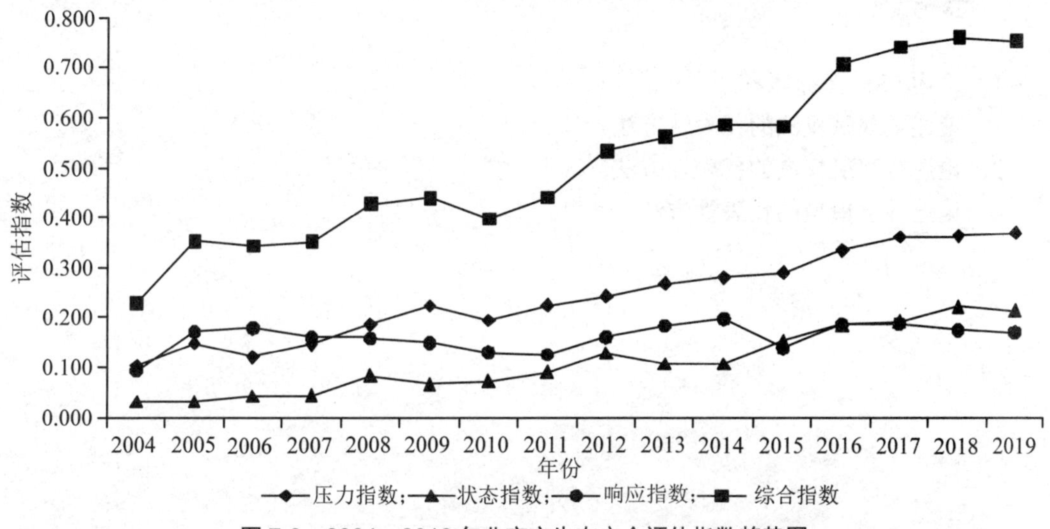

图 7-8 2004—2019 年北京市生态安全评估指数趋势图

综合北京市的生态安全现状介绍和北京市的生态安全评价分析可以看出，北京市的生态安全状况在早年处于不太安全的状态。但是通过降低污染物排放、扩大绿地面积、调整产业结构等一系列努力后，生态安全状态逐渐变好。和过去相比，北京市的生态安全水平确实提高不少，但是北京市仍然面临着人均水资源拥有量稀少，人口密度过高、失业率没有得到控制等问题。想要进一步提高生态安全水平，上述问题必须引起重视。

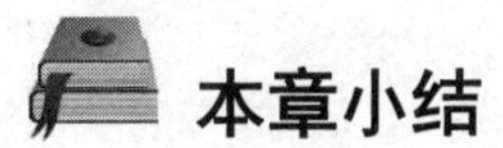

本章小结

“碳达峰”和“碳中和”中的“碳”均指以二氧化碳为代表的温室气体。“碳达峰”指碳排放达到峰值后进入平稳下降阶段；“碳中和”则是指一定时间内全世界（或一个国家、地区）直接或间接产生的温室气体排放总量通过植树造林、节能减排等形式抵消而实现的二氧化碳零排放的过程，两者统称为“双碳”目标。生态安全的评价标准包括目的性、层次性、可操作性、充分性、可持续性。生态安全评价指标体系主要包括压力—状态—响应（PSR）、驱动力—状态—响应（DSR）、驱动力—压力—状态—暴露—响应（DPSER）、驱动力—压力—状态—影响—响应（DPRIR）、状态—隐患—响应（SDR）。评价指标赋权方法包括主观赋权法和客观赋权法。主观赋权法的代表性方法包括德尔菲法、层次分析法。客观赋权法的代表性方法有熵权法、主成分分析法。生态安全的评估方法包括数学模型评价法、生态模型评价法、景观生态模型评价法、数字地面模型评价法、计算机模拟模型法。生态安全评价方法中的数学模型评价法的代表性方法包括综合指数法、模糊综合法、灰色关联法、物元评价法。

思考题

1．论述 PSR 指标体系。

2．论述主观赋权法的代表性方法。

3．论述客观赋权法的代表性方法。

4．论述数学模型的代表性方法。

“双碳”背景下的生态产品价值核算

学习目标

✧ 掌握生态产品的定义及分类；
✧ 掌握生态产品价值核算方法；
✧ 了解生态产品价值核算与生态安全两者间的关系；
✧ 了解国外生态产品价值核算体系分类；
✧ 了解 GEP 核算内容及指标体系；
✧ 熟悉“双碳”背景下生态产品价值核算的未来发展趋势。

导言

当下，全球变暖和气候变化已经成为人类面临的严峻挑战之一。为了应对气候变化，各国都制订了一系列的气候行动计划，其中“双碳”目标被广泛认为是实现气候变化治理的必要目标。为了实现“双碳”目标，许多国家已经采取了减少化石能源的使用、提高能源效率等措施。然而，这些措施往往会直接或间接地影响人们的生活和经济活动。为了更好地实现双碳目标，也为了更好地测度生态安全，生态产品价值核算变得尤为重要。为了深入学习该主题，本章将讲述生态产品的概念及生态产品价值的核算方法、核算体系。同时通过国内外不同地区、不同尺度的案例分析，展示生态产品价值核算的实践经验与教训。面对核算过程中出现的问题，无论是理论探索还是实践检验，都还有一段相当长的路要走。

第一节　生态产品价值核算与生态安全

一、生态产品概述

（一）生态产品的定义

2010 年，《全国主体功能区规划》首次提出了“生态产品”一词，并把生态产品定义为维系生态安全、保障生态调节功能、提供良好人居环境的自然要素，包括清新的空气、清洁的水源和宜人的气候等。

“生态产品”虽然由中国提出，但与西方国家提出的“生态系统服务”(ecosystem services）一词意思相似。1997 年，美国生态经济学家戴利（Daily）和科斯坦萨（Costanza）将生态系统服务定义为直接或间接增加人类福祉的生态特征、生态功能或生态过程，即人类能够从生态系统获得的效应。科斯坦萨将生态系统服务划分为四大类：生态系统为人类提供的物质产品（农产品、原材料等）、调节服务（气候调节、固碳释氧等）、支持服务（生境维持、生物多样性保护等）和文化服务（美学价值和休闲旅游等）。这些服务可以进一步细分为 17 个类别①。2000 年，国内学者开始开展生态系统服务研究。2010 年《全国主体功能区规划》出台之后，国内学者逐步用生态产品概念替代生态系统服务概念，并逐渐对生态产品内涵、特征、供给方式等方面进行了较为深入的研究②。例如，生态产品的含义可以分为狭义和广义两种。前者是指满足人类需求的清新的空气、清洁的水源和适宜的气候等看似与人类有形物质产品消耗没有直接关系的无形产品，且一般具有公共产品的特征；后者除了包括前者内容，还包括通过清洁生产、循环利用、降耗减排及资源节约型的有机食品、绿色农产品、生态工业品等有形物质产品，这些物质产品具有“生态环境友好”的特征。需要注意的是，自然生态系统是目前最复杂的系统之一，现有的关于生态产品的概念定义、分类框架和度量指标的研究并未形成一致观点，相关研究仍处于百家争鸣的阶段。

（二）生态产品的经济学内涵

如前所述，当前学术界对于生态产品的概念、内涵以及分类的认识仍不统一，且混淆了生态产品与生态系统服务、自然资源资产等概念的关系，缺少对可以在市场中交易的准公共产品的认识，这种情况制约了对生态产品进行更为深入的研究。已有的生态产品概念研究在理论上大多从自然科学的角度入手，没有将自然科学和社会科学结合起来共同阐释生态产品的内涵，远远不能满足实践的需要。因此，需要将生态环境转变成为可以交换与消费的生态产品，以经济学的方案、市场化交易的方式解决外部不经济性问题③。

这需要对生态产品的概念进行清晰的界定。一方面，生态产品本身是种类繁多且属性差异巨大的，以各种各样的方式对人类的福祉做出贡献；另一方面，有些生态产品已经充分融入人类社会的经济体系中，与一、二、三次产业存在交叉重合。这是学术界对生态产品概念的认识理解难以统一的根本原因。因此，我们应紧密围绕“两山”理论落地实施的重大国家战略需求，准确把握国家提出生态产品概念的战略意图，深入剖析生态产品现有概念需要改进之处，基于人类消费和市场交易的视角提出生态产品的定义内涵与外延，并从生态产品生产过程中人类社会和生态系统的相互作用关系，生态产品的价值源泉及其所包含的人与人之间的关系，生态产品与自然资源、生态系统服务等相关概念的关系等方面，探讨研究生态产品概念的科学性定义，从而为深入研究生态产品价值理论及其实现机制提

① COSTANZA R. Twenty years of ecosystem services: how far have we come and how far do we still need to go? [J]. Ecosystem Services. 2017 (1):1-16.

② 董鹏. 生态产品的市场化供给机制研究[J]. 中国畜牧业，2014（21）：34-37.

③ 高吉喜. 生态资产资本化：要素构成 • 运营模式 • 政策需求[J]. 环境科学研究，2016（3）：315-322.

供理论起点。[①]近年来，国内学者对生态产品的定义进行了广泛的研究，此处列举张林波等对生态产品概念的再定义，以进行探讨和借鉴。

张林波指出，从我国提出生态产品概念的时代背景和战略意图出发，生态产品的定义应包含以下三个方面的内涵：① 生态产品中包含生产劳动，生态产品同其他产品一样也是被生产出来的物品，因此生态产品内涵中也应该含有生产劳动过程。② 生态产品的目的是用于市场交易，除少量供自己使用外，产品都是提供给市场通过交换被人们使用和消费的商品，应该具有商品属性。③ 生态产品是以人类消费使用为目的的有价值物品和服务，产品的核心是物品的有用性，且能够满足人们的一定需求，生态产品生产的目的就是满足人民日益增长的美好生活需要。根据以上对生态产品概念内涵的分析，张林波对生态产品的定义进行了完善，将其定义为“生态产品是指生态系统通过生物生产和与人类生产共同作用为人类福祉提供的最终产品或服务，包括保障人居环境、维系生态安全、提供物质原料和精神文化服务等人类福祉或惠益，是与农产品和工业产品并列的、满足人类美好生活需求的生活必需品”。[②]

与已有生态产品的定义相比，张林波对生态产品概念的再定义具有以下三个鲜明的特点：① 将生态产品定义局限于终端的生态系统服务，阐明了生态产品与生态系统服务和纯粹的经济产品之间的边界关系。此处将生态产品定义为生态系统服务的一部分，局限于生态系统服务中为人类福祉提供的终端产品和服务，既可以是有形的物质产品，也可以是无形的服务产品。② 明确了生态产品的生产者是生态系统和人类社会共同体，阐明了生态产品与非生态自然资源之间的边界关系。此处生态产品定义将生态系统的生物生产也拓展纳入到“劳动”范畴，提出生态产品是由生态系统和人类社会共同作用产生的，生态产品的生产离不开生物生产和人类劳动中的任何一种。③ 明确了生态产品含有人与人之间的社会关系，为阐明生态产品价值实现机制提供了经济学理论基础。此处生态产品定义对生产生态产品的两种生产劳动的界定，不仅赋予生态产品具有区别于生态系统服务的社会关系，而且为生态产品价值来源及价值交换规律研究提供了经济学基础。

（三）生态产品的基本属性

生态产品是与物质产品、文化产品相并列的支撑人类生存和发展的第三类产品，后两者主要满足人类物质和精神层面的需求，生态产品则主要维持人们生命和健康的需要。俞敏等将生态产品的基本属性归纳为以下三个方面。[③]

第一是自然属性。生态产品的生产和消费过程离不开自然界的参与，人类和整个生态系统的再生产也离不开生态产品。因此，生态产品具有鲜明的自然属性，这是生态产品区别于物质产品和文化产品的本质特征。

第二是稀缺属性。人们对优美生态环境的需求与日俱增，而自然生态系统提供优质生态产品的能力总是相对有限的。因此，生态产品具有稀缺性，并且人类不可持续的社会经济活动进一步加剧了生态产品的稀缺性。

① 谷树忠．产业生态化和生态产业化的理论思考[J]．中国农业资源与区划，2020（10）：8-14．

② 张林波．生态产品概念再定义及其内涵辨析[J]．环境科学研究，2021（3）：655-660．

③ 俞敏，李维明，高世楫．生态产品及其价值实现的理论探析[J]．发展研究，2020（2）：47-56．

第三是时空属性。生态产品在时间和空间上分布不均，主要体现为时间上的代际分配矛盾和空间上的分布不均衡。在时间上，生态产品是生态系统长期运行的产物，既要满足当代人的需要，也要满足未来人的需要。在空间分布上，不同地区生态产品的种类、数量和流动性存在差异，造成了生态产品在地理空间上分布不均。

（四）生态产品的分类

在张林波对生态产品新的定义框架下，根据政府主导、政府与市场混合、市场路径等不同的价值实现模式或路径，在原有二分法的基础上，可以将生态产品分为公共性、准公共性和经营性三类（见图 8-1）[①]。

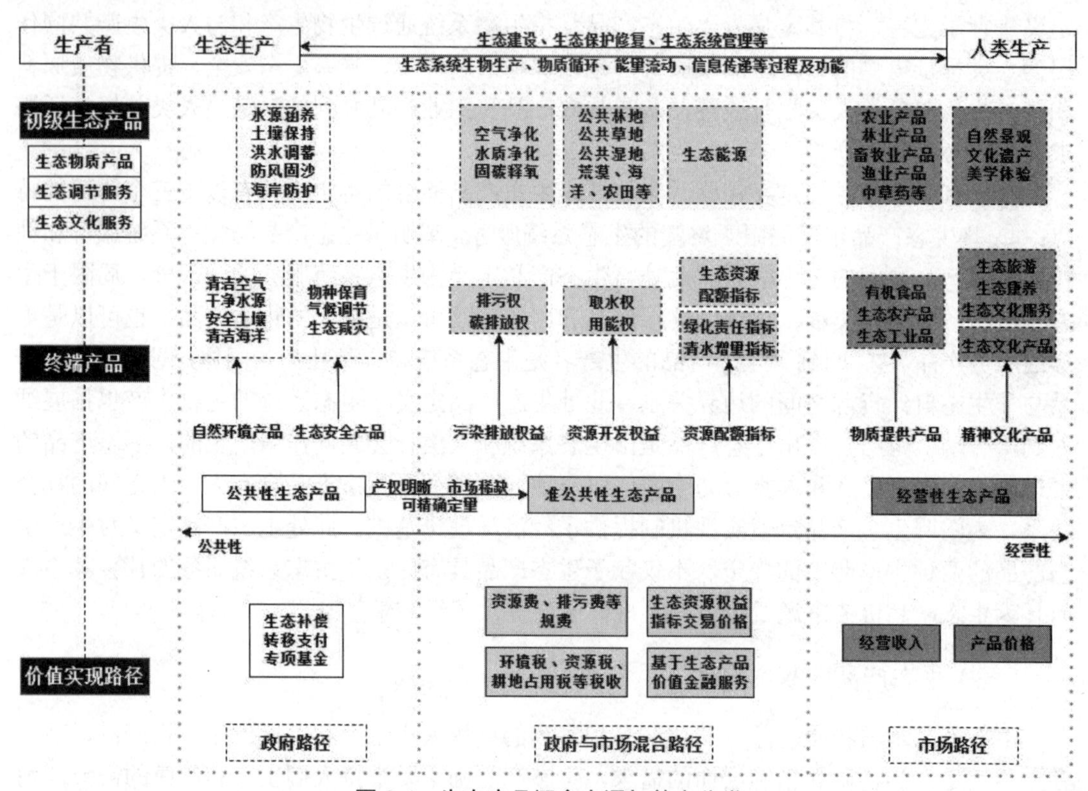

图 8-1　生态产品概念内涵与基本分类

1. 公共性生态产品

公共性生态产品与狭义的生态产品概念相对应，主要为生态调节服务类产品，是指生态系统中主要通过生物生产过程为人类提供的自然产品，其中包括清新的空气、洁净的水源、安全的土壤和清洁的海洋等人居环境产品，以及物种保育、气候变化调节和生态系统减灾等维系生态安全的产品，这一类产品具有非排他性、非竞争性特征，属于纯公共产品。这一类产品往往还具有协同生产性，很难将其生产过程清晰界定到某一个地点或某一个要素，这就决定了其产权是区域性或公共性的，而不能确定为某个人或某个团体组织所有，因此不能通过传统市场交易方式实现其经济价值。

---

① 王金南．生态产品第四产业理论与发展框架研究[J]．中国环境管理，2021（4）：5-13．

2. 准公共性生态产品

准公共性生态产品是指在一定条件下能够满足产权明晰、市场稀缺、可精确定量等三个条件，从而具备了一定程度的竞争性或排他性，可以通过市场交易方式实现价值的生态产品，主要包括排污权、碳排放权等污染排放权益，用水权、用能权等资源开发权益，总量配额和开发配额等资源配额指标等。这些生态权益存在明确的生产与消费的利益关系，在政府管制产生稀缺性的条件下，交易主体之间会形成市场交易需求，因此生态权益会转变为生态产品。

3. 经营性生态产品

经营性生态产品与前述广义的生态产品概念相对应，与“生态系统服务”中的供给服务和文化服务含义接近，是人类劳动参与度最高的生态产品，包括农林牧渔、淡水、生物质能等与第一产业紧密相关的物质原料产品，以及休闲旅游、健康休养、文化产品等依托生态资源开展的精神文化服务，因此也可以称为私人性生态产品。经营性生态产品与传统农产品、旅游服务等产品的属性完全相同，可以通过生产流通与交换在市场交易中实现其价值，已经被列入国民经济分类目录。

二、生态产品价值核算方法

生态产品价值也称生态系统生产总值，是生态系统为人类提供的最终产品和服务的价值总和。根据生态系统服务功能评估的方法，生态系统生产总值可以从生态产品功能量和生态产品经济价值量两个角度核算。①

生态产品功能量可以用生态系统功能提供的生态产品与生态服务功能量表达，如粮食产量、洪水调蓄量、固碳量等。虽然生态产品功能量的表达指标直观，可以给人明确具体的印象，但由于计量单位的不同，不同生态系统产品产量和服务量难以加和。

生态产品经济价值量，借助价格将不同生态系统产品产量与功能量转化为货币单位表示产出，统一不同生态产品与服务的计量单位，使所有生态产品与生态服务的价值进行汇总加和成为可能，汇总结果即为生态系统生产总值。

关于生态系统服务的价值评估方法有很多研究，其中代表性的观点主要有三种：① Mitchell 和 Carson 根据数据来源和方法是否直接产生货币价值，将价值评估方法分为直接观察、间接观察、直接假设和间接假设四类。直接观察法包括竞争性和模拟性的市场价格的使用；间接观察法包括旅行费用法、特征值法、可避免费用支出法和投票法；直接假设法包括投标法和意愿调查法；间接假设法包括条件排名法、条件行为法、条件投票法等条件价值法。② 徐中民等依据生态系统服务于自然资本的市场发育程度，将价值评估方法分为三类：常规市场评估技术、替代/隐含市场评估技术和假想市场评估技术。其中，常规市场评估技术包括市场价值法、剂量反应法、机会成本法、防护费用法、预防性支出法、重置或恢复成本法、替代成本法、有效成本法、疾病成本法和人力资本法。替代市场评估技术主要包括旅行费用法、资产价值法和享乐定价法。假想市场评估技术主要包括条件价

---

① 宋有涛，朱京海，樊雨，等．辽宁省生态产品总值（GEP）核算技术规范 团体标准：T/LNSES 005—2022[S]．沈阳：辽宁省环境科学学会，2022：8．

值评估法和选择实验法。③ 荒漠生态系统服务功能监测与评估技术研究项目组将评估方法分为直接市场法、替代市场法和模拟市场法三类，但是每一类包括的具体评估方法与上述第二种观点有显著不同，他们认为，直接市场法包括市场定价法和市场价值法两种，替代市场法包括费用支出法、机会成本法、影子工程法、人力资本法和享乐定价法等，模拟市场法主要包括条件价值法。[①]

下面介绍几种在核算过程中常用的方法。

（一）市场价值法

市场价值法也称直接市场价格法，是使用市场价格来估算生态系统服务价值的方法。例如，木材、水产品、水果等生态系统提供的物质商品都是可以交易的，由此可以使用它们的市场价格来核算这些生态服务的价值。

（二）替代成本法

替代成本法是指当自然资源、生态系统遭到破坏后，在现行市场公允价值条件下，通过计算恢复生态环境到破坏前的状况所需要的费用，即恢复原生态环境状态与生态系统服务功能所要付出的成本，借以估算生态环境被破坏后所影响的经济价值或者重新复原和恢复其功能并保持其功能需要付出的成本。

该方法的创新思路是将替代成本法在资产评估和环境治理评价的应用中进行同构，将生态环境视为一种资产，当人类的社会生产经营等活动对生态环境造成破坏时，该生态环境资产的价值就会被降低和破坏，这部分被破坏的价值可以通过重新构建一项新的生态环境资产进行重置。

（三）影子工程法

影子工程法是恢复成本法的一种特殊形式。替代工程法是指在生态系统被破坏后，人工建造一个工程来代替生态系统的某种服务功能，用建造新工程的投资成本来估算生态系统服务的价值。当生态系统服务功能的价值难以直接估算时，可借助能够提供类似功能的替代工程或影子工程的费用，来替代该环境的生态价值。例如，森林具有涵养水源的功能，这种生态系统服务功能很难直接进价值量化。于是，可以寻找一个替代工程，如修建一座能储存与森林涵养水源量同样水量的水库，则修建此水库的费用就是该森林涵养水源生态服务功能的价值；一个旅游海湾被污染了，则需另建造一个海湾公园来代替它；附近的水源被污染了，需另找一个水源来代替，其污染损失至少是新工程的投资费用。再如，对于森林的土壤保持功能，可以算出该地区的总土壤保持量，而后用能拦蓄同等数量泥沙的工程费用来表示该森林土壤保持功能的价值。影子工程法将难以计算的生态价值转换为可计算的经济价值，简化了生态系统服务的价值估价。鉴于替代工程的非唯一性，每个替代工程的费用又有差异，为了尽可能地减少偏差，可以考虑同时采用几种替代工程，然后选取最符合实际的替代工程或者取各替代工程的平均值进行估算。

---

① 曾贤刚. 生态产品的概念、分类及其市场化供给机制[J]. 中国人口·资源与环境，2014（7）：12-17.

（四）旅行费用法

旅行费用法（travel cost method，TCM）起源于评价消费者从其所利用的环境中得到的效益。它是通过往返交通费和门票费、餐饮费、住宿费、设施运作费、摄影费、购买纪念品和土特产的费用、购买或租借设备费及停车费和电话费等旅行费用资料确定某环境服务的消费者剩余，并以此来估算该项环境服务的价值。环境服务同一般的商品不同，它没有明确的价格。消费者在进行环境服务消费时，往往是不需要花钱的或者只支付少量的入场费，而仅凭入场费很难反映出环境服务的价值。研究表明，尽管环境服务接近免费供应，但是在进行消费时仍然要付出代价，这主要体现在消费环境服务时，要花往返交通费、时间费用及其他有关费用。

旅行费用法是发达国家最流行的游憩价值评价标准方法之一。该方法自问世以来渐趋完善，已发展出三类具体方法，即区域旅行费用法（ZTCM）、个人旅行费用法（ITCM）和随机效用法（RUM）。个人旅行费用法和随机效用法是针对区域旅行费用法存在的问题而设计的。个人旅行费用法较适用于以当地居民为主要游客的旅游地的环境服务的价值评估；区域旅行费用法则宜于以广大范围人口为主要游客的旅游地的环境服务价值评估；随机效用法则常用于评估旅游地环境质量变化引起的价值变化和新增景观的价值。这三种方法的理论基础是相同的，可以说它们是同一理论下的三种表达方式。

（五）享乐价值法

享乐价值法（hedonic pricing，HP）主要是以个人对于商品或者服务的效用为基础的。在许多情况下，同一件物品包含多种特性，这些物品不是单一的。例如，不同的汽车是不同特性的组合：发动机的效率、驾驶的可靠性、设计的风格等。包含不同特性的物品被称为有差异的物品。一个消费者对物品的满意程度取决于这些特性。因此，享乐价值法是通过分析某种物品的价格差异来反映其部分的价值。享乐价值法根据环境如空气、水等的相关属性，选择具体的评估函数形式，在收集数据的基础上进行回归分析，建立模型，进而评估某项服务功能的价值。

享乐价值法主要运用在房产周边环境因子的价值评估方面。住房有很多特性，比如单元的大小、位置、质量、四邻状况等。空气质量也被视为房产的一个特性。在住房市场竞争的情况下，若其他条件相同，空气质量较好地区的房价应该比较昂贵。

（六）条件价值法

条件价值法（CVM）是通过对消费者直接调查，了解消费者的支付意愿，或者了解他们对商品或服务数量选择的愿望来评价生态服务功能的价值。该方法是模拟市场价值评估技术中最为重要、应用最为广泛的一种方法。一般用于评价生态系统服务的存在价值（即内在价值）。它的核心是直接调查、咨询人们对生态系统服务的支付意愿（WTP）并以支付意愿和净支付意愿来表达生态系统服务的经济价值。CVM 属于纯粹的市场调查方法，它从消费者的角度出发，在一系列的假设问题下，通过调查问卷、投标等方式来获得消费者的 WTP 或 NWTP（净支付意愿，还需要知道消费者的实际支出），综合所有消费者的 WTP 或 NWTP，得到生态系统服务功能的经济价值。CVM 的基本理论依据是效用价值理论和消费者剩余理论。具体地说，它依据个人需求曲线理论和消费者剩余、补偿变差及等量变差两种希克斯计量方法，运用消费者的支付意愿或者接受赔偿的愿望来度量生态系统服务功能的价值。

条件价值法的局限性主要表现在假想性和偏差两个方面。假想性，指 CVM 确定个人对环境服务的支付意愿是以假想数值为基础，而不是依据数理方法进行估算的；偏差，指 CVM 可能存在多种偏差，包括策略偏差、手段偏差、信息偏差、假想偏差、嵌入效应引起的偏差等，在实施和数据处理过程中，应尽量避免或减少上述偏差对评价结果产生较大的影响。

三、生态产品价值核算与生态安全的关系

（一）生态产品价值核算对生态安全的重要性

怎样对生态安全测度是生态安全评价的难点和重点。目前大多是基于生态风险、生态脆弱性、贫穷、生态问题等方面进行生态安全评价，但这些评价指标多是负向指标。生态安全虽与这些方面有着紧密的关系，但并不等同于上述概念，因为从生态安全定义可以看出生态安全与生态系统服务功能有着紧密的关联，即生态系统服务是生态安全的正向指标。生态环境良好的地区生态系统服务越强，生态产品价值越高，生态安全程度也越高；反之，则存在生态安全隐患。

生态安全是人与自然和谐及社会稳定的基础。生态环境对人类发展具有一定的限制作用，这种限制作用不可忽视。基于这种理论观点，生态安全一开始就将人类福祉和自然生态安全放在同等重要的位置上，要求在两者之间找到均衡点。生态安全的最终目的是更好地实现人类福祉和自然环境的可持续发展。人类福祉是一个多维的概念，包括维持高质量生活所需的基本物质条件、健康、良好的社会关系、安全以及选择和行动的自由等要素。生态系统不仅为人类提供各种物质产品，而且通过气候调节、洪水调蓄、水源涵养、固碳释氧等功能保证生态环境满足人类需求。同时，生态系统提供给人愉悦生活等方面的文化服务。由此可见，生态系统服务与人类福祉有着紧密的联系。生态系统服务的变化可以直接或间接地影响人类福祉的所有组成要素，同时，人类福祉的变化也直接或间接影响生态系统的变化，进而影响生态安全的水平。

生态系统服务是生态安全的前提和保障。生态系统服务是人类赖以生存和发展的基础，当生态系统服务出现异常时，表明该系统的生态安全受到了威胁，处于“生态不安全”状态。生态系统服务与生态安全是密切相关的，生态安全的显性特征之一是生态系统服务的状态。因此，“生态安全”包含两重含义：其一是生态系统自身是否安全，即其自身结构是否受到破坏；其二是生态系统对于人类是否安全，即生态系统服务能否提供足以维持人类生存和发展的可靠生态保障。由此可见，生态安全的前提是保证生态系统服务正常发挥，或者在一定的弹性范围内正常发挥。生态安全评价的核心正是对生态系统与人类福祉之间的胁迫、响应、服务、建设关系的评价，包括人为生态胁迫和自然生态响应的负面威胁，以及自然生态服务和人为生态建设的正面发展。

生态系统服务是构建生态安全评价指标体系的基础。生态安全评价是生态安全研究的

重点，目前关于生态安全评价指标体系已有大量的研究，基于生态系统服务的生态安全评价要考虑生态系统功能的正常发挥和可持续发展的需要，该研究尚处于探索阶段。可从水源涵养、水土保持、生物多样性维持以及休闲和文化等方面构建生态安全评价指标，在确保生态功能的基础上保障生产功能、生活功能和文化功能的完整性。生态安全评价是一种空间生态过程和格局关系的研究，是生态系统服务多样性之间的权衡，旨在保证生态安全的多层次目标。

由此可知，生态系统服务对生态安全的重要性不言而喻。因此，展开生态产品价值核算，这个过程可以帮助人们清晰地认识和了解生态系统服务的价值，促使人们更好地认识和保护生态系统，减少生态环境污染和生态系统的破坏，保障生态安全，实现生态、经济和社会的可持续发展。

（二）生态安全对生态产品价值核算的影响

生态安全是指生态系统能够维持其结构、功能和过程的稳定性和完整性，同时能够满足人类社会对生态产品和生态服务的需求。生态安全对生态产品价值核算的影响表现在以下几个方面。

首先，生态系统的稳定性和完整性对生态产品的产生和维持至关重要，生态系统受到破坏或生态安全受到威胁时，生态产品的产生和价值也会受到影响。其次，生态系统的恢复和重建需要投入一定的资金和人力资源，这些成本也应该计入生态产品的价值核算中。最后，生态安全的保障需要各方的合作和共同努力，这也需要考虑不同利益主体对生态产品的需求和生态系统服务的价值，从而更好地实现生态产品价值核算的目的。

第二节 “双碳”背景下的生态产品价值核算体系

一、生态产品价值核算在“双碳”背景下的重要性

（一）“双碳”背景下的生态系统保护和恢复的必要性

“双碳”背景是指减少碳排放和增加碳汇的双重目标。在“双碳”背景下，生态系统保护和恢复具有重要的必要性，因为它们可以为达成减排和增汇的目标提供重要的支持。

第一，生态系统是重要的碳汇。碳汇是指吸收大气中的二氧化碳并将其转化为有机物质的地方。生态系统是指由生物体和非生物体相互作用所形成的生物群落和环境的整体。生态系统对于碳循环和碳平衡非常重要，因为生态系统可以充当自然的碳汇。生态系统可以通过光合作用吸收二氧化碳，将其转化为植物生长所需的有机物质，并将其储存在生物体或土壤中。根据研究，全球生态系统中约有50%的土壤碳储量是由植物生产所贡献的。生态系统的植被、土壤和水体是地球上最大的碳储存库之一，约占全球碳储量的70%。

森林是最大的陆地生态系统碳汇。根据联合国粮食及农业组织（FAO）的估算，全球森林每年可以吸收约8.9亿t二氧化碳。生态系统的海洋和湿地也是重要的碳汇，它们可以吸收大量的二氧化碳和其他温室气体。海洋生态系统吸收了约25%的二氧化碳排放量，而

湿地则可以储存约 300 亿～450 亿 t 二氧化碳。

第二，生态系统保护和恢复也有助于减少碳排放。生态系统服务可以提供许多人类福利，例如水源保护、自然灾害风险减少和气候调节。生态系统的碳汇能力和质量取决于生态系统的健康和功能。如果生态系统受到破坏或损失，它的碳汇能力将会受到影响。一个健康和功能正常的生态系统可以有效地吸收和储存碳，并在一定程度上缓解全球变暖等环境问题。这源于生态系统中的植物是重要的碳汇。健康的植被可以通过光合作用吸收大量的二氧化碳，并将其转化为有机物质，存储在植物体内。植被的覆盖率和生物量是生态系统碳汇能力的重要指标。当植被受到破坏、土地利用发生变化或气候变化时，植被的覆盖率和生物量会下降，导致碳汇能力减弱。土壤也是重要的碳汇，健康的土壤可以有效地储存有机碳。土壤有机碳的含量取决于生态系统的植被、土壤质量和微生物活动等因素。因此，如果生态系统受到破坏或土壤质量下降，土壤的碳储存能力也会下降。另外，生态系统中的水体也可以吸收和储存碳。例如，海洋中的浮游植物通过光合作用吸收二氧化碳，而沉积物中的有机物也可以作为碳储存。然而，如果海洋受到污染或过度捕捞等影响，海洋生态系统的碳汇能力和质量也会受到影响。

总之，生态系统的健康和功能对其碳汇能力和质量有着至关重要的影响。保护和恢复生态系统可以增加生态系统的生物多样性，增强生态系统的功能和稳定性，是提高碳汇的容量和质量，有效管理碳汇的重要措施之一。

（二）生态产品价值核算在“双碳”背景下的应用前景

随着“双碳”目标的提出和落实，生态环境保护已经成为国家发展的重要方向之一。生态系统是生产生活的重要基础，生态产品价值核算的应用前景也越来越广泛。生态产品价值核算的核心是将自然资本转化为经济资本，从而实现生态系统服务价值的充分发掘和有效保护。生态产品价值核算的应用前景主要体现在以下几个方面。

首先，生态产品价值核算可以促进生态环境保护和资源管理的有效实施。通过对生态系统所提供的各种生态产品进行经济评估和核算，可以更加准确地了解资源的价值和使用效益，以及资源利用过程中可能存在的浪费和损耗情况，这有助于促进资源的高效利用，减少浪费和损耗，提高资源利用效率；生态产品是生态系统的重要组成部分，对生态系统的稳定性和健康状态具有重要影响，通过对生态产品价值的核算，可以更好地认识生态系统的价值和作用，强化对生态系统的保护和恢复，促进生态环境的可持续发展；生态产品价值核算可以揭示生态系统的经济、社会和环境价值，有助于推动可持续发展战略的实施，可以明确资源的可持续利用潜力和生态系统的承载能力，以及生态系统与经济社会发展之间的关系，为实现可持续发展提供科学依据；生态产品的价值核算还可以为生态补偿提供依据，有利于建立科学的生态补偿机制，可以明确生态系统服务的价值和贡献，为生态补偿的规划和实施提供科学依据，促进生态补偿机制的建立和完善。

其次，生态产品价值核算可以推动经济转型和可持续发展。生态系统所提供的生态产品不仅仅是自然资源，更是生产生活的重要基础。生态产品价值核算可以促进企业和政府对生态环境保护的投入和支出，从而促进经济的转型和升级。通过价值核算，生态环境的价值得以真实反映，企业和政府可以更加理性地评估生态环境和经济发展之间的关系，以制订出更加合理的环保政策和投资计划，从而实现经济的可持续发展；生态产品价值核算可以激励企业和政府加强生态环境保护，通过对自然资源的合理开发和利用，避免环境污染和生态破坏，从而实现生态环境的可持续发展，企业和政府可以通过价值核算，更加准确地了解自己的生态环境负荷，从而制定出更加有效的生态环保政策和措施；生态产品价值核算还可以提高生态环境的经济效益，通过对生态环境价值的测算和分析，企业和政府可以更好地评估自己的生态效益，从而优化资源利用和经济结构，提高生态环境效益，这不仅可以保护自然资源，还可以促进经济发展和社会进步。总之，生态产品价值核算可以实现对自然资本的有效管理和开发，推动资源利用的优化和产业升级；同时，也可以促进可持续发展理念的深入推广和落实。

最后，生态产品价值核算可以带动相关产业的快速发展。随着人们对环保和可持续发展的重视，生态产品价值核算作为一种新型的经济模式正在逐渐崭露头角。其可以为相关产业提供更加准确的数据支持和市场导向，促进产业的快速发展和成长。生态产品价值核算能够带动相关产业快速发展的原因主要有以下几点。

一是推动产业升级转型。生态产品价值核算的出现，使企业从传统的经济效益导向向生态效益导向转变，从而推动产业升级转型。例如，原来仅仅注重产品的功能性和价格，如今则需要更多地考虑产品的生态效益，这就需要企业研发更环保、更可持续的产品，从而推动产业技术创新和产品结构调整。

二是提升产品附加值。生态产品价值核算不仅考虑产品的经济效益，还注重产品的环保效益和社会效益，这样一来，企业可以为产品赋予更多的价值，从而提升产品的附加值。例如，将环保和社会责任纳入产品设计和营销策略，可以增加消费者对产品的认可和忠诚度，从而提高产品的市场占有率和销售额。

三是拓展市场空间。生态产品价值核算能够提高产品的附加值和品牌形象，从而拓展市场空间。在当前市场竞争激烈的环境下，企业需要不断寻找新的增长点，而生态产品价值核算正是这样一种能够为企业带来增长的新模式。例如，一些国家和地区已经出台了相关政策，鼓励企业开发和推广生态产品，这为企业拓展市场提供了新的机遇。

四是促进可持续发展。生态产品价值核算能够促进可持续发展，这是因为它注重环境保护和社会责任，从而推动了企业的可持续经营。例如，生态产品价值核算可以帮助企业实现资源的节约和循环利用，从而降低企业的成本和环境压力，同时也有利于提高企业的社会形象和可持续发展能力。

综上所述，生态产品价值核算在“双碳”背景下具有广泛的应用前景和重要的推动作用。在未来的发展中，应加强相关研究和推广，为生态环境保护和可持续发展提供更加有效的支持和保障。

二、生态产品价值核算体系

（一）国内外生态产品价值核算的研究

1. 国外研究进展

如前所述，生态产品价值在国外被称为生态系统服务价值。20 世纪 70 年代，国外学者逐渐认识到生态系统服务功能对人类的生存与发展发挥着重要作用，开展了相关的研究，并在生态系统提供的服务功能、概念以及价值评估等方面取得了一定的进展。

霍尔德伦和埃利希首次提出了生态系统服务的概念，费格尔将生态系统服务功能定义为生态系统与生态过程所形成及所维持的人类赖以生存的自然环境条件与效用。在人们认识到生态系统服务功能有巨大的价值后，学者们开始寻求一种核算方法，能够定量地表示生态系统服务功能的具体价值。1997 年，戴利的专著《生态系统服务：人类社会对自然生态系统的依赖性》出版发行[①]，他的同事、马里兰大学生态经济研究所所长科斯坦萨（Costanza）在 *Nature* 上发表论文，首次以货币的形式向人们展示了自然生态系统为人类提供的服务价值为 16 万亿～54 万亿美元，标志着生态系统服务核算研究成为生态和环境经济学领域的研究热点。这是一场科学上的革命，也为后续国内外生态产品价值及其相关核算体系的建立奠定了理论基础。[②]

戴利和科斯坦萨把生态系统服务定义为直接或间接增加人类福祉的生态特征、生态功能或生态过程，也就是人类能够从生态系统获得的效益。随后国际《生态经济学》杂志（*Ecological Economics*）于 1998 年、1999 年以专题的形式讨论了生态系统服务及其价值评估的研究成果。至此，生态系统服务价值评估及核算方面的论文数量呈指数上涨趋势。在此基础上，许多学者提出可以将生态保护整合到经济社会发展的决策之中。为了评估生态系统为人类福祉做出的贡献价值，2001 年在联合国千年生态系统评估（MEA）项目中，来自全世界的 1360 名专家参与了此项研究。其中，生态系统服务价值评估是 MEA 的核心内容之一，2003 年千年生态系统评估概念框架组对生态系统服务功能的内涵、分类体系、评估基本理论和方法均进行了详细阐述，这些工作极大地推动了生态系统服务功能在全世界各国的普及和发展。2012 年，一本名为《生态系统服务》（*Ecosystem Services*）的国际专业期刊问世，其刊发了大量与生态系统服务相关的研究成果及政策应用。上述研究初步建立了生态系统服务功能评价的理论指标框架，并探索了不同生态系统、不同服务功能类型生态系统服务价值的指标体系和评估方法。此后的研究开始考虑如何基于评估结果将生态系统价值核算体系纳入经济社会发展的评价体系中，建立一个符合地区可持续发展的考核体系及考核办法，鼓励和引导地区保护、改善生态系统的服务功能，防止生态环境进一步恶化，这将成为人们下一步研究的热点。[③]

2. 国内研究进展

在我国，对生态系统服务功能及其价值评估的研究始于 20 世纪 80 年代。董纯首次提出关于森林生态系统经济价值的评价和计算问题，吴江天等对鄱阳湖湿地生态系统进行评价，阐述了鄱阳湖湿地生态系统为鸟类、鱼类提供栖息环境，为人类提供观赏旅游等价值。李金昌、孙刚、欧阳志云等于 1999 年分别对全球、森林和红树林等不同生态系统进行了价值核算研究，并总结出不同的核算指标体系及核算方法。谢高地利用能值法对中国天然草地生态系统服务价值和青藏高原草地生态系统服务功能的经济价值进行了评估；赵同谦等把中国森林生态系统的服务功能划分为提供产品、调节功能、文化功能和生命支持功能四类，并选取 13 项指标，建立了我国首个森林生态系统服务功能的核算体系。随着生态系统

① COSTANZA R. The value of the world's ecosystem services and natural capital [J]. Nature, 1997(6):253-260.

② DAILY GC. Nature's services: societal dependence on natural ecosystem [M]. Washington D.C.: Island Press, 1997: 89.

③ 廖薇. 黎平县生态系统生产总值（GEP）核算研究[D]. 贵阳：贵州大学，2019.

服务价值功能研究逐渐深入，研究者对生态系统的分类也逐渐细化，根据用途和组成成分的不同将其细分为森林、草地、农田、水域、城市绿地、城乡居民用地、工矿建设用地、未利用地等。2013—2015 年，曾杰、刘永强、马骏等根据城市化带来的土地利用类型的转型，对生态系统服务价值进行了研究。随着生态系统服务价值研究的深入，人们逐渐认识到，某个区域的生态价值不仅取决于其自然环境状况，还取决于该区域社会层面对环境状况的认识、掌握程度、生态环境保护水平以及环境破坏的治理程度等。因此，大家都在寻找与建立一个独立的区域生态系统核算体系，其中包括生态系统为人类提供的产品与服务功能的核算指标及方法等。2013 年，欧阳志云和世界自然保护联盟（IUCN）朱春全首次提出了生态系统生产总值（GEP）的概念，并参照联合国 MEA 指标体系构建了一套与 GDP 核算体系相对应的生态系统价值核算体系，包括生态系统供给价值、生态系统调节价值以及生态系统文化价值等，并在内蒙古库布其沙漠首次开展生态系统生产总值核算项目。以此为依据，曹玉昆、王保乾等对国有林场、水资源生态系统等不同区域的 GEP 进行了核算，金丹、白玛卓嘎等对云南、四川甘孜藏族自治州等不同地区的 GEP 进行了核算。2020 年，欧阳志云和王金南等编制了国家技术标准《生态系统评估生态系统生产总值（GEP）核算技术规范》（征求意见稿）以及《陆地生态系统生产总值（GEP）核算技术指南》，标志着我国生态产品价值评估开始走向规范化和正规化。欧阳志云等（2020）在《美国科学院院报》（*PNAS*）上发表了青海省 GEP 的核算成果，王金南等（2021）在《生态系统服务》（*Ecosystem Services*）上发表了全球 179 个国家的 GEP 核算结果，标志着我国在该领域的研究开始达到国际先进水平。[①]

（二）国外的生态产品价值核算体系

下面分别对国外四套（Costanza，MEA，TEEB，CICES）受到广泛认可的生态产品价值核算体系进行简要介绍，如表 8-1 所示。

表 8-1　国内外生态产品价值核算体系比较

	Costanza（1997）	MEA（2005）	TEEB（2010）	CICES（2017）	GEP（2020）
供给服务	食物生产	食物	食物	生物量—营养	农业产品、林业产品、畜牧业产品、渔业产品
	供水	淡水	水	水	
	原材料	纤维等	原材料	生物量—纤维、能源及其他	生态能源
	—	观赏性资源	观赏性资源	材料	—
	遗传性资源	遗传性资源	遗传性资源	遗传性资源	—
	—	—	—	生物量—机械能	其他
调节服务	气体调控	大气质量	空气净化	气体和空气流动调节	空气净化
	气候调控	气候调控	气候调控	大气成分和气候调节	气候调节、氧气提供

① 欧阳志云，王金南，等. 陆地生态系统生产总值（GEP）核算技术指南[S]. 生态环境部环境规划院，2020.

续表

	Costanza（1997）	MEA（2005）	TEEB（2010）	CICES（2017）	GEP（2020）
调节服务	干扰调控（防风暴和防洪）	自然灾害调控	干扰防御或缓和	空气和液体流动调节	防风固沙、洪水调蓄
	水调控（例如自然灌溉和防旱）	水调控	水流调控	液体流动调节	海岸带防护
	废物处理	净水和废物处理	废物处理（例如净水）	废物、毒物和其他有害物质调节	水质净化
	防侵蚀和水土保持	防侵蚀	防侵蚀	质量流调节	水源涵养、土壤保持
	土壤形成	土壤形成（支持性服务）	土壤肥力维护	土壤形成和成分维护	碳固定
	授粉	授粉	授粉	生命周期维护（包括授粉）	物种保育
	生物防治	虫害和人类疾病调控	生物防治	虫害和疾病防治维护	病虫害防治
支持服务	营养循环	营养循环和光合作用，初级生产	—	—	—
	难民（托儿所和迁徙住地）	生物多样性	生命周期维护（特别是托儿所）	生命周期维护和基因库保护	
	—	—	基因库保护	—	
文化服务	娱乐（包括生态旅游和户外活动）	休闲与生态旅游	休闲与生态旅游	身体上的与体验性的互动	休闲旅游
	文化（包括美学、艺术、精神、教育和科学等）	文化（包括美学、艺术、精神、教育和科学等）	审美价值观、文化多样性	审美信息、文化、艺术和设计灵感	景观价值
		精神和宗教价值观	精神体验	精神的和/或象征性的互动	
		知识系统、教育价值观	认知发展信息	智力和代表性的互动	

1. Costanza（1997）

“生态产品”是独具特色的中国概念，其本质与发达国家所关注的“生态系统服务”相近。西方发达工业化国家比我们更早面临生态环境问题，更早意识到自然系统提供综合服务的重要性。关于生态系统服务功能的学术和政策研究始于 20 世纪末。生态学家 Daily（1997）和 Costanza（1997）把生态系统服务定义为直接或间接增加人类福祉的生态特征、生态功能或生态过程，也就是人类能够从生态系统获得的效益。这是目前在西方国家中使用最普遍的生态系统服务概念。Costanza 等人将自然生态系统为人类提供的农产品、原材料等有形物质产品，与提供清洁水源、清洁空气、气候调节、美学价值和生态旅游等无形服务一起，统称为生态系统服务，这些服务可以进一步细分为 17 个类别。

2. 联合国千年生态系统评估体系（MEA）

联合国于 2001 年启动 MEA 的工作，全球千余名专家参与其中，旨在评估生态系统变化对人类福祉所造成的结果，为改善生态系统的保护和可持续性利用，从而促进人类福祉奠定科学基础。MEA 评估结果包含在 5 个技术报告和 6 个综合报告中，对全世界生态系统及其提供的服务功能（洁净水、食物、林产品、洪水控制和自然资源等）的状况与趋势进行了科学评估，并提出了恢复、保护或改善生态系统可持续利用状况的各种对策。

3. 联合国生态系统和生物多样性经济学体系（TEEB）

TEEB 是由联合国环境规划署于 2007 年主导的关于自然价值的经济学政策的国际行动倡议，即建立生物多样性和生态系统服务价值评估、示范及政策应用的综合方法体系，推动生物多样性保护、管理和可持续利用。TEEB 以生态系统服务价值和生物多样学的经济学为基础，为政策决策者、私营部门及非政府组织参与生态系统保护提供了动力，并成为推动绿色经济发展和脱贫的工具和指南。迄今为止，已有包括中国在内的 20 多个国家启动了该项目。

4. CICES（2017）

“生态系统服务的国际分类”（The Common International Classification of Ecosystem Services，CICES）提供了用于自然资本核算的、层次一致的科学分类方法。

（三）我国的生态产品价值核算体系

生态产品生产总值（GEP）是指一定区域在一定时间内生态系统为人类福祉和经济社会可持续发展提供的最终产品与服务价值的总和，主要包括生态系统提供的物质产品、调节服务和文化服务，一般以一年为核算期限。GEP 的概念是由欧阳志云（中国科学院生态环境研究中心）和朱春全（世界自然保护联盟）于 2013 年首次提出的。GDP 是对经济增值的统计，GEP 是对 GDP 的一种有效补充。GDP 与 GEP 的逻辑内涵是一致的，分别是对人类经济活动和生态系统中的经济增值部分进行核算。GEP 填补了评估生态产品价值的空白。

目前，GEP 核算在我国得到广泛关注，国家发改委在浙江丽水市、江西抚州市试点，探索基于 GEP 核算的生态产品价值实现机制；深圳市正在探索构建基于 GEP 核算的生态文明考核体系。目前已有青海、贵州、海南、内蒙古等 8 个省（自治区），深圳、合肥、丽水、抚州、甘孜、普洱等 23 个市以及阿尔山、开化、赤水等 162 个县（区）开展了 GEP 核算工作。浙江省丽水市 2021 年发布的《丽水市（森林）生态产品政府采购和市场交易管理办法（试行)》是以森林 GEP 核算结果为生态产品交易对象，将 GEP 中的调节服务价值作为政府采购和市场交易的标的。

同 SEEA-EA 相比，GEP 核算属于生态系统服务流量核算，且核算内容与 SEEA-EA 中的生态系统服务核算内容基本一致。另外，GEP 与 SEEA-EA 的生态系统服务价值都是生态产品总量指标，包含市场交换价值和福利经济价值两类价值，SEEA-EA 将这种混合价值核算称为“货币核算”。由此可见，GEP 核算作为生态产品价值核算的技术基础在理论和实践上积累了较多的经验。

1. GEP 核算内容

GEP 主要包括生态系统提供的物质产品价值、调节服务价值和文化服务价值。笔者在进行东北地区 GEP 核算的时候，曾提出根据地域特点适当增加支持服务价值（并入调节服务价值中）、冰雪服务价值两个可选择项。其中支持服务为科斯坦萨（1997）提出，并被列入联合国 SEEA-EA（2022）体系，与调节服务合称为调节与维持服务；而冰雪服务价值是笔者根据习近平总书记“冰天雪地也是金山银山”的讲话，首次在该领域作为GEP的延伸和补充提出。

生态系统最终产品与服务是指生态系统与生态过程为人类生存、生产与生活所提供的物质资源与环境条件。生态系统物质产品包括食物、药材、原材料、淡水资源和生态能源等；生态系统调节服务包括水源涵养、土壤保持、防风固沙、洪水调蓄、固碳释氧、大气净化、水质净化、气候调节和病虫害控制等；生态系统文化服务包括自然景观游憩等。

2. GEP 核算内涵

GEP 核算内涵主要包括以下八个方面：① 用经济手段定量表达生态系统的服务价值，通过货币的形式来量化价值。② 生态系统是 GEP 核算的前提和基础，脱离生态系统的 GEP 核算是不存在的。③ GEP 核算评估包括对生态系统物质产品供给的价值、调节服务价值以及文化娱乐价值的核算。④ 生态系统是个广义概念，既包括自然生态系统，也包括人居环境生态系统。⑤ GEP 核算具有明确的尺度边界特征，不同尺度和边界下的 GEP 核算方法存在差异，核算结果出入较大。⑥ GEP 核算结果反映的是某时点的静态值。⑦ 生态系统的 GEP 是变化的，伴随生态系统的动态变化而发生变化。⑧ GEP 核算包括了对产品的核算，这部分价值与 GDP 重叠。

3. GEP 核算特点

GEP 核算主要有以下六个特点：① 将生态系统主要的资源价值量化、货币化。② 采用体系—指标方法形成框架。③ 利用直接与间接相结合的方法对价值进行核算。④ 本地化参数和不变价运用是 GEP 核算与比较的关键。⑤ GEP 核算结果是一个数值。⑥ GEP 核算以特定的行政单元或自然地理单元为边界进行。

（四）GEP 核算体系的构建

本节主要借鉴了欧阳志云等（2020）编制的国家技术标准《生态系统评估生态系统生产总值（GEP）核算技术规范》（征求意见稿），生态环境部环境规划院发布的欧阳志云和王金南等（2020）编制的《陆地生态系统生产总值（GEP）核算技术指南》中的相关内容，并增加了笔者（2020）针对我国北方地区特色编制的《辽宁省生态产品总值（GEP）核算技术规范》（征求意见稿）中增加的支持服务、冰雪服务等部分核算内容。

1. 核算目的

根据各类生态模型法定量评估生态产品总值的功能量，借助价格将不同计量单位的生态系统产品和服务的功能量货币化，得到生态产品总值。生态产品总值可以为生态效益纳入经济社会发展评价体系、完善发展成果考核评价体系提供重要支撑，为区域生态补偿、自然资源资产审计等制度的制定提供科学依据。为评估区域生态资产及其变化状况提供科学方法。

2. 核算原则

1）核算遵循原则

（1）科学性原则。根据生态系统与人类福祉的关系构建核算框架与指标体系。以生态系统结构、格局和过程与生态系统服务关系为基础，构建核算方法。

（2）实用性原则。根据核算区域生态系统的特点、核算目的和数据可获得性，确定适合本区域的核算内容、指标和方法。

（3）系统性原则。生态系统生产总值核算既要考虑为当地人提供的惠益，也要考虑为其他地区提供的惠益。

（4）开放性原则。应根据生态系统核算研究的最新成果，发展和完善核算的指标与方法。

2）GEP 指标选取原则

（1）来自自然生态过程。生态系统服务必须由自然生态过程产生，生态资产必须为自然生态要素。不具有自然生态过程的人工生态环境设施不作为生态资产，其产生的生态环境改善服务业不能作为生态系统服务。

（2）对人类有益。由于生态系统对人类也有负面影响，且大多数负面影响为人为控制的原因导致（或受限于目前的技术），生态产品总值核算的目的在于增加正面生态系统服务，所以生态产品总值核算中仅考虑对人类产生惠益的生态系统服务。

（3）数据能够获取。生态产品总值核算涉及的数据类型多、范围广，为了提高方法的适用性，规范的数据尽可能来自现有的统计和调查数据，或是其他城市基于自身现有统计调查体系能够得到合理但非精确的数值。同时，在计算参数上采用本地化参数，以便反映当地的实际情况。

3. 核算程序

根据现有发布的部分技术规范、指南，GEP 核算的思路及主要工作程序包括：根据核算目的，确定生态系统生产总值核算区域范围，明确生态系统类型以及生态系统服务的清单，确定核算模型方法与适用技术参数，开展生态系统生产总值实物量与价值量核算。

1）确定核算的区域范围

根据核算目的，确定生态系统生产总值核算的范围。核算区域可以是行政区域，如村、乡、县、市或省；也可以是功能相对完整的生态地理单元，如一片森林、一个湖泊、一片沼泽及不同尺度的流域；或者是由不同生态系统类型组合而成的地域单元；还可以是功能相对完整的生态单元，即城镇、农业、林业、畜牧业、生态能源、渔业、淡水资源等生态系统。

2）明确生态系统类型与分布

调查分析核算区域内的森林、草地、湿地、荒漠、农田、城镇等生态系统的类型、面积与分布，绘制生态系统空间分布图。

3）编制生态系统产品与服务清单

根据生态系统类型及核算的用途，如生态补偿、离任审计、生态产品交易，调查核算范围的生态系统服务的种类，编制生态系统产品和服务清单。当核算目标为评估生态保护成效时，可以只核算生态调节服务和生态文化服务价值。

4）收集资料与补充调查

收集开展生态系统生产总值核算所需要的相关文献资料、监测与统计等信息数据，以及基础地理与地形图件，开展必要的实地观测调查，进行数据预处理以及参数本地化。

5）开展生态系统产品与服务实物量核算

选择科学合理、符合核算区域特点的实物量核算方法与技术参数，根据确定的核算基准时间核算各类生态系统产品与服务的实物量。

6）开展生态系统产品与服务价值量核算

根据生态系统产品与服务实物量，运用市场价值法、替代成本法等方法，核算生态系统产品与服务的货币价值。无法获得核算年份价格数据时，利用已有年份数据，按照价格指数进行折算。

7）核算生态系统生产总值

将核算区域范围的生态产品与服务价值加总，得到生态系统生产总值。

4. 指标体系

欧阳志云和王金南（2020）等所提出的生态系统生产总值核算指标体系，由物质产品（又称供给服务）、调节服务和文化服务三大类服务构成。其中，物质产品主要包括农业产品、林业产品、畜牧业产品、渔业产品及淡水资源；调节服务主要包括水源涵养、土壤保持、洪水调蓄、碳固定、氧气提供、空气净化、水质净化和气候调节功能；文化服务主要包括休闲旅游、景观价值等（见表 8-2）。

表 8-2 GEP 实物量及价值量核算指标体系（2020）

服务类别	核算科目	实物量指标	价值量指标
物质产品	农业产品	农业产品产量	农业产品产值
	林业产品	林业产品产量	林业产品产值
	牧业产品	畜牧业产品产量	畜牧业产品产值
	渔业产品	渔业产品产量	渔业产品产值
	淡水资源	淡水资源量	淡水资源产值
调节服务	水源涵养	水源涵养量	水源涵养价值
	土壤保持	土壤保持量	土壤价值
	洪水调蓄	洪水调蓄量	调蓄洪水价值
	空气净化	净化二氧化硫量	净化二氧化硫价值
	水质净化	净化 COD 量	净化 COD 价值
	碳固定	固定二氧化碳量	碳固定价值
	氧气提供	氧气提供量	氧气提供价值
	气候调节	植被蒸腾消耗能量	植被蒸腾调节温湿度价值
		水面蒸发消耗能量	水面蒸发调节温湿度价值
文化服务	休闲旅游	游客总人数	旅游收入

在联合国 SEEA-EA（2021）和我们提出的技术体系中，支持服务价值被并入调节服务价值中（可选项）。另外，我们提出了一个具有寒冷地区地域特色的可选项——冰雪服务价值。其中，支持服务主要包括物种保育、养分循环、生物多样性等功能，冰雪服务主要包括淡水资源、径流调节、气候调节、冰雪旅游等功能（见表 8-3）。

表 8-3 GEP 实物量及价值量核算指标体系（增加可选服务类别）

服务类别	核算科目	实物量指标	价值量指标
支持服务	物种保育	物种保育数量	物种保育价值
	养分循环	养分循环当量	养分循环价值
	生物多样性	生物多样性当量	生物多样性价值

续表

服务类别	核算科目	实物量指标	价值量指标
冰雪服务	淡水资源	由冰雪涵养的淡水资源量	淡水资源产值
	径流调节	冰雪控制地表水资源量	径流调节价值
	气候调节	积雪覆盖反射阳光辐射量	气候调节价值
	冰雪旅游	冰雪游客总人数	冰雪旅游价值

（五）GEP 核算方法

1. 实物量核算

欧阳志云和王金南等（2020）提出的生产总值实物量核算方法包括三大类，即物质产品实物量核算、调节服务实物量核算、文化服务实物量核算。生态系统生产总值实物量核算的核算项目、实物量指标和核算方法如表 8-4 所示。笔者提出增加支持服务、冰雪服务两个可选择的实物量核算，核算项目、实物量指标和核算方法如表 8-5 所示。

表 8-4　生态系统生产总值实物量核算方法（2020）

服务类别	核算项目	实物量指标	核算方法
物质产品	农业产品	农业产品产量	统计调查
	林业产品	林业产品产量	
	畜牧业产品	畜牧业产品产量	
	渔业产品	渔业产品产量	
	淡水资源	淡水资源量	
调节服务	水源涵养	水源涵养量	水量平衡法
	土壤保持	土壤保持量	土壤保持量模型
	洪水调蓄	湖泊：可调蓄水量	蓄水量模型
		水库：防洪库容	
		沼泽：滞水量	
	空气净化	净化二氧化硫量	污染物净化模型
	水质净化	净化 COD 量	
	碳固定	固定二氧化碳量	固碳机理模型
	氧气提供	氧气提供量	释氧机理模型
	气候调节	植被蒸腾消耗能量	蒸散模型
		水面蒸发消耗能量	
文化服务	休闲旅游	游客总人数	统计调查
	景观价值	受益土地面积或公众	

表 8-5　生态系统生产总值实物量核算方法（增加可选服务类别）

服务类别	核算项目	实物量指标	核算方法
冰雪服务	淡水资源	由冰雪涵养的淡水资源量	统计调查
	径流调节	冰雪控制地表水资源量	等效水量法
	气候调节	积雪覆盖反射阳光辐射量	光辐射反射模型
	冰雪旅游	冰雪游客总人数	统计调查
支持服务	物种保育	物种保育数量	统计调查
	养分循环	养分循环当量	当量因子法
	生物多样性	生物多样性当量	当量因子法

2. 价值量核算

在生态系统生产总值实物量核算的基础上，确定各类生态系统服务的价格，核算生态服务价值。具体而言，生态系统生产总值价值量核算中，物质产品价值主要用市场价值法核算，调节服务价值主要用替代成本法（洪水调蓄用影子工程法）核算，文化服务价值使用旅行费用法和支付意愿法核算。在笔者提出的支持服务价值中，物种保育使用机会成本法核算，养分循环和生物多样性使用当量价值法；在冰雪服务价值中淡水资源使用市场价值法核算，径流调节使用影子工程法核算，气候调节使用替代成本法核算，冰雪旅游使用旅行费用法核算。

第三节　生态产品价值核算案例

一、中国生态产品价值核算案例

（一）全国 GEP 核算

本案例摘选自欧阳志云等（2021）编写的《生态系统生产总值（GEP）核算理论与方法》。

1. GEP 总体特征

2015 年全国 GEP 总价值为 626 975.33 亿元，是当年 GDP 的 0.87 倍。其中，生态系统物质产品总价值为 113 664.58 亿元，占比 18.13%；调节服务总价值为 461 472.07 亿元，占比 73.6%；文化服务总价值为 51 838.68 亿元，占比 8.27%。

1）物质产品价值

全国生态系统物质产品总价值为 113 664.58 亿元，占 GEP 的 18.13%。其中，农业产品价值为 57 686.33 亿元，林业产品价值为 4436.39 亿元，畜牧业产品价值为 29 780.38 亿元，渔业产品价值为 10 934.61 亿元，水资源价值为 4836.43 亿元，生态能源价值为 5990.45 亿元。

2）调节服务价值

全国生态系统调节服务总价值为 461 472.07 亿元，占 GEP 的 73.60%。其中，气候调节价值最高，为 234 181.17 亿元，占 GEP 的 37.35%；其次为水源涵养价值，为 117 997.88 亿元，占总价值的 18.82%；洪水调蓄价值 62 835.3 亿元，占总价值的 10.02%；其余的土壤保持价值、固碳释氧价值、防风固沙价值、空气净化价值、水质净化价值及病虫害控制价值总计为 46 457.72 亿元，仅占总价值的 7.41%。

3）文化服务价值

2015 年，全国旅游总人数为 40 亿人次，总收入为 34 195 亿元。全国生态系统文化服务价值为 51 838.68 亿元，占 GEP 的 8.27%。

2. GEP 区域分布特征

2015 年，全国生态系统生产总值较高的是四川和内蒙古。除此之外，华中地区的湖南、湖北和江西，华南地区的广西和广东，西南地区的云南和西藏等也都具有相对较高的生态系统生产总值。西北地区的山西、甘肃和宁夏，华南地区的海南，华北的北京、天津和华东地区的上海等的生态系统生产总值则相对较低。

从各省（自治区、直辖市）生态系统生产总值排序情况来看，四川的生态系统生产总值最高，达到 40 077.5 亿元；其次是内蒙古，生态系统生产总值为 38 131.49 亿元。湖南、江西、云南、广西、广东、西藏、湖北和新疆 8 个省（自治区）的生态系统生产总值也在 30 000 亿元以上；生态系统生产总值为 20 000 亿～30 000 亿元的有福建、黑龙江、江苏、安徽、浙江，共计 5 个省；生态系统生产总值为 10 000 亿～20 000 亿元的有山东、贵州、青海、河南、陕西、河北、辽宁和吉林 8 个省；而重庆、海南、山西、甘肃、北京、天津、上海和宁夏 8 个省（自治区、直辖市）的生态系统生产总值均低于 10 000 亿元。

3. 单位面积 GEP、人均 GEP 及 GDP/GEP

从单位面积 GEP 来看，全国经济较发达、人口密度较高的地区单位面积 GEP 较高。其中，单位面积 GEP 最高的为江苏，达到了 2202.84 万元/km^2；其次是上海，为 2154.29 万元/km^2；再次为福建，为 2129.06 万元/km^2。除此之外，单位面积 GEP 较高的地区还有天津、浙江、江西，华南的广东等。

从人均 GEP 来看，全国经济欠发达、生态系统生产总值较高、人口密度较低的西藏有最高的人均 GEP，为 1 020 919.2 元；其次是青海，人均 GEP 为 293 658.58 元；内蒙古和新疆的人均 GEP 均在 10 万元以上，分别为 151 857.79 元和 127 981.10 元。除此之外，华南地区的海南和广西、华东地区的江西和福建、西南地区的云南和贵州、东北地区的黑龙江及华中地区的湖北和湖南 9 个省（自治区）也都具有较高的人均 GEP。而华北和东北的大部分地区人均 GEP 相对较低，其中上海的人均 GEP 仅为 7093.52 元。

我们以 GDP 与 GEP 的比值作为区域经济发展对生态环境资源利用强度的衡量指标。从全国总体来看，GDP 与 GEP 的比值为 1.15，表明 GDP 与 GEP 基本持平，说明我国总体经济发展强度基本是在生态环境与资源所能允许的范围内。但从全国各省（自治区、直辖市）的 GDP 指标和 GEP 对比来看，区域 GDP 与 GEP 并不完全匹配。其中，上海、北京、天津这三个直辖市的 GDP 远远高于当地生态系统生产总值（GEP），它们的经济发展是依靠消费其他地区的生态资产来维系的，属于特殊发展地区。除这三个特大型城市之外，山东、江苏、广东的 GDP 显著高于区域 GEP，属于生态环境资源利用强度极高的地区；河南、河北、浙江、辽宁、宁夏的 GDP 较高于区域 GEP，属于生态环境资源利用强度高的地区；重庆、山西、吉林、陕西、安徽和福建的 GDP 与 GEP 基本平衡，属于生态环境资源利用强度中等的地区。而甘肃、湖北、湖南、四川、黑龙江、贵州、内蒙古、江西、广西、海南、云南、新疆、青海和西藏的 GDP 则远低于区域 GEP，属于生态环境资源利用强度较低的地区。

（二）黑龙江省国有林区 GEP 核算分析

1. 黑龙江省国有林区 GEP 核算背景

1998 年，我国长江、松花江流域发生特大洪涝灾害，这使国家意识到森林生态效益的重要性，于 2000 年实施了天然林保护工程，用以解决天然林资源的恢复发展，遏制生态环境化问题。截至 2011 年，“天保”工程实际完成投资共计 1092.21 亿元。

以黑龙江国有林区为例，截至2011年，黑龙江省森工总局“天保”工程资金总投入为346.2亿元，其中“天保”工程一期累计投入龙江森工（黑龙江省森林工业总局）资金289.2亿元。“天保”工程二期每年投入龙江森工资金57亿元。从环境保护层面看，这项投资带来了巨大的经济效益，使森工林区累计少采木材3472.2万 m^3；森林面积由1997年的748.6万公顷增加到850.7万公顷；森林总蓄积由6.38亿 m^3 增加到7.9亿 m^3，森林覆盖率达到83.4%，提高9.8个百分点，森林生态环境得以改善。

2. 评价内容和方法

1）森林固碳

森林固碳效应的评价以森林生态系统净初级生产力（net primary productivity，NPP）为基础，运用光合作用公式计算森林固碳量。从国洪飞（2011）和赵同谦等（2004）及其他研究成果整理得到，1t净初级生产力，年总固定二氧化碳为1.6267t，固定碳量为0.4437t，而1万公顷森林的净生产力为 6.4839×10^4t。则1万公顷森林的年总固定二氧化碳量为 10.5474×10^4t，固定碳量为 2.8769×10^4t。固碳效益采用我国平均森林造林成本273.3元/t进行评价。

2）涵养水源

森林生态系统是涵养水源功能最强的生态系统类型，森林生态系统的水分涵养量采用降水贮存量进行衡量，公式为

$$Q=R\cdot S\cdot H \tag{8-1}$$

$$R=R_0-R_1 \tag{8-2}$$

$$H=H_0\cdot K \tag{8-3}$$

式中，Q 为森林生态系统的水分涵养增加量；R 为与裸地比较，森林生态系统减少径流的效率；S 为森林面积；H 为平均产流降雨量；R_0 为裸地降雨径流率；R_1 为森林降雨径流率；H_0 为多年平均降雨量；K 为产流降雨量占降雨总量的比例。

根据已有的实测和研究成果，1万公顷森林年水分涵养量为533.9715万 m^3，运用替代工程法进行评估，公式为 $V=Q\cdot P$，其中 P 为水座蓄水成本，采取0.67元/m^3。

3）土壤保持

森林生态系统中的土壤侵蚀类型主要有水力、风力、重力侵蚀等。本节主要评价森林生态系统防风、水侵蚀所产生的经济效益，森林土壤保持量的计算公式为

$$Q_t=Q_w+Q_s \tag{8-4}$$

$$Q_w/(Q_s=Q_p-Q_r) \tag{8-5}$$

式中，Q_t 为土壤保持量；Q_w、Q_s 为森林中风力侵蚀和水力侵蚀地区的土壤保持量；Q_p 为潜在土壤侵蚀量；Q_r 为森林实际土壤侵蚀量。

土壤保持效益采用机会成本法进行计算，公式为

$$E_S=Q_t\cdot\frac{R}{0.5\times1000p} \tag{8-6}$$

式中，E_s 为土壤保持效益；Q_t 为土壤保持量；R 为单位农田平均收益；p 为土壤容量；土壤表土平均厚度采取0.5m。

4）净化环境

森林生态系统具有净化环境的功能，主要包括杀菌功能、降低噪声、吸收二氧化硫等

污染物和滞尘功能等。主要评价森林生态系统吸收二氧化硫和滞尘所产生的经济效益、净化环境效益的计算公式为

$$E=Q\cdot V \tag{8-7}$$

式中，Q 为森林吸收二氧化硫和滞尘的数量；V 为吸收和滞尘的成本，根据已有的实测和研究成果，每公顷森林可以吸收二氧化硫 215.6kg，滞尘 17.5635t，二氧化硫的处理成本为 600 元/t，滞尘的成本为 170 元/t。

5）森林释氧

森林生态系统通过光合作用可以固定二氧化碳，同时释放氧气。森林释氧的计算方法与森林固碳的方法相同，都以净初级生产力为基础进行评价，根据已有的实测和研究成果，1 万公顷森林每年可释放氧气 7.7651 万 t，森林释氧效益评价采用工业制氧成本为 400 元/t。

6）养分循环

森林生态系统中，构成森林第一性净生产力的营养元素量被认为是森林养分循环的养分量，其中含量相对较高的营养元素是氮、磷和钾。根据已有的实测和研究成果，1 万公顷森林所含的养分循环量为 691.59t，养分循环评价采用我国平均化肥价格，为 2549 元/t。

3. 结果与分析

“天保”工程实施后，截至 2011 年，黑龙江省森林面积共增加 102.1 万公顷。黑龙江省增加的森林面积可以创造森林固碳效益 80 276.82 万元，涵养水源效益 36 527.39 万元，土壤保持效益 8521.07 万元，净化环境效益 318 057.36 万元，森林释氧效益 317 126.68 万元，养分循环效益 17 998.74 万元；创造的总生态效益为 77.8508 亿元，即从 2012 年开始，黑龙江省“天保”工程增加的 102.1 万公顷森林每年可以创造生态效益 77.8508 亿元（见表 8-6）。

表 8-6 2012 年后黑龙江省因“天保”工程可带来各种生态效益

<table>
<tr><th colspan="2">生态效益
类别</th><th>生态功能量</th><th colspan="2">生态效益/万元·年$^{-1}$</th></tr>
<tr><td colspan="2">森林固碳</td><td>293.7315 万 t/年</td><td colspan="2">80 276.82</td></tr>
<tr><td colspan="2">涵养水源</td><td>54 518.490 2 万 m^3/年</td><td colspan="2">36 527.39</td></tr>
<tr><td colspan="2">土壤保持</td><td>5390.5431 万 t/年</td><td colspan="2">8521.07</td></tr>
<tr><td rowspan="2">净化环境</td><td>吸收二氧化硫</td><td>22.0128 万 t/年</td><td>13 207.68</td><td rowspan="2">318 057.36</td></tr>
<tr><td>总滞尘</td><td>1793.2334 万 t/年</td><td>304 849.68</td></tr>
<tr><td colspan="2">森林释氧</td><td>792.8167 万 t/年</td><td colspan="2">317 126.68</td></tr>
<tr><td colspan="2">养分循环</td><td>7.0611 万 t/年</td><td colspan="2">17 998.74</td></tr>
<tr><td colspan="2">合计</td><td colspan="3">77.8508 亿元/年</td></tr>
</table>

1998—2011 年，黑龙江省森工总局“天保”工程资金总投入为 346.2 亿元，而仅 2012 年一年创造的生态效益就占“天保”工程 14 年来投资总额的 27%。可见“天保”工程投资产生的生态效益是巨大的，如果按照 GEP 核算方式进行核算，则 2012 年黑龙江省国有林区“天保”工程投资可创造的 GEP 为 77.8508 亿元，因此，应继续加强“天保”工程的投资力度。

二、全球生态产品价值核算案例

2021 年 10 月，生态环境部环境规划院王金南院士研究组在 *Ecosystem Services* 发表《绘制全球陆地生态系统服务价值国家分布图》研究报告。该报告计算的生态系统仅指全球陆地生态系统，主要包括森林、湿地、草地、沙漠、农田和城市生态系统，不包括全球海洋生态系统。

（一）核算方法

计算单位：每个国家都被视为一个计算单位。遥感数据的分辨率为 1km。

按 2017 年的人民币汇率（1∶6.7518）将美元兑换为人民币。

1. 生态系统配置服务

一般来说，生态系统产品的价值应根据产品产量（水资源以消费计算）乘以单位产出或单位消费的当地价格来计算。但是，关于这个计算，应该注意到两个问题。在全球 GEP 供应服务方面，首先需要计算的产品种类繁多，涉及不同的国家和地区，很难获取价格和产出的数据；其次，价格可以分为批发价格或零售价格，其中可能包括劳动力成本或其他资本，几乎不能反映生态系统产品的真实价值。因此，为了接近现实，将世界各国农林、渔业产品的计算产出数据确定为生态系统产品供应服务的价值。经过数据库研究和比较，决定利用世界银行数据库中收集的不同国家、地区关于农业、林业、畜牧业、渔业产品的输出数据来代表生态系统产品供应服务的价值。

2. 生态系统调节服务

1）气候监管服务

（1）功能量计算。产品量计算的评价方法包括生态系统太阳能消耗法、生态系统蒸散模型和基于多元化生态系统的降湿度效应模型。其中，如果使用生态系统消耗太阳能的方法，很难获得每个生态系统的蒸腾消耗和太阳能消耗的值，因为在监测点很少的情况下，无法实现从点到面的合理扩展，最终导致大误差。同时，由于研究者不可避免的主观意识，采用降湿度递增效应模型在产品数量计算过程中难以适当地设定温度标准和冷却极限。

因此，宜将生态系统蒸散量所消耗的总能量视为气候调节的生物物理量。公式为

$$E_{tt}=E_{pt}+E_{we} \tag{8-8}$$

$$E_{pt}=\sum_{i}^{3}E_{p}P_{i}\times S_{i}\times D\times 10^{6}\times(3600\times r) \tag{8-9}$$

$$E_{ve}=E_{w}\times q\times 10^{3}/(3600) \tag{8-10}$$

式中，E_{tt} 为生态系统蒸散量所消耗的总能量（kW・h/a）；E_{pt} 为植被生态系统的蒸腾作用所消耗的能量（kW・h/a）；E_{P} 为湿地和冰川生态系统蒸发所消耗的能量（kW・h/a）；P_i 为第一种生态系统中单位面积的蒸腾作用所消耗的热量；S_i 为 i 型生态系统的面积（平方公里）；r 为空调能效比，值设置为 3.0，无量纲；D 为空调工作天数；i 为生态系统类型（森林、草原）；E_{ve} 为湿地的蒸发量（m^3）；q 为蒸发的潜热，即蒸发 1g 水所需的热量（J/g）；E_{w} 为加湿器转换 1m 所消耗的电能将水变成蒸汽，一般取 125 kW/h，此过程称为加湿调节。森林和草地单位面积蒸腾作用吸收的热量分别为每天 70.40kJ/m^2 和 25.60kJ/m^2，1g 水的蒸

发消耗了 2260J 的热量，即 q 的值为 2260J/g。

（2）货币价值。通过采用替代成本法，可以根据人工调节温湿度所消耗的电力，计算出降温和加湿度的货币价值。

$$V_{tt}=E_{tt}\times P_e \tag{8-11}$$

式中，V_{tt} 为货币价值；E_{tt} 为生态系统气候调节（元/年）；P_e 为生态系统调节温湿度消耗的总能量（kW·h/a）；当地电价（元/kW·h），关税为 0.5 元/kW·h。

2）碳封存服务

碳封存是指二氧化碳产生后固定在植物或土壤中的有机碳在大气中，通过生态系统中植物携带的光合作用转化为碳水化合物，即转化为生态系统中剩余的碳。碳封存主要根据二氧化碳计算排放或清除（碳汇）。农田可分为年生农田和多年生农田（如果园等），其中多年生农田的碳封存可以在一年内完成。然而，由于每年农田的播种、生长和收获过程在一年内完成，所有物质将释放二氧化碳在返回现场或被烧毁后进入大气中。因此，每年农田的碳封存可以认为一年为零。由于遥感数据不能区分每年农田和多年生农田，所以不考虑任何农田。报告中碳封存的计算仅涉及森林、草地和湿地生态系统。

（1）生物物理数量。当采用净生态系统生产力（NEP）方法时，不同生态系统的碳隔离存在差异。由于 NEP 是根据净初级生产力（NPP）的价值计算出来的，因此碳封存调节服务的计算结果在空间上与 NPP 和土地利用分类相似。

① 不同生态系统的碳封存计算。森林、灌木和草原生态系统：

$$Q_{tCO_2}=M_{CO_2}/M_C\times NEP \tag{8-12}$$

式中，Q_{tCO_2} 为陆地生态系统的碳隔离；M_{CO_2}/M_C =44/12 为碳转化为二氧化碳的系数；而 NEP 是净生态系统生产率（t·C/a）。

湿地生态系统：

$$Q_{tCO_2}=M_{CO_2}/M_C\times NEP\times 0.1 \tag{8-13}$$

湿地生态系统的 NEP 主要由年生植物产生，其碳汇能力主要反映在湿地碳汇的年沉积上。对于大多数湿地来说，每次产生的 90%通过生物降解返回大气，而未降解物质下沉到水的底部并积累在以前沉积的物质上。因此，简单计算二氧化碳湿地生态系统排放量的 10%。

② NEP 计算的关键参数。NEP 可以通过系数转换法得到，即利用 NEP 和 NPP 之间的转换系数（净初级生产力）将 NPP 转化为 NEP。MODIS 产品的 MOD17A3 数据可直接应用于 NPP 数据（https://ladsweb.modaps.eosdis.nasa.gov/）。

$$NEP=\alpha\times NPP\times M_{C_6}/M_{C_6H_{10}O_5} \tag{8-14}$$

式中，NEP 为净生态系统生产力（t·C/a）；α 为 NEP 和 NPP 之间的转换系数；NPP 为净初级生产力（t·干物质/a）；$M_{C_6}/M_{C_6H_{10}O_5}$ =72/162 是将干物质转换为碳的转换系数。

（2）货币价值。碳封存的货币价值是通过生物物理量和碳价格相乘来计算的。

$$V_{Cf}=Q_{CO_2}\times C_C \tag{8-15}$$

式中，V_{Cf} 为生态系统的碳封存成本（元/年）；Q_{CO_2} 为生态系统的碳封存总量（t·CO_2/a）；C_C 为碳排放价格（人民币/t）。碳的价格与碳市场的价格相同。根据 2017 年世界主要国家的碳价格分类，无法获得全球各国家的具体碳价格分类，确定五大洲的碳价格范围和北欧国家、法国、葡萄牙、智利等的碳价格范围，是计算全球生态系统碳封存服务价值的基础。

3）氧气释放服务

在生态系统中，植物会释放氧气吸收二氧化碳，不仅对全球碳循环有重大影响，而且还调节着大气成分。生态系统的氧气释放主要通过光合作用进行，大多数情况下与碳隔离同时发生。目前，所有文献都根据光合作用的基本原理得出了光合作用的计算机理。当 1g 的二氧化碳被固定时，植物将释放 0.73g 的氧气。但由于碳封存的计算方法不同，氧释放的计算方法发生了相应的改变。考虑了固碳和氧释放的比值，因此在根据固碳量计算确定氧释放量时，根据不同生态系统的特点选择了相应的方法，仅对森林、草地和湿地生态系统进行氧释放的计算。

（1）生物物理数量。根据光合作用的基本原理，当 1g 的二氧化碳被固定时，植物释放 0.73g 的氧气。因此，氧气的量可以测量生态系统的释放量。

对于草地和森林生态系统，其计算方法如下

$$P_O=P_C\times 0.73 \tag{8-16}$$

式中，P_O 为氧的排放量；P_C 为固定的二氧化碳量。

湿地生态系统除了光合作用和部分有氧呼吸，湿地碳汇的变化在很大程度上还取决于厌氧呼吸。因此，报告只考虑了光合作用条件下的氧气释放量。

$$P_{OW}=NEP_W\times 2.67 \tag{8-17}$$

式中，P_{OW} 为氧的排放量；NEP_W 为湿地的净生态系统生产率（t・C/a）。

（2）货币价值。根据生态系统的排放量计算生态系统排放氧气的货币价值，以及工业用氧气的价格。

$$V_O=P_O\times OP \tag{8-18}$$

式中，V_O 为氧气释放的货币价值；OP 为生产氧气的成本。由于无法获得世界各国的具体成本，报告以 2017 年中国产氧成本（1291.81 元/t）为计算依据，2016 年和 2018 年中国产氧成本为价格区间边界，分别为 1271.51 元/t 和 1318.98 元/t。

4）节水服务

节水是指生态系统能够截流和储存降水，增强土壤入渗和积累，促进节水，有利于节水、调节风暴径流、补充地下水、增加可用水资源。除了满足计算区工作和生活用水需求，节水充足的地区还能够持续提供区外的水资源。

（1）生物物理数量。将节水量视为生态系统节水能力的评价指标。它是由水平衡方程计算出来的。水平衡方程是指生态系统中在一定时间和空间内受质量保护的水。换句话说，生态系统的节水量是指降雨—径流和生态系统本身所消耗的水之间的差异。

$$Q_{wr}=\sum_{i=1}^{n}A_i\times(P_i-R_i-ET_i)\times 10^{-3} \tag{8-19}$$

式中，Q_{wr} 为保水量（m^3/a）；i 为生态系统的类型；P_i 为降雨径流（mm/a）；R_i 为地表径流（mm/a）；ET_i 为蒸散量（mm/a）；A 为计算区面积（m^2）。

（2）货币价值。节水的货币价值主要体现在蓄水和保水的经济价值上。可采用影子工程方法，即模拟建设蓄水能力与生态系统节水能力相当的水利设施，从而根据水利设施建设所需的成本计算出节水的货币价值。

$$V_{wr}=Q_{wr}\times(C_{we}+C_{wo}) \tag{8-20}$$

式中，V_{wr} 为保水的货币价值（人民币/a）；Q_{wr} 为计算区的总节水能力（m^3/a）；C_{we} 为水库单位容量建设成本；C_{wo} 为水库单位容量的年运营成本（人民币/m^3）。世界单位容量建设成本按统一标准计算，根据水库运行时间和单位时间成本计算单位容量年运营成本。由于无法获得世界各国水库单位容量成本的具体数据，以 2017 年中国单位容量水库建设成本 8.0 元/m^3 作为计算基础。此外，根据劳动力成本占单位容量总成本（约 15%～20%）和世界各国劳动力成本数据，计算出世界各国水库单位容量的成本。由于几乎无法获得每个国家单位产能项目和运营所需的实际劳动力成本，为了充分考虑区域差异，根据地理范围将世界所有国家划分为 16 个区域，然后根据 2017 年代表性国家的平均工资进行计算。将 2017 年不同国家货币按人民币汇率分别兑换为人民币。

5）水土保持服务

水土保持是指生态系统（如森林、草原等）能够通过冠层、森林凋落物和根系保护土壤，减少降雨侵蚀，促进土壤保护。

土壤保持量，即将生态系统节约的水土流失量（以潜在水土流失量与实际水土流失量之差来衡量）视为生态系统水土保持能力的评价指标。其中，实际水土流失量是指当前地表植被覆盖情况下的土壤侵蚀，而潜在的土壤侵蚀量是指在没有地表植被覆盖的情况下可能发生的土壤侵蚀。

（1）生物物理数量。采用改进的通用水土流失方程（USLE）的水土保持服务模型进行评价。

通过 USLE 估算土壤损失：

$$\text{USLE}=R\times K\times LS\times C\times P \tag{8-21}$$

土壤保护估算：

$$SC=R\times K\times LS\times(1-C\times P) \tag{8-22}$$

式中，R 为降雨侵蚀性因子；K 为土壤侵蚀性系数（t・hm^2・MJ・mm），L、S 为地形因子，其中 L 为坡度长度因子（m），S 为坡度陡度因子（%）。另外，C 为植被覆盖和管理因子（无量纲），P 为水土保持措施因子（无量纲）。

（2）货币价值。根据土壤保护量和疏浚成本，可以计算出生态系统土壤保护的货币价值。

$$V_{\ln}=(24\%\times A_c\times C/\rho)/10\,000 \tag{8-23}$$

式中，$V_{\ln}$ 为水土保持经济效益（单位：万元）；A_c 为水土保持量（t）；C 为水库疏浚成本（人民币/m^3），根据单位土方工程的开挖和运输成本计算。机械拆除和运输费用按 30 万元标准；而土方的人工开挖成本是根据单位土方的工作时间和人工成本计算的。根据中华人民共和国水利部公布的水利建设工程预算定额（第一卷），每 100m^3 一、二级土方工程人工开挖约需要 42h。此外，由于无法获得各国土方开挖所需的实际人工成本，为了充分考虑区域差异，我们根据地理范围将世界各国家划分为 16 个区域，然后根据 2017 年有代表性国家的平均工资（https://tradingeconomics.com/）进行计算。将 2017 年不同国家货币按人民币汇率分别兑换为人民币。最终将亚洲划分为 5 个区域，沉沙成本约为 26～78 元/m^3；欧洲分为 5 个区域，疏浚费用约为 33～130 元/m^3；美国分为 3 个区域，疏浚成本约为 30～122 元/m^3；非洲分为两个区域，疏浚费用约为 29～45 元/m^3；澳大利亚的疏浚总成本约为 71～106 元/m^3。全球主要区域的疏浚成本如表 8-7 所示。

表 8-7　全球主要区域的疏浚成本

地　　区	疏浚费/百万美元	地　　区	疏浚成本/美元·$(m^3)^{-1}$
东亚	5.48～8.29	中欧	9.33～13.92
东南亚	4.44～6.66	东欧	4.89～7.26
南亚	3.85～5.78	北美洲	12.00～18.07
西亚	7.70～11.55	中美洲	5.92～8.89
中亚	4.44～6.81	南美洲	4.44～6.66
北欧	12.89～19.25	北非	4.44～6.66
南欧	8.15～12.14	撒哈拉以南非洲	4.30～6.52
西欧诸国	9.03～13.63	澳大利亚	10.52～15.70

3. 生态系统文化服务

评估全球 GEP 文化旅游的价值需分别对各国进行调查，该过程需要投入大量的时间和人力，况且评估标准也难以统一。因此，本报告直接引用世界银行数据库中各国旅游收入的统计数据，并根据一般生态旅游相关收入占旅游总收入的比例进行转换。文化服务的计算数据来自世界银行根据世界旅游收入的统计数据发布的世界发展指标。这些数据已通过使用当年美元的可比价格进行了转换。报告中，美元已按美元兑人民币的汇率（1∶6.7518）兑换成人民币。从现有的研究来看，游客数量和自然景观消费一般占游客和消费总数的70%。然而，世界各地的国家在自然景观和文化景点的分布上存在很大差异。下面根据纬度，将世界上国家划分为三个地区：① 位于南北纬 30° 之间的国家，主要分布在赤道附近，大多是自然风光优美的岛屿和热带国家。自然风景游客和消费占游客总数和消费总量的比例为 70%～90%。② 位于南北纬 30° ～60° 的国家，文化景点众多，自然景观和文化景点的分布较为复杂。自然景观游客和消费占游客总数和消费总量的比例为 50%～70%。③ 位于南北纬 60° 以上的国家，与热带地区相似，多为自然景区。自然景观游客和消费占游客总数和消费的比例为 70%～90%。通过数据筛选，从世界各地的国家和地区中获得了 130 个有效的生态系统文化旅游价值。

（二）核算结果

2017 年全球陆地生态产品总值（GEP）总量达到 148 万亿美元，是 2017 年全球 GDP 的 1.86 倍。2011—2017 年，全球陆地生态系统服务价值年均增长率约为 12%，略高于 1997—2011 年的年均增长率。全球 GEP 的空间分布存在显著差异。北半球国家的总 GEP 是南半球国家的两倍多。考虑到洲际范围的 GEP 分布，美洲国家占全球 GEP 总量的 41%，亚洲国家占 23%，欧洲占 12%，非洲占 21%，大洋洲占 3%。虽然发展中国家的总 GEP 大约是发达国家的 3 倍，但发展中国家的人均 GEP 和单位面积的 GEP 仅是发达国家的一半。各国或地区 GEP 总值单位为万亿美元（见图 8-2），从高到低排序为巴西 14.4、美国 14.0、中国 11.4、加拿大 10.7、俄罗斯 9.9、印度 4.0、赞比亚 3.8、阿根廷 3.6、澳大利亚 2.7、坦桑尼亚 2.5、委内瑞拉 2.4、秘鲁 2.3、哥伦比亚 2.2、玻利维亚 1.8、苏丹 1.8、莫桑比克 1.58、菲律宾 1.58、布拉柴维尔 1.57、墨西哥 1.57、巴拉圭 1.56、博茨瓦纳 1.40、马达加斯加 1.10、泰国 1.0。GEP 总值低于 1 万亿美元的国家或地区如表 8-8 所示。

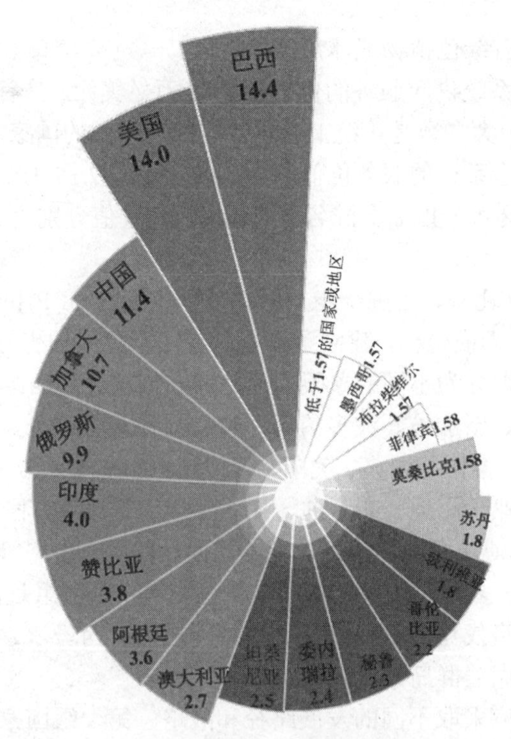

图 8-2　GEP 总值从高到低依次排序的主要国家或地区（单位：万亿美元）

数据来源：Hongqiang Jiang,etc, Mapping global value of terrestrial ecosystem services by countries.

表 8-8　GEP 总值低于 1 万亿美元的国家或地区

GEP 总值/万亿美元	国　家
0.75～1.0	日本、英国、巴布亚新几内亚、缅甸、巴基斯坦
0.6～0.75	土耳其、瑞典、智利、特立尼达和多巴哥、马里、马来西亚、南非、法国、德国
0.5～0.6	安哥拉、越南、尼日利亚、哈萨克斯坦、挪威、乌拉圭、孟加拉国、西班牙、中非
0.4～0.5	乌克兰、意大利、尼日尔、古巴、乌干达、韩国
0.3～0.4	毛里塔尼亚、埃塞俄比亚、斯里兰卡、新西兰、希腊、沙特阿拉伯、喀麦隆、老挝、亚美尼亚
0.25～0.3	爱尔兰、圭亚那、厄瓜多尔、肯尼亚、列支敦士登、巴哈马、波兰、柬埔寨、阿富汗、多米尼加
＜0.25	阿尔及利亚等 106 个国家或地区

GEP 总值最高的国家是巴西、美国、中国、加拿大和俄罗斯，与气候调节相关的生态系统服务在各国的贡献最大。这五个国家的 GEP 的总和超过了全球 GEP 总量的 40%。

2017 年，全球气候调节服务价值为 64.44 万亿～133.63 万亿美元，平均值为 99.04 万亿美元。气候管制服务占主导地位的国家包括巴西、刚果、印度尼西亚、坦桑尼亚和委内瑞拉，这些国家拥有许多热带雨林，在全球变冷和加湿化方面发挥着关键作用。俄罗斯、加拿大和阿根廷有大面积的苔原或冰川，这也可以调节全球气候。此外，虽然中国没有太多的热带雨林或苔原地区，但世界第三极的喜马拉雅山脉位于中国，对全球气候有很大的影响。沙漠气候国家没有绿色植物或冰川冻原地区。

2017年，全球生态系统供应服务的价值为8.41万亿美元。具有高供应服务价值的国家主要分布在北半球，其中大多数是传统上以农业实践为基础的国家。与供应服务相比，2017年全球文化旅游相关生态系统的服务价值约为5.92万亿～7.25万亿美元，平均值为6.59万亿美元。其中，中国在这两个指标上排名世界最高。其价值分别为2.58万亿美元和1.57万亿美元。

除了分析GEP/GDP比率，还进一步全面评估了各国的GEP和GDP。以单位面积GEP为纵坐标，以人均GDP为横坐标，建立了一个具有四个象限的坐标系。这179个国家根据其GEP和GDP的数值被分为不同的象限。因此，它们被分为四组：第一组是高GEP、高GDP，包括列支敦士登、新加坡、波多黎各、特立尼达和多巴哥、文莱、卡塔尔、英国、哥斯达黎加、爱沙尼亚、泰国、瑞典、美国、阿根廷、加拿大；第二组是高GEP、低GDP，包括斯威士兰、亚美尼亚、海地、布隆迪、斯里兰卡、赞比亚、刚果（布）、印度尼西亚、刚果（金）、坦桑尼亚、博茨瓦纳、哥伦比亚、巴西、印度、中国等；第三组是低GEP、低GDP，如贝宁、墨西哥、多哥、约旦、乍得、伊拉克等；第四组是低GEP、高GDP，如俄罗斯、阿曼、智利、斯洛伐克、科特迪瓦、沙特阿拉伯、西班牙、芬兰、澳大利亚、马尔维纳斯群岛（英国称福克兰群岛）、挪威、冰岛。

不同分组中的国家应采取不同的发展路径和战略。第一组国家应继续稳定地维持和促进当前的自然生态系统保护和社会经济发展。第二组国家应继续在维持当前自然生态系统保护的基础上寻求进一步的社会经济发展。第三组国家应加强对自然生态系统的保护和增强价值，同时探索可持续和生态友好的发展路径。第四组国家应进一步分析其自然生态禀赋和产业结构，查明其经济发展是否以破坏自然生态环境为代价，实施产业升级转型，实现可持续发展。

三、生态产品价值核算的实践与展望

（一）生态产品价值核算的实践经验与教训

生态产品价值核算虽然遇到很多困难，但近年来它的快速进展有目共睹。在实践探索后，作者从长远角度出发发现，生态产品价值核算需要考虑到生态系统的长期可持续性，不能只关注短期经济利益；需要充分评估不同行为对生态系统的影响，并进行长远的规划和决策。从多元化的价值观上看，生态产品的价值不仅仅是经济的价值，还包括社会和生态价值。因此，在生态产品价值核算中，需要考虑多种不同的价值观，如经济、社会、环境、文化等。从数据的准确性和透明度角度，生态产品价值核算需要充分依据科学数据和统计分析，确保数据的准确性和透明度。这样才能保证核算结果的可信度和公正性。从与利益相关方沟通合作角度看，生态产品价值核算需要与利益相关方进行沟通和合作，包括政府、企业、社会组织、专家学者等。通过协作，可以减少误解和争议，促进生态产品的保护和可持续利用。在结果的应用和跟踪评估方面，生态产品价值核算的结果需要应用到政策和决策中，推动生态系统的保护和恢复。同时，还需要进行跟踪评估，对生态产品价值核算的效果进行监测和调整。

总之，生态产品价值核算是一项复杂的工作，需要综合考虑多种因素，注重数据的准确性和透明度，与利益相关方合作，结合实际应用和跟踪评估，才能实现生态环境保护和经济发展的可持续发展。

（二）生态产品价值核算的未来发展趋势

生态产品价值核算的未来发展趋势主要包括以下几个方面。

1. 多元化评价体系

未来，生态产品的价值核算评价体系将变得更加多元化，不仅考虑到环境和社会效益，还将考虑到经济效益，以全面评价生态产品的价值。例如，环境效益方面可以包括减少二氧化碳排放、减少污染物排放等；社会效益方面可以包括提高公共卫生水平、促进社会公正等；经济效益方面可以包括提高产品市场竞争力、减少资源浪费等。

2. 技术支持

生态产品价值核算需要依靠科学技术手段来进行数据采集和分析，未来将会出现更多的技术支持工具，如人工智能、区块链、大数据等，以提高核算的精准度和效率。例如，人工智能可以帮助生态产品价值核算系统快速识别和分析生态产品的环境、社会和经济数据，并计算出各个方面的价值；区块链技术可以提高生态产品的溯源和透明度，保证核算数据的真实性和可信度；大数据技术可以帮助生态产品价值核算系统更加准确地预测生态产品的未来价值。

3. 市场需求的推动

随着消费者对环保和可持续发展意识的不断提高，市场对生态产品的需求也将不断增加，这将促进生态产品的发展和价值核算的推广。生态产品的发展趋势和市场需求密切相关，市场需求越大，生态产品就越有可能成为未来的主流产品。例如，随着消费者对环保意识的提高，可再生能源市场的需求量也将不断增加，而生态产品价值核算则可以帮助企业和政府更好地评估这些生态产品的市场价值。

4. 政策推动

政府对环保和可持续发展的要求越来越高，政策的支持将会推动生态产品的发展和价值核算的普及。政府的政策支持可以促进企业投入更多的资金和资源来推动生态产品的发展，同时政府也可以通过各种奖励措施来推广生态产品价值核算的应用。

综上所述，未来生态产品价值核算的发展趋势将更加多元化和科技化，同时受到市场需求、政策推动和企业责任感等因素的影响，这将有助于推动生态产品的发展和价值核算的普及。

本章小结

本章探讨了“双碳”背景下的生态产品价值核算这一主题。首先，我们介绍了生态产品的概念，虽然现有的关于生态产品的概念定义、分类框架和度量指标的研究并未形成一致观点，相关研究仍处于百家争鸣的阶段，但我们仍可以从生态产品研究的发展过程中，了解它的普适性定义以及基本属性。接着，我们介绍了常用的生态产品价值的核算方法并讨论了为什么在“双碳”背景下进行生态产品价值核算尤为重要，以及生态产品价值核算对生态安全的意义。

在介绍生态产品价值核算体系时，我们列举了国内外的研究进展及成果，并着重阐述了我国的 GEP 核算体系。本章的案例分析列举了国内外不同地区、不同尺度的核算结果，通过对比，可以看出现有的核算实践经验和不足。

最后，我们强调了进行生态产品价值核算实践的重要性及未来发展趋势。通过价值核算，可以更好地了解生态产品的经济价值，促进生态产品的保护和管理，避免对生态系统造成负面影响；同时，也可以将生态系统的价值纳入经济决策的考虑因素之中，使经济发展与环境保护相协调，实现可持续发展的目标。因此，生态产品价值核算不仅对保护生态系统和促进可持续发展具有重要意义，也对实现“双碳”目标具有重要作用。我们应该积极推动生态产品价值核算的研究和实践，以确保我们的未来发展是可持续的，同时也能够更好地保护我们的生态系统。

思考题

1. 简述生态产品的定义及分类。
2. 常用的生态产品价值核算方法有哪些？
3. 试述 GEP 核算的内容及特点。
4. 试述 GEP 核算体系的构建原则。

第九章

生态安全的实现路径与管理机制

学习目标

✧ 掌握生态安全的实现路径；

✧ 掌握生态安全的管理体系；

✧ 掌握生态安全的管理机制。

导言

生态安全是国家安全的重要组成部分，是经济社会持续健康发展的重要保障，是人类生存发展的基本条件。维护生态安全是一项长期性、复杂性、艰难性的系统工程。因此，明确生态安全的实现路径对于推进国家安全体系建设具有十分重要的意义。制度作为生态安全建设的保障，也理应在确保国家生态安全战略顺利实施的工作中发挥重要作用。

第一节　生态安全实现路径与管理体系

一、生态安全实现路径

（一）加快生态安全格局构建

统筹考虑重要的自然资源保护、生态功能保障、灾害风险防控、健康福祉提升等多重维度，突出粮食安全、水安全、生物安全、地质安全等多项生态安全目标，构建以单要素生态安全格局为基础，与现状重要自然资源和法定管控边界充分衔接，构建综合生态安全格局，为提升生态系统服务、保障生态安全提供重要的保障。底线安全格局是保障生态安全的最基本空间格局，是城市发展建设中不可逾越的生态底线，实行最严格保护，主要包括生态保护红线、永久基本农田、自然保护地、重要河湖湿地、饮用水水源一级保护区等。

一般安全格局是提升生态系统功能和健康水平的关键空间格局，实行限制开发，采取一体化生态保护修复措施，提升生态系统服务和民生福祉。理性安全格局是维护区域生态系统服务的空间理想格局，可以根据具体情况允许有条件地开发建设，执行相关生态环境保护基本要求，促进蓝绿空间交织融合、多元生态功能发挥、生态品质提升及生态产品价值实现[①]。

（二）加快生态安全系统治理

（1）生态保护。推进生态系统整体保护。一是强化非建设空间的底线管控。落实最严格的生态环境保护制度，坚持底线思维，划管结合、破立并重，综合考虑自然资源本底、资源环境承载力以及保护与发展的关系，统筹建设空间与非建设空间。强化生态保护红线、永久基本农田、城镇开发边界三条控制线对于国土空间开发保护的刚性管控及战略引领，引导形成科学适度有序的国土空间格局。开展自然保护地整合优化工作，并与生态保护红线充分衔接。统筹推进三条控制线评估调整工作，确保三条控制线不交叉、不重叠、不冲突。建立健全自然保护地、生态保护红线、生态控制线三级生态空间管控体系，推进生态空间治理体系和治理能力现代化。二是推进自然生态系统整体保护。准备把握自然生态系统的整体性、系统性和内在关联性，坚持山水林田湖草沙生命共同体理念，完善就地保护与迁地保护相结合的生物多样性保护体系[②]。

（2）生态修复。强化国土空间系统修复。一是点线面相结合，多层次推进系统修复。在各地区开展国土空间生态修复规划实施，加强修复生态质量退损、生态功能衰减、生态过程受阻的重要生态节点，推进多层次、立体式国土空间系统修复。自然保护地核心保护区除发生不可逆的生态破坏外，采取封禁为主的自然恢复，其余自然保护地、生态保护红线区域以自然修复为主，对确需要进行人工修复的，在严格评估后开展修复。杜绝生态修复的形式主义，防止生态修复工程对生态系统的负面影响。线上通过以河流为重点的河流水系修复以及生态廊道修复，构建生态网络体系。加强中心城区内部绿地与外围绿色开敞空间的联系，提高生态系统的完整性和连通性，保障各类生物之间正常交流、繁殖和活动。面上强化水源涵养、水土保持、生物多样性维护等重要生态系统服务保障，着力推进应用水水源地保护、森林质量的精准提升、重要物种栖息地保护修复、生态林断带修复及农田修复等，不断提升生态系统质量和功能。二是多措并举，持续提升生态系统安全性。坚持发展理念，坚持人与自然和谐共生，以全面提升国家生态安全屏障质量、促进生态系统良性循环和永续利用为目标，以统筹山水林田湖草一体化保护和修复为主线，科学布局和组织实施重要生态系统保护和修复重大工程，着力提高生态系统自我修复能力，切实增强生态系统稳定性，显著提升生态系统功能，全面扩大优质生态产品供给，推进形成生态保护和修复新格局，以维护国家生态安全[③]。

（3）生态治理。一是促进市域绿色空间综合治理。大中城市要确保一定比例的公共绿地和生态用地，深入开展园林城市创建活动，加强城市公园、绿化带、片林、草坪的建设与保护，大力推广庭院、墙面、屋顶、桥体的绿化和美化。严禁在城区和城镇郊区随意开

① 王红旗，王国强，田雅楠，等．中国生态安全格局构建与评价[M]．北京：科学出版社，2019：85.

② 何萍．生态学范式融合：承载力、安全、阈值、弹性[M]．北京：中国环境出版集团有限公司，2022：96.

③ 欧阳志云，郑华．生态安全战略[M]．海口：海南出版社，2014：78.

山填海、开发湿地，禁止随意填占溪、河、渠、塘。继续开展城镇环境综合整治，进一步加快能源结构调整和工业污染源治理，切实加强城镇建设项目和建筑工地的环境管理，积极推进环保模范城市和环境优美城镇创建工作。二是优化乡镇地区生态空间格局。结合魅力乡村建设，统筹全域生态综合整治、建设用地增减挂钩、高标准农田建设、小流域治理等工作，引导生态、生产、生活“三生”空间有序布局。盘活存量建设用地，减少土地闲置、低效和不合理利用，以“空心村”和“危旧房”整治为重点，促进农村居住集中化、产业发展集聚化和土地利用集约化。将建设用地减量与生态空间格局优化充分衔接，促进自然资源合理有序配置。严守耕地保护红线，挖潜耕地后备资源，优化耕地保护空间。加快推进高标准农田建设，提高耕地质量，改善农田生态环境。针对农村水污染问题，以小流域为单元，按照“源头控制—过程阻控—受体保护和净化”的方式，加强面源污染治理，提升水环境质量。采用保护性耕作、地表覆盖、河溪自然形态恢复、生态沟渠营造、水体缓冲带建设、坑塘湿地修复、植物篱笆保护和建设、蜜源植物种植等多种措施。

（三）强化生态空间管控

（1）实行国土空间分级管控。将生态安全格局划分为一级管控区、二级管控区和三级管控区，分别与底线安全格局、一般安全格局和理想安全格局相对应，制定分级差异化管理政策和规则。坚持主导功能下的刚柔并济，在空间刚性中融入功能弹性，在规模刚性中显化结构弹性。一级管控区作为可持续发展不可逾越的生态底线，实行刚性管控，开展最严格保护，严控开发建设，严守生态底线，强化生态保护红线、永久基本农田、自然保护地、重要河湖湿地、饮用水水源一级保护区等重点区域保护。二级管控区是提升生态系统功能和健康水平的关键区，实行刚弹结合的空间管制，严控影响主导生态功能的开发建设活动，明确兼容性建设准入条件，增强优质生态产品供给能力。三级管控区体现适度弹性引导优化，建设项目准入负面清单，落实相关生态环境保护要求，促进蓝绿空间交织融合和多元生态功能发挥，推动生态产品价值实现。

（2）推进多维生态要素分类引导。强化全域全要素国土生态空间管控，推进多维生态要素分类引导，在空间和时间两个维度上，针对水、林、田、生物、地质、文化等不同类别要素，通过宏观准入政策、中观正负清单、微观项目和名录管控，形成面向多维度要素的生态空间分类管控体系。明确各类用地兼容性及冲突处理原则，逐步解决建设用地与生态安全格局的冲突问题。按照“宜田则田、宜林则林、宜水则水”的原则，制定生态要素保护优先序级和水林空间协调规则，引导水林田等自然要素合理有序布局。在空间维度上，着力推动要素合理配置。充分利用耕地保护空间优化、拆违腾退用地生态修复等契机，开展水林田空间引导。在时间维度上，明确中长期引导的政策路径。强化水林田重叠区的复合功能和多样生境的营造，形成促进生境符合利用的相关政策，逐步引导各类要素空间落位和合理布局。

（3）强化水资源开发利用的生态环境保护。水资源的开发利用要全流域统筹兼顾，生产、生活和生态用水综合平衡，坚持开源与节流并重，节流优先，治污为本，科学开源，综合利用。加强饮用水水源地的保护。地表水饮用水水源一级保护区内禁止新建、改建、扩建与供水设备和保护水源无关的建设项目，二级保护区内禁止新建、改建、扩建排放污染物建设项目，同时应拆除或关闭已建成但不符合要求的建设项目。建立缺水地区高耗水项目管制制度，逐步调整用水紧缺地区的高耗水产业，停止新上高耗水项目，确保流域生态用水。在发生江河断流、湖泊萎缩、地下水超采的流域和地区，应停止新的加重水平衡失调的蓄水、引水和灌溉工程；合理控制地下水开采，做到采补平衡；在地下水严重超采地区，划定地下水禁采区，抓紧清理不合理的抽水设施，防止出现大面积的地下漏斗和地表塌陷。继续加大二氧化硫和酸雨控制力度，合理开发利用和保护大气水资源；对于擅自围垦的湖泊和填占的河道，要限期退耕还湖。通过科学的监测评价和功能区划，规范排污许可证制度和排污口管理制度。严禁向水体倾倒垃圾和建筑、工业废料，进一步加大水污染特别是重点江河湖泊水污染治理力度，加快城市污水处理设施、垃圾集中处理设施建设。加大农业面源污染控制力度，鼓励畜禽粪便资源化，确保养殖废水达标排放，严格控制氮、磷严重超标地区的氮肥、磷肥施用量。

（4）强化土地资源开发利用的生态环境保护。依据土地利用总体规划，实施土地用途管制制度，明确土地承包者的生态环境保护责任，加强生态用地保护，冻结征用具有重要生态功能的草地、林地、湿地。建设项目确需占用生态用地的，应严格依法报批和补偿，并实行“占一补一”的制度，确保恢复面积不少于占用面积。加强对交通、能源、水利等重大基础设施建设的生态环境保护监管，建设线路和施工厂址要科学，尽量减少占用林地、草地和耕地，防止水土流失和土地沙化。加强非牧场草地开发利用的生态监管。大江大河上中游陡坡耕地要按照有关规划，有计划、分步骤地实行退耕还林还草，并加强对退耕地的管理，防止复耕。

（5）强化森林、草原资源开发利用的生态环境保护。对具有重要生态功能的林区、草原，应划为禁垦区、禁伐区或禁牧区，严格管护；已经开发利用的，要退耕退牧，育林育草，使其休养生息。实施天然林保护工程，最大限度地保护和发挥好森林的生态效益；要切实保护好各类水源涵养林、水土保持林、防风固沙林、特种用途林等生态公益林；对毁林、毁草开垦的耕地和造成的废弃地，要按照“谁批准谁负责，谁破坏谁恢复”的原则，限期退耕还林还草。加强森林、草原防火和病虫鼠害防治工作，努力减少林草资源灾害性损失；加大火烧迹地、采伐迹地的封山育林育草力度，加速林区、草原生态环境的恢复和生态功能的提高。大力发展风能、太阳能、生物质能等可再生能源技术，减少樵采对林草植被的破坏。发展牧业要坚持以草定畜，防止超载过牧。严重超载过牧的，应核定载畜量，限期压减牲畜头数。采取保护和利用相结合的方针，严格实行草场禁牧期、禁牧区和轮牧制度，积极开发秸秆饲料，逐步推行舍饲圈养办法，加快退化草场的恢复。在干旱、半干旱地区要因地制宜调整粮畜生产比重，大力实施种草养畜富民工程。在农牧交错区进行农业开发，不得造成新的草场破坏；发展绿洲农业，不得破坏天然植被。对牧区的已垦草场，应限期退耕还草，恢复植被。

（6）强化生物物种资源开发利用的生态环境保护。生物物种资源的开发应在保护物种多样性和确保生物安全的前提下进行。依法禁止一切形式的捕杀、采集濒危野生动植物的活动。严厉打击濒危野生动植物的非法贸易。严格限制捕杀、采集和销售益虫、益鸟、益兽。鼓励野生动植物的驯养、繁育。加强野生生物资源开发管理，逐步划定准采区，规范采挖方式，严禁乱采滥挖；严格禁止采集和销售发菜，取缔一切发菜贸易，坚决制止在干旱、半干旱草原滥挖具有重要固沙作用的各类野生药用植物。切实搞好重要鱼类的产卵场、索饵场、越冬场、洄游通道和重要水生生物及其生境的保护。加强生物安全管理，建立转基因生物活体及其产品的进出口管理制度和风险评估制度；对引进外来物种必须进行风险评估，加强进口检疫工作，防止国外有害物种进入国内。

（7）强化海洋和渔业资源开发利用的生态环境保护。海洋和渔业资源开发利用必须按功能区划进行，做到统一规划，合理开发利用。切实加强海岸带的管理，严格围垦造地建港、海岸工程和旅游设施建设的审批，严格保护红树林、珊瑚礁、沿海防护林。加强重点渔场、江河出海口、海湾及其他渔业水域等重要水生资源繁育区的保护，严格渔业资源开发的生态环境保护监管。加大海洋污染防治力度，逐步建立污染物排海总量控制制度，加强对海上油气勘探开发、海洋倾废、船舶排污和港口的环境管理，逐步建立海上重大污染事故应急体系。

（8）强化矿产资源开发利用的生态环境保护。严禁在生态功能保护区、自然保护区、风景名胜区、森林公园内采矿。严禁在崩塌滑坡危险区、泥石流易发区和易导致自然景观破坏的区域采石、采砂、取土。矿产资源开发利用必须严格规划管理，开发应选取有利于生态环境保护的工期、区域和方式，把开发活动对生态环境的破坏减少到最低限度。矿产资源开发必须防止次生地质灾害的发生。在沿江、沿河、沿湖、沿库、沿海地区开采矿产资源，必须落实生态环境保护措施，尽量避免和减少对生态环境的破坏。已造成破坏的，开发者必须限期恢复。已停止采矿或关闭的矿山、坑口，必须及时做好土地复垦。

（9）强化旅游资源开发利用的生态环境保护。旅游资源的开发必须明确环境保护的目标与要求，确保旅游设施建设与自然景观相协调。科学确定旅游区的游客容量，合理设计旅游线路，使旅游基础设施建设与生态环境的承载能力相适应。加强自然景观、景点的保护，限制对重要自然遗迹的旅游开发，从严控制重点风景名胜区的旅游开发，严格管制索道等旅游设施的建设规模与数量，对不符合规划要求建设的设施，要限期拆除。旅游区的污水、烟尘和生活垃圾处理，必须实现达标排放和科学处置。

（四）加快绿色经济发展

（1）促进地区经济与环境协调发展。各地区要根据资源禀赋、环境容量、生态状况、人口数量以及国家发展规划和产业政策，明确不同区域的功能定位和发展方向，将区域经济规划和环境保护目标有机结合起来。在环境容量有限、自然资源供给不足而经济相对发达的地区实行优化开发，坚持环境优先，大力发展高新技术，优化产业结构，加快产业和产品的升级换代，同时率先完成排污总量削减任务，做到增产减污。在环境仍有一定容量、资源较为丰富、发展潜力较大的地区实行重点开发，加快基础设施建设，科学合理地利用环境承载能力，推进工业化和城镇化，同时严格控制污染物排放总量，做到增产不增污。在生态环境脆弱的地区和重要生态功能保护区实行限制开发，在坚持保护优先的前提下，合理选择发展方向，发展特色优势产业，确保生态功能的恢复与保育，逐步恢复生态平衡。在自然保护区和具有特殊保护价值的地区实行禁止开发，依法实施保护，严禁不符合规定的任何开发活动。要认真做好生态功能区划工作，确定不同地区的主导功能，形成各具特色的发展格局。必须依照国家规定对各类开发建设规划进行环境影响评价。对环境有重大影响的决策，应当进行环境影响论证。

（2）大力发展循环经济。各地区、各部门要把发展循环经济作为编制各项发展规划的重要指导原则，制订和实施循环经济推进计划，加快制定促进发展循环经济的政策、相关标准和评价体系，加强技术开发和创新体系建设。要按照“减量化、再利用、资源化”的原则，根据生态环境的要求，进行产品和工业区的设计与改造，促进循环经济的发展。在生产环节，要严格排放强度准入，鼓励节能降耗，实行清洁生产并依法强制审核；在废物产生环节，要强化污染预防和全过程控制，实行生产者责任延伸，合理延长产业链，强化对各类废物的循环利用；在消费环节，要大力倡导环境友好的消费方式，实行环境标识、环境认证和政府绿色采购制度，完善再生资源回收利用体系。大力推行建筑节能，发展绿色建筑。推进污水再生利用和垃圾处理与资源化回收，建设节水型城市。推动生态省（市、县）、环境保护模范城市、环境友好企业和绿色社区、绿色学校等创建活动。

（3）积极发展环保产业。要加快环保产业的国产化、标准化、现代化产业体系建设。加强政策扶持和市场监管，按照市场经济规律，打破地方和行业保护，促进公平竞争，鼓励社会资本参与环保产业的发展。重点发展具有自主知识产权的重要环保技术装备和基础装备，在立足自主研发的基础上，通过引进消化吸收，努力掌握环保核心技术和关键技术。大力提高环保装备制造企业的自主创新能力，推进重大环保技术装备的自主制造。培育一批拥有著名品牌、核心技术能力强、市场占有率高、能够提供较多就业机会的优势环保企业。加快发展环保服务业，推进环境咨询市场化，充分发挥行业协会等中介组织的作用。

（4）提升技术支撑。加强产学研协同创新，开展生态保护和修复技术、生态监测技术、生物资源开发技术、水资源合理利用技术、地下空间保护开发、碳储碳汇等关键性的科技攻关。加快建立生态修复标准体系，推进新技术、新方法的示范和推广。注重人才引进培养，补齐人才结构短板，加强国土空间生态修复专业团队建设。开展生态修复重点区域生态地质综合调查，开展生态修复重点工程监测评估和适应性管理，支撑重点工程的落地实施和顺利推进。

（5）加强污染防治。加强城市环境保护，城市建设应注重自然和生态条件，尽可能保留天然林草、河湖水系、滩涂湿地、自然地貌及野生动物等自然遗产，努力维护城市生态平衡。加强农村环境保护，推进农村改水、改厕工作，搞好作物秸秆等资源化利用，积极发展农村沼气，妥善处理生活垃圾和污水，解决农村环境“脏、乱、差”问题，创建环境优美乡镇、文明生态村。推进大气污染防治，加大烟尘、粉尘治理力度。采取节能措施，提高能源利用效率；大力发展风能、太阳能、地热、生物质能等新能源，积极发展核电，有序开发水能，提高清洁能源比重，减少大气污染物排放。加强水污染的防治。在制订区域规划、城市建设规划、工业区规划时都要考虑水体污染问题，对可能出现的水体污染要采取预防措施，污水一定要做到集中排放、集中处理。加快补齐城镇污水收集和处理设施短板，尽快实现污水管网全覆盖、全收集、全处理。加强土壤污染防治。开展全国土壤污染状况调查和超标耕地综合治理，污染严重且难以修复的耕地应依法调整；合理使用农药、化肥，防治农用薄膜对耕地的污染。

二、生态安全管理体系

（一）完善生态环境监管体系

整合分散的生态环境保护职责，强化生态保护修复和污染防治统一监管，建立健全生态环境保护领导和管理体制、激励约束并举的制度体系、政府企业公众共治体系。全面完成省以下生态环境机构监测监察执法垂直管理制度改革，推进综合执法队伍特别是基层队伍的能力建设。完善农村环境治理体制。健全区域流域海域生态环境管理体制，推进跨地区环保机构试点，加快组建流域环境监管执法机构，按海域设置监管机构。建立独立、权威、高效的生态环境监测体系，构建天地一体化的生态环境监测网络，实现国家和区域生态环境质量预报预警和质控，按照适度上收生态环境质量监测事权的要求加快推进有关工作。省级党委和政府加快确定生态保护红线、环境质量底线、资源利用上线，制定生态环境准入清单，在地方立法、政策制定、规划编制、执法监管中不得变通突破、降低标准。实施生态环境统一监管。推行生态环境损害赔偿制度。编制生态环境保护规划，开展全国生态环境状况评估，建立生态环境保护综合监控平台。推动生态文明示范创建“绿水青山就是金山银山”实践创新基地建设活动。

严格生态环境质量管理。生态环境质量达标地区要保持稳定并持续改善；生态环境质量不达标地区的市、县级政府，要制定实施限期达标规划，向上级政府备案并向社会公开。加快推行排污许可制度，对固定污染源实施全过程管理和多污染物协同控制，按行业、地区、时限核发排污许可证，全面落实企业治污责任，强化证后监管和处罚。将排污许可证制度建设成为固定源环境管理核心制度，实现“一证式”管理。健全环保信用评价、信息强制性披露、严惩重罚等制度。将企业环境信用信息纳入全国信用信息共享平台和国家企业信用信息公示系统，依法通过“信用中国”网站和国家企业信用信息公示系统向社会公示。监督上市公司、发债企业等市场主体全面、及时、准确地披露环境信息。建立跨部门联合奖惩机制。完善国家核安全工作协调机制，强化对核安全工作的统筹。

（二）健全生态环境保护经济政策体系

资金投入向污染防治攻坚战倾斜，坚持投入同攻坚任务相匹配，加大财政投入力度。逐步建立常态化、稳定的财政资金投入机制。扩大中央财政支持北方地区清洁取暖的试点城市范围，国有资本要加大对污染防治的投入。完善居民取暖用气用电定价机制和补贴政策。增加中央财政对国家重点生态功能区、生态保护红线区域等生态功能重要地区的转移支付，继续安排中央预算内投资对重点生态功能区给予支持。各省（自治区、直辖市）合理确定补偿标准，并逐步提高补偿水平。完善助力绿色产业发展的价格、财税、投资等政策。大力发展绿色信贷、绿色债券等金融产品。设立国家绿色发展基金。落实有利于资源节约和生态环境保护的价格政策，落实相关税收优惠政策。研究对从事污染防治的第三方企业比照高新技术企业实行所得税优惠政策，研究出台“散乱污”企业综合治理激励政策。推动环境污染责任保险发展，在环境高风险领域建立环境污染强制责任保险制度。推进社会化生态环境治理和保护。采用直接投资、投资补助、运营补贴等方式，规范支持政府和社会资本合作项目；对政府实施的环境绩效合同服务项目，公共财政支付水平同治理绩效挂钩。鼓励通过政府购买服务方式实施生态环境治理和保护。

（三）健全生态环境保护法治体系

依靠法治保护生态环境，增强全社会生态环境保护法治意识。加快建立绿色生产消费的法律制度和政策导向。加快制定和修改土壤污染防治、固体废物污染防治、长江生态环境保护、海洋环境保护、国家公园、湿地、生态环境监测、排污许可、资源综合利用、空间规划、碳排放权交易管理等方面的法律法规。鼓励地方在生态环境保护领域先于国家进行立法。建立生态环境保护综合执法机关、公安机关、检察机关、审判机关信息共享、案情通报、案件移送制度，完善生态环境保护领域民事、行政公益诉讼制度，加大生态环境违法犯罪行为的制裁和惩处力度。加强涉生态环境保护的司法力量建设。整合组建生态环境保护综合执法队伍，统一实行生态环境保护执法。将生态环境保护综合执法机构列入政府行政执法机构序列，推进执法规范化建设，统一着装、统一标识、统一证件、统一保障执法用车和装备。

（四）强化生态环境保护能力保障体系

增强科技支撑，开展大气污染成因与治理、水体污染控制与治理、土壤污染防治等重点领域科技攻关，实施环境综合治理重大项目，推进区域性、流域性生态环境问题研究。开展大数据应用和环境承载力监测预警。开展重点区域、流域、行业环境与健康调查，建立风险监测网络及风险评估体系。健全跨部门、跨区域环境应急协调联动机制，建立全国统一的环境应急预案电子备案系统。国家建立环境应急物资储备信息库，省、市级政府建设环境应急物资储备库，企业环境应急装备和储备物资应纳入储备体系。落实全面从严治党要求，建设规范化、标准化、专业化的生态环境保护人才队伍，打造政治强、本领高、作风硬、敢担当，特别能吃苦、特别能战斗、特别能奉献的生态环境保护铁军。按省、市、县、乡不同层级工作职责配备相应工作力量，保障履职需要，确保同生态环境保护任务相匹配。加强国际交流和履约能力建设，推进生态环境保护国际技术交流和务实合作。

（五）构建生态环境保护社会行动体系

把生态环境保护纳入国民教育体系和党政领导干部培训体系，推进国家及各地生态环境教育设施和场所建设，培育普及生态文化。公共机构尤其是党政机关带头使用节能环保产品，推行绿色办公，创建节约型机关。健全生态环境新闻发布机制，充分发挥各类媒体作用。省、市两级要依托党报、电视台、政府网站，曝光突出环境问题，报道整改进展情况。建立政府、企业环境社会风险预防与化解机制。完善环境信息公开制度，加强重特大突发环境事件信息公开，对涉及群众切身利益的重大项目及时主动公开。地级及以上城市符合条件的环保设施和城市污水垃圾处理设施向社会开放，接受公众参观。强化排污者主体责任，企业应严格守法，规范自身环境行为，落实资金投入、物资保障、生态环境保护措施和应急处置主体责任。实施工业污染源全面达标排放计划。重点排污单位全部安装自动在线监控设备并同生态环境主管部门联网，依法公开排污信息。实现入河排污口监测全覆盖，并将监测数据纳入综合信息平台。推动环保社会组织和志愿者队伍规范健康发展，引导环保社会组织依法开展生态环境保护公益诉讼等活动。按照国家有关规定表彰对保护和改善生态环境有显著成绩的单位和个人。完善公众监督、举报反馈机制，保护举报人的合法权益，鼓励设立有奖举报基金。

第二节 国家生态安全管理机制

国家生态安全管理是一个过程，各个环节相互衔接、互为影响。国家生态安全管理机制应当涵盖生态安全事件预防与应急准备、监测与预警、信息报告应急处置、善后恢复重建与调查评估等应对环节。对每个阶段实施有效管理，尽可能防止向下一个更加严重的阶段发展，减少损失，防止事态扩大，是国家生态安全管理机制建立的基本要求。国家生态安全管理机制的一般内容如下[①]。

一、预防与应急准备机制

预防与应急准备机制是指在国家生态安全事件发生前，负责生态安全相关机构为消除或者降低生态安全事件发生可能性及其带来的危害性所采取的风险管理行为规程。生态安全事件的突发性和不可预见性决定了单靠事前预测和预警很难消除事件诱因，很难降低或者消除事件带来的危害性。因此，必须实行风险管理，将生态安全管理关口前移，即政府或者公共组织在制定政策措施、开展项目规划、管理资源的时候，要建立预防机制，通过大量调查和风险分析评估，认识生态安全事件发生规律，利用行政、法律、工程、技术等治理手段，从源头上减少或消除事件发生诱因，而当生态安全事件不可避免时，则提前做好应急相关的准备工作，从而减少事件所带来的危害性。基于这种认识，预防与准备比处置更重要。预防与应急准备机制的一般流程及控制如下。

（一）降低脆弱性

脆弱性是社会承受生态安全事件危害的主要标志，具有不可控性。分析脆弱性应从某一个地区政治制度、经济、社会文化以及应急基础能力着手。从主体层面看，通过政府主导、社会参与的形式，在全社会开展生态安全文化教育，利用各种媒体和宣传手段，向公众宣传普及生态安全知识，增强公众生态安全意识；从客体层面看，重在夯实应对生态安全事件的基础能力。

（二）开展风险管理

当本行政区域内出现容易引发生态安全的危险源、危险区域时，要立即开展风险管理。

（1）风险调查。对其可能造成的后果进行定性和定量分析，开展风险评估，定期进行检查监控，并责令有关责任主体采取安全防范措施，在此基础上进行等级划分，以确定管理的重点，建立风险隐患数据库，必要时向社会进行公布。

（2）明确标准。标准是开展监督检查的依据，是风险管理的前提。要健全安全标准体系等，实行标准化管理。同时，确立风险治理标准，对发现隐患后的关键环节要进行监控。

（3）纠正偏差。风险治理对象在运行过程中出现偏差在所难免。通过现场观察、系统

---

① 钟开斌．应急管理十二讲[M]．北京：人民出版社，2020：86-92．

监控监测、检查督促、会议分析等，发现危险源和关键工作环节上出现的问题，以及苗头性信息，继而采取纠偏措施。在纠偏工作中要注意监控信息获取渠道多样性，信息获取及时性以及准确性，并及时反馈。由于危险源和危险区域有时是变化的，应对其定期进行检查、监控，掌握危险源和危险区域的动态变化情况。相关单位应建立健全安全管理制度，开展安全隐患排查，对重大危险源应当登记建档，进行定期检测、评估，实时监控，开展治理，培训从业人员和相关人员在紧急情况下的应急基本技能。

（三）做好应急准备

当某类生态安全事件在某个地区或者某一领域频发，或者依靠预测发现事件危害不可避免时，管理者应做好应急准备工作。

（1）人力准备。当今世界生态安全事件对各国政府履行管理职能提出了新要求。在我国，生态安全管理被时代赋予了新要求，要实现从被动向主动转变，需要多种手段并用，常态手段和非常态手段结合。因此，人力资源储备必须跟进。要造就一批具有战略眼光，具有科学决策能力、较强组织协调能力、良好沟通能力的领导者，储备和培育一批执行能力很强的生态安全管理工作人员，动员一批具有应急愿望、良好技能、有基本应急物资条件的社会力量，通过培训，提高应急素质，迅速聚集资源，有条不紊地开展生态安全事件应对处置工作。

（2）物资准备。“兵马未动，粮草先行。”为预防与处置工作开展提供必要的物资准备日显重要。完善财政预备金制度，将预备金作为解决处置生态安全事件的一个重要资金来源渠道，确保公共财政公共职能的履行。建立应急物资储备和应急物资生产能力保障制度，健全重要应急物资的监管、生产、储备、调拨和紧急配送体系，目的在于生态安全事件发生时，能够在充分物资保障条件下，有效应对各种紧急情况。

（3）技术准备。科技作为处置生态安全事件的重要保障手段已越来越被重视，先进设备设施和成熟技术应用往往成为生态安全事件处理成败的关键，特别是信息和先进的应急救援技术在当代生态安全事件应对中具有越来越重要的作用。政府要加大应急科技投入，加快新技术、新工艺和新设备的运用，针对生态安全管理热点难点问题，开展联合科研攻关，不断增强科技在生态安全管理工作中的支撑作用。

（4）预案保障。应对生态安全事件能力的提高，一个重要标准是看应急预案的制定和管理水平。是否有预案是区别现代生态安全管理与传统应对生态安全事件的重要标志。制定预案的目的是增强应急决策科学性，明确各处置主体责任，提高处置效率。通过调查和分析，针对生态安全事件性质、特点和可能造成的社会危害，制定一系列的操作流程，内容一般包括五个方面：组织体系与职责、预防与预警机制、应急响应机制、应急保障机制、恢复与重建措施。要加强预案演练与宣传，增强操作人员应急意识和应急技能，通过演练和实战检验预案成熟度，为下次应对工作做好准备。

二、监测与预警机制

生态安全事件的监测与预警机制，是指生态安全管理主体根据有关生态安全事件过去和现在的数据、情报和资料，运用逻辑推理和科学预测的方法技术，对某些生态安全事件出现的约束条件、未来发展趋势和演变规律等做出科学的估计与推断，对生态安全事件发生的可能性及其危害程度进行估量和发布，随时提醒公众做好准备，改进工作，规避危险，减少损失。其主要功能在于生态安全事件监测、预警信息确认与发布等①。

（一）监测预警机制的运行模式构建

生态安全事件监测预警主要包括信息的收集、生态安全事件隐患的动态监测以及信息的初级整理，分析处理信息并形成评估结论，审核汇总后及时发布。具体操作是：由专门监测站、台、所完成原始信息收集和初级处理，随后迅速向专业的生态安全事件评估机构传输，评估机构对生态安全事件的危害程度和发生的可能性做出评估结论，以报告或通报的形式上报相关部门，经决策审批后的权威信息由政府新闻主管部门进行预警信息发布。这种流程的构建要点在于以下几个方面。

（1）信息收集。信息是影响生态安全事件应对的控制性因素之一，广泛采集和不断积累大量的生态安全事件原始信息，进行加工、传递、存储、利用和反馈，及时获取具备决策价值的信息，从而对引发生态安全事件的因素进行防范、控制和疏导，将其控制或消灭在萌芽状态。信息收集既要重视对监控对象信息的直接收集，也要善于通过各种间接方式获取生态安全事件信息，既要来源于主渠道即生态安全管理组织体系建立的上下协调、左右衔接的信息系统，又要来源于其他非主流渠道，包括社会层面收集的信息，以及各种媒体披露的信息等。只有获得多元化的信息收集渠道，才能使服务于应急决策的信息更真实更完整，以便使组织做出正确反应。

（2）信息处理专业化。在多元化信息渠道背景下，要发现和利用有价值的信息，就应发挥专家和专业技术人员的作用，剥离多余的、虚假的信息，获取有价值的信息。在获取这类信息以后，应进行整理加工，发现问题以及问题背后的根本原因。

（3）预警发布。对于发布生态安全事件预警，可以从以下三个方面理解：① 发布预警的主体。生态安全事件预警级别发布的主体毫无疑问是政府或由政府授权的职能部门。影响超过本行政区域范围内的，应当由上级政府或者政府授权的部门发布预警警报。② 发布预警的渠道。政府及其相关管理机构根据生态安全事件管理权限、危害性和紧急程度，及时向社会发布事件预警信息，发布可能受到生态安全事件危害的警告或者劝告，宣传应急知识和防止、减轻危害的常识。③ 预警发布后的行动。发布生态安全事件预警以后，宣布进入低级别预警期，事发地政府应当根据即将发生的生态安全事件的特点和可能造成的危害，采取一系列措施。这些措施总体上旨在强化日常工作，做好预防、应急准备工作和其他有关的基础工作，是一些强化、预防和警示性的措施。当进入高级别预警期后，事发地政府采取措施就更加有力，更具有约束力。采取法律、法规、规章规定的必要的防范性、保护性措施，更有利于生态安全事件的应急救援与处置工作的开展。

（4）技术投入与资源整合。预测与预警机制良性运转在很大程度上受投入机制和联动机制制约。目前，在世界范围内，自然灾害频率和灾害程度加大，急需提高针对生态安全事件的预测与预警技术，特别是地震、气象、环保、公共卫生、安全生产等专业预警预报系统技术。另外，还有一个机制联动问题，灾害的防御与程度的降低单靠某一个部门或者某个地区已经成为过去，现在需要跨国、跨地区、跨部门联合应对，多边合作。因此，对

① 张强．区域复合生态系统安全预警机制研究[M]．北京：科学出版社，2017：120．

以生态安全事件各险种专门防治机构为核心的生态安全管理力量进行整合，建立通畅的预警组织网络体系，疏通信息的纵横传输渠道，共享信息资源十分必要，这样才会保证信息的科学处理、快速传递与及时发布，实现信息价值最大化，为应急处置赢得先机。

（二）生态安全预警机制建设

我国可以将生态安全事件发生的紧急程度、发展势态和可能造成的危害程度分为一级、二级、三级和四级，分别用红色、橙色、黄色和蓝色标示，一级为最高级别。预警级别的划分标准由国务院或者国务院确定的部门规定。可以预警的生态安全事件预警级别规定了统一的划分标准，具体到地方政府，还可以制定本地区、本部门的应急预案，针对某一类生态安全事件进行分级确定预警级别标准，但是这些预警级别和标准要和上级政府或者部门预案相衔接，避免造成级别冲突、应急响应的启动程序冲突、实施主体冲突。

三、信息报告机制

信息报告是指在生态安全事件发生后，生态安全事件管理的相关主体针对灾情信息报告的职能规定模式，将生态安全事件信息及时、准确、全面地报送给生态安全事件管理决策机构，使生态安全事件管理的决策指挥机构能够获得信息以及事件发展变化趋势，为科学、正确的决策指挥提供有效保障。信息报告是生态安全管理运行机制的重要环节，渠道的畅通与否、传递效率的高低、信息研判与加工直接影响到政府应对生态安全事件应急处置、善后恢复等各项工作，及时、准确、全面地报告信息，有利于掌握生态安全事件动态发展趋势，采取积极有效措施，最大限度地减少事故和灾害发生及造成的损失，保护人民群众生命财产安全。

（一）信息报告的一般流程

生态安全事件发生地政府是信息报告的责任主体，各级政府负责向上一级政府报告生态安全事件信息。具体到运行机构上，则主要由各级政府负责、生态安全管理部门承担。信息报告制度又可分为纵向分级报告制度与横向信息通报制度。

（1）纵向分级报告制度。指在纵向上，按照分级报告的原则，生态安全信息收集与一线减灾单位在获得生态安全信息后，在向上一级专业负责部门报告的同时，向本级政府负责部门报告，各级负责部门主要负责生态安全信息的汇总、分析和处理工作，在达到一定级别的生态安全事件程度时，由本级负责部门向上级负责部门报告。同时，各级政府负责部门可以对各类生态安全事件报告进行指导，形成标准统一的、规范化的、便于操作的生态安全事件报告制度，从而提高生态安全管理的效率。

（2）横向信息通报制度。指在横向上，掌握生态安全事件信息的机构还需向其他的关联机构进行信息通报。当生态安全事件可能对事发地产生较为严重影响的时候，掌握生态安全事件信息的机构除了要向本级政府和上一级主管部门报告，还要及时通报给事发地政府或其他管理机构，以便其尽快做出反应。

（二）信息报告的规范化管理

生态安全管理的信息报告有着明确的规定和规范的程序。

（1）在报告内容与形式上要求及时、准确、简约、规范。因此，对生态安全信息的报告内容、报告形式和格式以及报告时限等方面，要做出统一的、明确的规定，做到生态安全信息内容真实、要素完整、重点突出、表述准确、文字精练。同时，要注意做好生态安全事件的续报，确保信息连续性、完整性。

（2）要建立信息报告通报制度和责任追究制度。对各地各部门各单位报告生态安全事件的情况，生态安全管理相关机构要定期或不定期进行综合考核和通报。

（3）结合实际，依据应急预案，研究制定报告生态安全事件信息的工作程序，把责任落实到岗位，落实到人。加强对基层信息报告工作的指导，认真落实信息报告工作制度，查找薄弱环节，不断总结经验，研究提出改进措施。

四、应急处置机制

应急处置机制是指生态安全事件发生后，政府或者公共组织为了尽快控制和减少事件造成的危害而采取的应急措施，主要包括启动应急机制、组建应急工作机构、开展应急救援、适时公布事件进展等。生态安全事件应急处置是生态安全管理工作最重要的职能之一。尽管制定了比较完善的应急预案，建立了比较完整的生态安全管理组织体系，但当生态安全事件发生后，能否快速有效地控制和处理，把生态安全事件造成的损失控制在最小范围内，确保社会秩序正常运行和社会稳定，应急处置阶段至关重要。如果缺少应急处置机制，就必然导致生态安全事件失控，甚至扩大升级，酿成更大的灾难。

（一）生态安全事件应急处置原则

（1）以人为本。生态安全事件一旦发生，事发现场指挥者和应急救援人员必须把挽救人的生命和保障人的基本生存条件作为生态安全事件现场处置的首要任务。生态安全事件尽管可能造成生产生活设施、基础设施等严重破坏，但这些设施中相当一部分是可以恢复重建的，而人的生命只有一次，逝去就不可复生。因此，在生态安全事件应急处置中，必须牢固树立“先救人后救物”的理念，以确保受害和受灾人员的生命安全为基本前提，千方百计、最大限度地保护和抢救最大多数人包括应急救援人员的生命安全，即使付出再大的成本也在所不惜。当然，在保证人员生命安全的基础上，还应该尽力保障国家和人民群众的财产安全。

（2）快速反应。由于生态安全事件具有突发性、不确定性和危害性，尽快调集应急资源，迅速控制事态发展显得尤其重要和紧迫。特别是在第一时间内到达生态安全事件现场，探明危险源位置，迅速采取现场抢救措施，控制事态发展，能够挽救更多人的生命，最大限度地减少生态安全事件造成的损失。如果面对生态安全事件反应迟钝，优柔寡断，犹豫不决，势必贻误战机，丧失抢救机遇，失去处置生态安全事件的最佳时机，有可能造成更大的人员伤亡或财产损失，甚至可能出现事件升级扩大。

（3）统一指挥。生态安全事件往往超出了某个部门某个地区的职责范围，处置生态安全事件单靠某个部门、某个组织的力量是远远不够的，需要在各级党委、政府统一领导下，发挥应急委员会的作用，需要许多部门、许多社会组织甚至周边地区政府、武装力量、国际组织和志愿者参与应对处置工作，相互之间需要互相支持和协作，形成统一的处置力量，需要借助社会各种力量的共同参与，整合各种资源，形成处置合力，才能实现最优效果。

（4）依法行政和科学处置。在紧急状态下，政府拥有许多特殊的紧急权力，这是应对生态安全事件的需要。但这些权力必须慎用，切忌误用、滥用，尤其是涉及公民人身权、财产权的紧急措施时，更需依法行使。处置中更需注意借助高科技成果，遵循客观科学规律，发挥专家和专业技术人员的决策支持作用，切忌盲目决策。

（二）生态安全事件应急处置主体

生态安全事件发生后，事件发生单位、社区、村（居）民委员会和乡镇人民政府、街道办事处必须快速做出反应，指派本单位救援队伍或者本辖区有关力量进行先期处置，迅速救人，控制危险源和现场，疏散现场人员，并组织群众自救互救，立即向当地或者上一级人民政府或者应急机构、专项应急机构及其有关部门报告并随时报告事态发展情况。县以上人民政府或者其应急机构、专项应急机构接到生态安全事件的报告后，有关领导和人员必须立即赶赴现场，并根据现场紧急救援工作需要，设立现场指挥部，统一指挥现场应急救援工作。现场指挥部由事发地人民政府、主管和责任单位、有关应急救援部门的负责人组成，由当地人民政府负责人任指挥长，抢险工作现场指挥由责任单位、公安、消防等主管和负责人担任，特大、重大生态安全事件的现场指挥长分别由国务院、省特大、重大生态安全事件应急指挥部指定。

（三）应急处置主要程序

（1）接报研判。生态安全管理或者职能部门接到事件报警后，要详细记录，包括报告单位或个人、时间、地点、事件类别和规模、危害程度、可能演变的方向等，值守人员要对以上信息进行分析研判，及时报告领导和上级机关，决策者要有敏感意识和审时度势能力，及时决断。特别是在敏感人群、敏感地带、敏感时间发生的事件以及发生初期情况不明的事件，要给予高度关注，认真研判，界定级别就高不就低，不能麻痹大意。

（2）启动预案。应急决策作为非程序性决策，要求处置者在有限的时间、人力、物力、技术约束条件下，迅速对事件类别级别、严重性紧迫性和变化趋势做出快速决策，成立或启动应急机构，向有关对象发出预警，在确定事件级别以后，启动相应预案，必要时向社会预警，调动应急资源及时开展处置，各种力量立即投入应急状态。如果事件级别升级，事发地人民政府应该及时向上级人民政府报告。

（3）救援处置。事发地人民政府在迅速上报信息的同时，要迅速赶到现场实施救援，先期处置，防止事态扩大，要迅速控制危险源，封锁现场，实行交通管制。应急处置措施是事发地政府的一种行政权力，带有强制性和规范性，既要保证在事件发生以后快速高效处置，减少损失和危害，又要不因滥用权力损害公民权利和利益，具体措施的使用一般主要有以下三点：一是救人措施。现场指挥部成立后，要组织各种力量开展处置，组织营救和救治受害人员，疏散、撤离并妥善安置受到威胁的人员，应急救援要保障营救工作人员生命安全，确保不发生新的伤亡事故。现场指挥部要科学制定救援或者处置方案，实行谁拍板谁负责，各级各部门必须服从现场指挥部统一指挥，统一调度，专家要参与现场指挥部工作，提出决策建议。二是控制措施。事件发生后，指挥部要迅速查出并控制危险源、危险区域，划定警戒线，确定处置重点，控制事态蔓延，消除发生次生灾害的隐患，为事件处置创造有利的外部环境。三是保护措施。在应急处置中需要迅速调用各种应急物资，各部门要通力合作，各司其职。应急处置结束以后，针对不同类型事件，有关部门要加强对危险源监测，防止衍生灾害发生。如国土部门要对灾后地质隐患点进行登记排除，水利部门要对灾后病险水库进行隐患工程治理，环保部门要对空气和水质进行污染检测，卫生防疫部门要防止疫情灾后暴发流行，公安机关要及时解除警戒等。

五、善后恢复重建与调查评估机制

生态安全事件的善后恢复重建与调查评估，是指生态安全事件被控制后，政府及其部门以及社会力量致力于恢复工作，尽力恢复到正常状态的过程。生态安全事件善后恢复和重建是整个生态安全管理运行机制中的重要环节，这里包括以下三个方面的含义：① 解决和控制与生态安全事件问题相关的、可能导致再度发生生态安全事件的各种问题，巩固处置成果。② 对生态安全事件造成的破坏进行社会的、物质的、心理的和组织的等各方面的重建和恢复。③ 通过对生态安全事件发生原因、处理过程进行细致分析，总结经验教训，提出改进意见，不断提高生态安全管理水平。同时，对涉及责任事故的责任人给予相应处理。

（一）善后恢复和重建

（1）成立恢复小组。这个小组不同于应急小组，其任务就是使社会从破坏性环境中恢复过来并寻求进一步发展。恢复小组成员多来自政府及其资金、项目、技术管理部门，还要有评估专家、利益相关者参加，并明确各自职责。

（2）确定恢复目标。收集储备事件发生的危害程度、灾后资源需求等资料，进行评估和规划，在此基础上确定恢复目标。目标的确定既要考虑恢复灾前水平，又要考虑抓住机遇，为灾后发展提供后劲的措施，乃至实现组织管理结构重组。

（3）制订恢复计划或规划。恢复目标和对象确定后，就要安排恢复秩序、分配恢复所必需的资源，制定补偿政策和激励机制，建立恢复工作中团队、个人及其相互联动的机制。

（4）实施。在生态安全事件事后恢复和重建工作中，地方政府必须承担主要责任。上级人民政府应当根据受影响地区遭受的损失和实际情况，提供资金、物资支持和技术指导，组织其他地区提供资金、物资和人力支援，国务院和省级政府制定扶持有关行业发展的优惠政策，受影响地区的人民政府应组织实施善后工作计划，依据计划或规划，有步骤分阶段恢复。

（二）调查与评估

当生态安全事件应急处置工作结束后，事故处置主体——政府有关部门应该适时开展事故调查与评估，特别是人为造成的生态安全，必须开展事故责任调查，认定责任，追究当事人责任，作为负激励警示后人。

（1）事件调查。事件调查的主要内容包括事件的基本情况、应急处置措施及效果、分析事件诱发原因、应急处置的经验教训及启示、事故责任认定及处理意见、改进措施等。依据事件发生级别确定事件调查的牵头政府或部门，相关成员单位参与，设立若干工作组，查阅相关资料、询问调查当事人及利益相关者，固定证据，必要时冻结相关资产。调查结果形成书面报告，作为责任追究、工作改进的重要依据，向处置生态安全事件的本级政府和上级政府汇报。

（2）事件评估。对事件处置工作进行评估的主要内容有：事件发生后应急主体的反应速度、应急资源配置的合理性、信息沟通的有序性、救援措施实用性以及事件可避免性。评估结果的应用意义在于增强社会组织和公众应急意识，提高社会对生态安全事件的防御能力，改进应急系统，提高政府对生态安全事件的应对能力。

（3）区别与联系。调查与评估有区别又有联系，两者不可混淆。区别在于主体不同，调查主体是政府及问责部门或者司法机关，评估主体除政府及其部门外，也可以是中介机构、学术机构。内容侧重不同，调查内容侧重事故灾难类的诱发原因、行政问责及工作建议，评估侧重于应急体系、应急能力的评价。但两者内容可以部分重叠，互为借用。

本章小结

建立健全生态安全的实现路径与管理机制，是贯彻落实生态安全思想的重要举措，是推动国家治理体系和治理能力现代化的必然要求，对维护国家安全具有重要意义。通过加快生态安全格局构建和生态安全系统治理、强化生态空间管控、加快绿色经济发展等途径来促进生态安全的实现。同时，完善包括生态环境监管体系、生态环境保护经济政策体系、生态环境保护法治体系、生态环境保护能力保障体系、生态环境保护社会行动体系等在内的生态管理体系建设，为生态安全实现提供制度保障。最后，通过建立预防与应急准备机制、监测与预警机制、信息报告机制、应急处置机制、善后恢复重建与调查评估机制，预防和减少突发生态安全事件及其造成的损害，保障公众的生命财产安全，维护国家安全和社会稳定。

思考题

1. 试述生态安全的实现路径。
2. 试述生态安全的管理体系。
3. 试述生态安全的管理机制。

参考文献

[1] 科斯京．生态政治学与全球学[M]．胡谷明，徐邦俊，毛志文，张磊译．武汉：武汉大学出版社，2008．

[2] 梅多斯．增长的极限[M]．北京：商务印书馆，1984．

[3] 包仕国．非传统安全视野下的生物安全[J]．学理论，2020，810（12）：13-14．

[4] 伯克．环境经济学[M]．北京：中国人民大学出版社，2013．

[5] 曹秉帅，邹长新，高吉喜，等．生态安全评价方法及其应用[J]．生态与农村环境学报，2019（8）：953-963．

[6] 曹国志，於方．生态安全治理新格局[M]．北京：国家行政学院出版社，2018．

[7] 曹先磊，刘高慧，张颖，等．城市生态系统休闲娱乐服务支付意愿及价值评估：以成都市温江区为例[J]．生态学报，2017，37（9）：2970-2981．

[8] 曾贤刚，虞慧怡，谢芳．生态产品的概念、分类及其市场化供给机制[J]．中国人口•资源与环境，2014（7）：12-17．

[9] 陈浩．中国耕地土壤污染问题研究简析[J]．黑龙江农业科学，2012（9）：49-52．

[10] 陈李喆．突发环境事故中生态应急保护策略探索[J]．皮革制作与环保科技，2022，3（14）：49-51．

[11] 陈利顶，景永才，孙然好．城市生态安全格局构建：目标、原则和基本框架[J]．生态学报，2018，38（12）：4101-4108．

[12] 陈星，周成虎．生态安全：国内外研究综述[J]．地理科学进展，2005（6）：8-20．

[13] 陈阳．土壤污染“家底”初步公开[N]．中国经济导报，2014-01-04（2）．

[14] 池芳春．耕地污染治理的资金问题思考[J]．陕西农业科学，2016（62）：102-104．

[15] 丁贤荣，徐健，陈永，等．GIS 与数模集成的水污染突发事故时空模拟[J]．河海大学学报（自然科学版），2003（2）：203-206．

[16] 董鹏，汪志辉．生态产品的市场化供给机制研究[J]．中国畜牧业，2014（21）：34-37．

[17] 董险峰，丛丽，张嘉伟．环境与生态安全[M]．北京：中国环境科学出版社，2010．

[18] 范俊玉．当代生态环境问题的政治影响及其应对[J]．中州学刊，2009（2）：4．

[19] 方创琳，周成虎，顾朝林，等．特大城市群地区城镇化与生态环境交互耦合效应解析的理论框架及技术路径[J]．地理学报，2016，71（4）：531-550．

[20] 方世南．论人类命运共同体的生态安全与生命安全辩证意蕴：基于生态政治哲学的分析视角[J]．南京师大学报（社会科学版），2021（3）：99．

[21] 方世南．马克思恩格斯的生态文明思想：基于《马克思恩格斯文集》的研究[M]．北京：人民出版社，2017：273．

[22] 方子杰，柯胜绍．对坚持“空间均衡”破解水资源短缺问题的思考[J]．中国水利，2015（12）：21-24．

[23] 傅国华．生态经济学[M]．2 版．北京：经济科学出版社，2014．

[24] 高登榜，黄群英．推进合肥生态城市建设研究[J]．江淮论坛，2011（3）：32-36．

[25] 高鸿业．西方经济学：微观部分[M]．7 版．北京：中国人民大学出版社，2018．

[26] 高吉喜，范小杉，李慧敏，等．生态资产资本化：要素构成·运营模式·政策需求[J]．环境科学研究，2016，29（3）：315-322．

[27] 高敏雪，李静萍，等．国民经济核算原理与中国实践[M]．北京：中国人民大学出版社，2013．

[28] 高世楫．全面把握良好生态产品的内涵特征[N]．学习时报，2020-08-17（2）．

[29] 谷树忠．产业生态化和生态产业化的理论思考[J]．中国农业资源与区划，2020，41（10）：8-14．

[30] 郭中伟．建设国家生态安全预警系统与维护体系：面对严重的生态危机的对策[J]．科技导报，2001（1）：54-56．

[31] 国家发展计划委员会，财政部，国家环境保护总局，等．排污费征收标准管理办法[J]．环境工作通讯，2003（5）：5-9．

[32] 何萍．生态学范式融合：承载力、安全、阈值、弹性[M]．北京：中国环境出版集团有限公司，2022．

[33] 戴利 H E，法利 J．生态经济学：原理和应用[M]．2 版．金志农，陈美球，蔡海生，等译．北京：中国人民大学出版社，2018：40．

[34] 侯立安，张林．气候变化视阈下的水安全现状及应对策略[J]．科技导报，2015，33（14）：13-17．

[35] 黄如良．生态产品价值评估问题探讨[J]．中国人口·资源与环境．2015（3）：26-33．

[36] 黄文达．水利工程项目建设对水环境的影响及优化途径[J]．四川建材，2022，48（11）：32-34．

[37] 黄晓强，赵云杰，信忠保，等．北京山区典型土地利用方式对土壤理化性质及可蚀性的影响[J]．水土保持研究，2015，22（1）：5-10．

[38] 贾怀东，连威．“有毒土地”敲响环境警钟[J]．上海企业，2012（8）：43-45．

[39] 贾英健．伦理与文明（第 2 辑）[M]．北京：社会科学文献出版社，2014．

[40] 江凌，肖燚，欧阳志云，等．基于 RWEQ 模型的青海省土壤风蚀模数估算[J]．水土保持研究，2015，22（1）：21-25，32，2．

[41] 蒋高明．冻原生态系统[J]．绿色中国，2019，526（12）：72-75．

[42] 蒋明君．生态安全学导论[M]．北京：世界知识出版社，2012．

[43] 金瑞庭．低碳经济视角下保障我国生态安全的总体思路[J]．中国经贸导刊，2015（18）：64-65．

[44] 金霜霜．中国与俄罗斯环境保护法比较研究[D]．乌鲁木齐：新疆大学，2014．

[45] 景永才，陈利顶，孙然好．基于生态系统服务供需的城市群生态安全格局构建框架[J]．生态学报，2018，38（12）：4121-4131．

[46] 夏堃堡．联合国气候变化框架公约 23 年[J]．世界环境，2015，155（4）：58-67．

[47] 李爱华．马克思主义研究辑刊（2009 年卷）[M]．济南：山东大学出版社，2009．

[48] 李佳鹏．环境突发事件暴露生态安全软肋[N]．经济参考报，2006-01-09（6）．

[49] 李建东，方精云．中国草原的生态功能研究[M]．北京：科学出版社，2017．

[50] 李晶，张微微．关中：天水经济区农田生态系统涵养水源价值量时空变化[J]．华南农业大学学报，2014，35（3）：52-57．

[51] 李娟．习近平关于生态安全的重要论述研究[J]．鄱阳湖学刊，2021（1）：5-13．

[52] 李振基．生态学[M]．4 版．北京：科学出版社，2014．

[53] 联合国，欧盟委员会，经济合作与发展组织，等．2008 年国民账户体系[M]．中国国家统计局国民经济核算司，中国人民大学国民经济核算研究所，译．北京：中国统计出版社，2012．

[54] 廖茂林，潘家华，孙博文．生态产品的内涵辨析及价值实现路径[J]．经济体制改革，2021（1）：12-18．

[55] 刘丹，黄俊．流域突发水污染事件应急能力体系建设[J]．人民长江，2015，19（46）：71-74．

[56] 刘海英，蔡先哲．推进“双碳”目标下生态文明建设的创新发展[J]．新视野，2022（5）：121-128．

[57] 刘建伟，安猛．苏联生态环境问题的成因及影响研究：回顾与展望[J]．太原理工大学学报（社会科学版），2020，38（4）：13-21．

[58] 刘星华．浅谈耕地土壤重金属污染及治理思路[J]．皮革制作与环保科技，2022，20（3）：114-116．

[59] 鲁秀国，过依婷．重金属污染土壤钝化修复技术研究[J]．应用化工，2018，7（47）：1473-1477．

[60] 马国霞，於方，王金南，等．中国 2015 年陆地生态系统生产总值核算研究[J]．中国环境科学，2017，37（4）：1474-1482．

[61] 马克思．1844 年经济学哲学手稿[M]．北京：人民出版社，2018．

[62] 农工界别小组．建立国家土壤污染重点监管单位清单制度[J]．前进论坛，2022（11）：31．

[63] 迈尔斯．最终的安全：政治稳定的环境基础[M]．王正平，金辉，译．上海：上海译文出版社，2001．

[64] 欧阳志云，林亦晴，宋昌素．生态系统生产总值（GEP）核算研究：以浙江省丽水市为例[J]．环境与可持续发展，2020，45（6）：80-85．

[65] 欧阳志云，王金南，等．陆地生态系统生产总值（GEP）核算技术指南[J]．生态环境部环境规划院，2020．

[66] 欧阳志云，肖燚，朱春全．生态系统生产总值（GEP）核算理论与方法[M]．北京：科学出版社，2021．

[67] 欧阳志云，朱春全，杨广斌，等．生态系统生产总值核算：概念、核算方法与案例研究[J]．生态学报，2013，33（21）：6747-6761．

[68] 欧阳志云，郑华．生态安全战略[M]．海南：海南出版社，2014．

[69] 潘岳．论社会主义生态文明[J]．绿叶，2006（10）：10-18．

[70] 庞雅颂，王琳．区域生态安全评价方法综述[J]．中国人口·资源与环境，2014（S1）：340-344．

[71] 彭少麟，郝艳茹，陆宏芳，等．生态安全的涵义与尺度[J]．中山大学学报（自然科学版），2004（6）：27-31．

[72] 齐力，梅林海．工业经济增长与环境污染的关系研究[J]．生态经济，2008（8）：149-153．

[73] 齐美富，桂双林，刘俭根．持久性有机污染物（POPs）治理现状及研究进展[J]．江西科学，2008（1）：92-96．

[74] 秦趣，代稳，杨琴．基于熵权模糊综合评价法的城市生态系统安全研究[J]．西北师范大学学报（自然科学版），2014，50（2）：110-114．

[75] 秦晓楠，程钰．生态安全系统稳定性评价研究[J]．统计研究，2017，34（8）：44-52．

[76] 秦秀梅．推动碳市场建设国资委从哪些环节入手[J]．国企，2021（15）：11．

[77] 曲格平．关注中国生态安全[M]．北京：中国环境科学出版社，2004．

[78] 曲婧．全球生态环境治理的目标与合作倡议[J]．行政论坛，2019，26（1）：110．

[79] 沈玲．转基因生物及其生物安全性思考[J]．科学中国人，2017（15）：176．

[80] 沈满洪．生态经济学的定义、范畴与规律[J]．生态经济，2009，206（1）：42-47+182．

[81] 沈满洪．生态经济学[M]．2版．北京：中国环境科学出版社，2016．

[82] 寇江泽．共建万物和谐的美丽家园[EB/OL]．http://opinion.people.com.cn/n1/2021/0222/c1003-32033263.html，2021-02-22．

[83] 石婷，班远冲，刘志媛，等．基于“双碳”目标的生态文明建设升级路径研究[J]．环境科学与管理，2022（5）：139-143．

[84] 石云帆．习近平总体国家安全观的生成逻辑研究[D]．兰州：西北师范大学，2022．

[85] 世界环境与发展委员会．我们共同的未来[M]．长沙：湖南教育出版社，2009：247．

[86] 水利部水资源管理中心．突发水污染事件应急处置技术手册[M]．北京：中国水利水电出版社，2015．

[87] 税伟，付银，林咏园，等．基于生态系统服务的城市生态安全评估、制图与模拟[J]．福州大学学报（自然科学版），2019，47（2）：143-152．

[88] 苏小霞，黎仁杰，吴静，等．城市生态系统安全评估研究进展与未来发展趋势[J]．测绘通报，2022（6）：25-31．

[89] 孙宝娣，崔丽娟，李伟，等．基于费用区间法的辽宁省滨海湿地休闲旅游价值评估[J]．资源科学，2017，39（6）：1160-1170．

[90] 孙丽文，李翼凡，任相伟．产业结构升级、技术创新与碳排放：一个有调节的中介模型[J]．技术经济，2020（6）：1-9．

[91] 孙茜．国家生物安全风险防控和治理体系的完善研究[J]．江苏科技信息，2022，39（31）：64-67．

[92] 谭万忠，彭于发．生物安全学导论[M]．北京：科学出版社，2015．

[93] 屠启宇．从环境外交看国家主权观的发展[J]．社会科学，1993（8）：26．

[94] 屠启宇．论生态意识对国际政治领域的重大冲击[J]．世界经济与政治，1994（5）：36．

[95] 王光焰．塔里木河流域半自然生态系统浅析[J]．水利规划与设计，2016（7）：9-10+18．

[96] 王韩民，郭玮，程漱兰，等．国家生态安全：概念、评价及对策[J]．管理世界，2001（2）：150．

[97] 王红旗，王国强，田雅楠，等．中国生态安全格局构建与评价[M]．北京：科学出版社，2019．

[98] 王金南，马国霞，王志凯，等．生态产品第四产业发展评价指标体系的设计及应用[J]．中国人口·资源与环境．2021，31（10）：1-8．

[99] 王金南，王夏晖．推动生态产品价值实现是践行“两山“理念的时代任务与优先行动[J]．环境保护，2020，48（14）：9-13．

[100] 王金南，王志凯，刘桂环，等．生态产品第四产业理论与发展框架研究[J]．中国环境管理，2021（4）：5-13．

[101] 王灵梅，张金屯．生态学理论在发展生态工业园中的应用研究：以朔州生态工业园为实例[J]．生态学杂志，2004（1）：129-134．

[102] 王茂涛，彭庆刚．环境安全及其对当代国际关系的影响[J]．安徽农业大学学报，2000（3）：43．

[103] 王敏．量化“冰天雪地”价值，助力“金山银山”转化：辽宁大学、辽宁省金融研究中心等单位联合发布首个东北地区冰雪服务价值核算研究成果[N]．中国改革报，2022-03-04（7）．

[104] 王乃亮，孙旭伟，黄慧，等．生态安全的影响因素与基本特征研究进展[J]．绿色科技，2023，25（2）：192-197．

[105] 王伟．环境生物安全的法治化应对[J]．农业环境科学学报，2022，41（12）：2642-2647．

[106] 王夏晖，刘桂环，华妍妍，等．基于自然的解决方案：推动气候变化应对与生物多样性保护协同增效[J]．环境保护，2022，50（8）：24-27．

[107] 王晓峰，吕一河，傅伯杰．生态系统服务与生态安全[J]．自然杂志，2012，34（5）：273-276+298．

[108] 王晓梅．全球环境问题对国际关系的影响[J]．当代世界，2008（5）：42．

[109] 王燕琴，李茗，赵丹，等．基于自然的解决方案能解决什么？[N]．中国绿色时报，2022-12-13（3）．

[110] 王义桅．环境问题对国际关系的影响[J]．世界经济与政治论坛，2000（4）：47．

[111] 王逸舟．生态环境政治与当代国际关系[J]．浙江社会科学，1998（3）：15．

[112] 王迎春，刘景泰，孙沛雯，等．生态环境监测全过程病原微生物安全风险识别评估及个体防护[J]．中国环境监测，2022，38（3）：11-17．

[113] 王雨辰，彭奕为．“四个共同体”：习近平生态文明思想的向度与价值[J]．探索，

2023（1）：1-13.

[114] 温维刚．国家安全视角下海平面上升对海洋法的挑战及我国应对建议[D]．北京：外交学院，2022.

[115] 吴丹，邵全琴，刘纪远，等．中国草地生态系统水源涵养服务时空变化[J]．水土保持研究，2016，23（5）：256-260.

[116] 吴迪，辛学兵，裴顺祥，等．北京九龙山 8 种林分的枯落物及土壤水源涵养功能[J]．中国水土保持科学，2014，12（3）：78-86.

[117] 吴国庆．农业可持续发展的生态安全研究[J]．中国生态农业学报，2003，11（2）：147-149.

[118] 吴娜．浅谈突发环境事件应急管理现状及建议[J]．广东化工，2019，11（46）：147-148.

[119] 武占云，王菡，单菁菁．我国生态安全面临的气候变化风险及应对策略[J]．中南林业科技大学学报（社会科学版），2022，16（4）：25-33.

[120] 习近平．习近平谈治国理政：第三卷[M]．北京：外文出版社，2020.

[121] 习近平．决胜全面建成小康社会 夺取新时代中国特色社会主义伟大胜利：在中国共产党第十九次全国代表大会上的报告[M]．北京：人民出版社，2017.

[122] 习近平．推动我国生态文明建设迈上新台阶[J]．当代党员，2019（9）：4-10.

[123] 习近平．习近平同志《论坚持人与自然和谐共生》出版[J]．党的文献，2022（2）：129.

[124] 中共中央文献研究室．习近平关于社会主义生态文明建设论述摘编[M]．北京：中央文献出版社，2017.

[125] 肖笃宁，陈文波，郭福良．论生态安全的基本概念和研究内容[J]．应用生态学报，2002（3）：354-358.

[126] 肖红叶，张曼胤，崔丽娟，等．北京汉石桥湿地水质分析与净化价值评价[J]．防护林科技，2016（9）：4-7.

[127] 邢捷，董媛媛．气候变化安全风险挑战与我国对策[J]．环境保护，2021，49（23）：36-41.

[128] 熊敏思，缪圣赐，李励年，等．全球渔业产量与海洋捕捞业概况[J]．渔业信息与战略，2016，31（3）：218-226.

[129] WILLIAM, CHEUNG WL．全球气候变化对海洋生物多样性影响的预测[J]．徐瑞永，译．中国渔业经济，2009，27（6）：85-93.

[130] 郇庆治．绿色发展与生态文明建设[M]．长沙：湖南人民出版社，2018.

[131] 阎世辉．当代国际环境关系的形成与发展[J]．环境保护，2000（7）：17.

[132] 杨光梅，李文华，闵庆文．生态系统服务价值评估研究进展：国外学者观点[J]．生态学报，2006（1）：205-212.

[133] 杨佳，王会霞，谢滨泽，等．北京 9 个树种叶片滞尘量及叶面微形态解释[J]．环境科学研究，2015，28（3）：384-392.

[134] 杨熙琳．全球生物安全治理的中国路径探索[D]．长春：吉林大学，2022.

[135] 杨雪梅．基于 PSR 模型的河北省城市生态安全评价研究[D]．石家庄：河北科技大学，2020.

[136] 姚婧，何兴元，陈玮．生态系统服务流研究方法最新进展[J]．应用生态报，2018，29（1）：335-342.

[137] 叶有华．粤港澳大湾区典型城市化区域 GEP 探索与实践：以深圳市罗湖区为例[M]．北京：中国环境出版集团，2019.

[138] 叶智，刘俐，龙平，等．突发性水污染事故应急监测技术探讨[J]．资源节约与环保，2017（2）：53-54.

[139] 於方，王金南，曹东，等．中国环境经济核算技术指南[M]．北京：中国环境科学出版社，2009.

[140] 余谋昌．论生态安全的概念及其主要特点[J]．清华大学学报（哲学社会科学版），2004（2）：33.

[141] 余谋昌．生态文明是人类的第四文明[J]．绿叶，2006，（11）：20-21.

[142] 余谋昌．生态安全[M]．西安：陕西人民教育出版社，2006.

[143] 俞孔坚，王思思，李迪华，等．北京市生态安全格局及城市增长预景[J]．生态学报，2009，29（3）：1189-1204.

[144] 俞敏，李维明，高世楫，等．生态产品及其价值实现的理论探析[J]．发展研究，2020（2）：47-56.

[145] 袁海英，李娜．重大突发性水污染事件应对机制研究[J]．法学杂志，2010，7（31）：100-102.

[146] 张晶晶．我国突发水污染事件应急处置技术与对策研究[J]．中国资源综合利用，2019，10（37）：116-118.

[147] 张玲，朱玉霞．浅析我国突发环境事件频发的原因[J]．广东化工，2012，39（8）：105-106.

[148] 张品茹．气候变化与全球生物多样性[J]．生态经济，2023，39（2）：5-8.

[149] 张强．区域复合生态系统安全预警机制研究[M]．北京：科学出版社，2017.

[150] 张羽，张勇，杨凯．基于时间特征指数的水源地突发性污染事件应急评估方法研究[J]．安全与环境学报，2005（5）：82-85.

[151] 张智光．生态文明和生态安全：人与自然共生演化理论[M]．北京：中国环境出版集团，2019.

[152] 赵春珍．生态国际关系理论的当代价值与反思[J]．前沿，2013（18）：34.

[153] 赵金艳，李莹，李珊珊，等．我国污染土壤修复技术及产业现状[J]．中国环保产业，2013（3）：53-57.

[154] 中国科学院．海岸海洋科学[M]．北京：科学出版社，2016.

[155] 钟开斌．应急管理十二讲[M]．北京：人民出版社，2020.

[156] 周龙．论加强突发环境事件应急管理的措施[J]．资源节约与环保，2021（10）：134-136.

[157] 朱静慧，高佳，余欣梅，等．碳中和背景下我国生态碳汇发展形势及建议[J]．内

蒙古电力技术，2022，40（6）：1-8.

[158] BAILEY I, BUCK L E. Managing for resilience: a landscape framework for food and livelihood security and ecosystem services[J]. Food security, 2016(8): 477-490.

[159] BÉNÉ C, HEADEY D, HADDAD L, et al. Is resilience a useful concept in the context of food security and nutrition programmes? Some conceptual and practical considerations[J]. Food security, 2016(8): 123-138.

[160] BÉNÉ C, WOOD R G, NEWSHAM A, et al. Resilience: new utopia or new tyranny? Reflection about the potentials and limits of the concept of resilience in relation to vulnerability reduction programmes[J]. IDS Working Papers, 2012(405): 1-61.

[161] BROOKER R W, KARLEY A J, NEWTON A C, et al. Facilitation and sustainable agriculture: a mechanistic approach to reconciling crop production and conservation[J]. Functional ecology, 2016, 30(1): 98-107.

[162] CARPENTER S, WALKER B, ANDERIES J M, et al. From metaphor to measurement: resilience of what to what?[J]. Ecosystems, 2001(4): 765-781.

[163] CHEN D Q, LAN Z Y, LI W Q. Construction of land ecological security in Guangdong Province from the perspective of ecological demand[J]. Journal of Ecology and Rural Environment, 2019, 35(7): 826-835.

[164] COSTANZA R, GROOT R, BRAAT L, et al. Twenty years of ecosystem services: how far have we come and how far do we still need to go?[J]. Ecosystem Services, 2017, 28 (1):1-16.

[165] COUNCIL D P.Technical support document:technical update of the social cost of carbon for regulatory impact analysis under executive order 12866[R]. Environment protection Agency, 2013.

[166] DAILY G C. Nature's services: societal dependence on natural ecosystem[M]. Washington D.C.: Island Press, 1997.

[167] DRINKWATER L E, SCHIPANSKI M, SNAPP S, et al. Ecologically based nutrient management[M] . Agricultural systems. Academic Press, 2017: 203-257.

[168] HAN B, LIU H, WANG R. Urban ecological security assessment for cities in the Beijing–Tianjin–Hebei metropolitan region based on fuzzy and entropy methods[J]. Ecological Modelling, 2015(318): 217-225.

[169] HOY C W. Agroecosystem health, agroecosystem resilience, and food security[J]. Journal of Environmental Studies and Sciences, 2015, 5(4): 623-635.

[170] JACOBI J, MUKHOVI S, LLANQUE A, et al. Operationalizing food system resilience: an indicator-based assessment in agroindustrial, smallholder farming, and agroecological contexts in Bolivia and Kenya[J]. Land use policy, 2018(79): 433-446.

[171] KAZEMI H, KLUG H, KAMKAR B. New services and roles of biodiversity in modern agroecosystems: areview[J]. Ecological indicators, 2018(93): 1126-1135.

[172] LAU M K, KEITH A R, BORRETT S R, et al. Genotypic variation in foundation species generates network structure that may drive community dynamics and evolution[J]. Ecology, 2016, 97(3): 733-742.

[173] LI Y, LIU C, MIN J, et al. RS/GIS-based integrated evaluation of the ecosystem services of the Three Gorges Reservoir area(Chongqing section)[J]. Shengtai Xuebao/Acta Ecologica Sinica, 2013, 33(1): 168-178.

[174] LI Y, SHI Y, QURESHI S, et al. Applying the concept of spatial resilience to socio-ecological systems in the urban wetland interface[J]. Ecological Indicators, 2014(42): 135-146.

[175] LIU W, ZHANG L, ZHU J. Analysis of ecological security in Liaoning coastal economic zone[C]//2010 Second IITA International Conference on Geoscience and Remote Sensing.

[176] LÓPEZ-RIDAURA S, MASERA O, ASTIER M. Evaluating the sustainability of complex socio-environmental systems. The MESMIS framework[J]. Ecological indicators, 2002, 2(12): 135-148.

[177] NATHWANI J, LU X, WU C, et al. Quantifying security and resilience of Chinese coastal urban ecosystems[J]. Science of the Total Environment, 2019(672): 51-60.

[178] OMANN I, STOCKER A, JÄGER J. Climate change as a threat to biodiversity: an application of the DPSIR approach[J]. Ecological Economics, 2009, 69(1): 24-31.

[179] ROBERTSON G P, VITOUSEK P M. Nitrogen in agriculture: balancing the cost of an essential resource[J]. Annual review of environment and resources, 2009(34): 97-125.

[180] SHUAI J, LIU J, CHENG J, et al. Interaction between ecosystem services and rural poverty reduction: evidence from China[J]. Environmental Science & Policy, 2021(119): 1-11.

[181] STERN N, STERN R. The economics of climate change[J]. American Economic Review. 2008. 98(2): 1-13.

[182] SYME G J, KALS E, NANCARROW B E, et al. Ecological risks and community perceptions of fairness and justice: a cross - cultural model[J]. Risk analysis, 2000, 20(6): 905-916.

[183] United Nations, European Commission, International Monetary Fund, et al. System of environmental-economic accounting 2021: ecosystem accounting[R]. New York: United Nations, 2021.

[184] VADREVU K P, CARDINA J, HITZHUSEN F, et al. Case study of an integrated framework for quantifying agroecosystem health[J]. Ecosystems, 2008(11): 283-306.

[185] VIKAS M, DWARAKISH G S. Coastal pollution: a review[J]. Aquatic Procedia, 2015(4): 381-388.

[186] WARIS M, PANIGRAHI S, MENGAL A, et al. An application of analytic hierarchy process (AHP) for sustainable procurement of construction equipment: multicriteria-based decision framework for Malaysia[J]. Mathematical Problems in Engineering, 2019(2019): 1-20.

[187] WEI B, YANG X S, WU M, et al. Research review on assessment methodology of ecological security[J]. J Hunan Agric Univ (Nat Sci), 2009, 35(5): 572-579.

[188] WOOD S A, KARP D S, DECLERCK F, et al. Functional traits in agriculture: agrobiodiversity and ecosystem services[J]. Trends in ecology & evolution, 2015, 30(9): 531-539.

[189] XIAO D, CHEN W. On the basic concepts and contents of ecological security[J]. The journal of applied ecology, 2002, 13(3): 354-358.

[190] XU W, XU F, LIU Y, et al. Assessment of rural ecological environment development in China's moderately developed areas: a case study of Xinxiang, Henan province[J]. Environmental Monitoring and Assessment, 2021(193): 1-25.

[191] ZHANG X J , CHAO C, PENG F L, et al. Emergency drinking water treatment during source water pollution accidents in China: origin analysis, framework and technologies[J]. Environmental Science & Technology, 2011, 45(1): 161.